口絵1　空間スケールによって異なる景観の見え方
詳細は図 1. 1 参照.

口絵2　ドイツ南部の農村景観
詳細は図 1. 2 参照.

口絵3　日本の里山景観
詳細は図 1. 3 参照.

口絵4　北海道の石狩川河口に広がる石狩海岸
詳細は図 1. 4 参照.

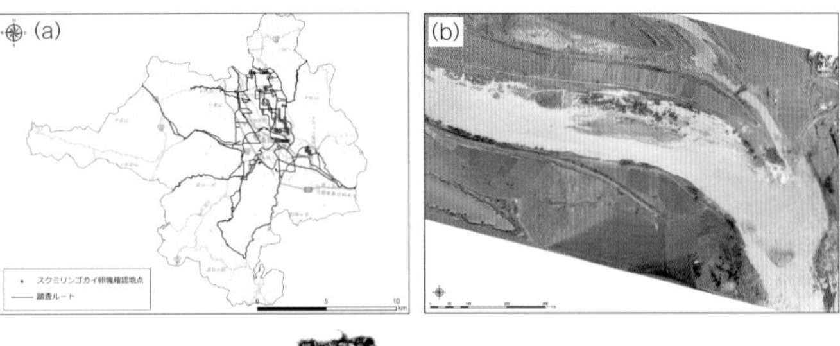

口絵 5　地上や地表付近における詳細スケールの空間情報の例
詳細は図 4. 2 参照.

口絵 6　ベルリンの自然公園 Südgelände の自然エリア
詳細は図 5. 2 参照.

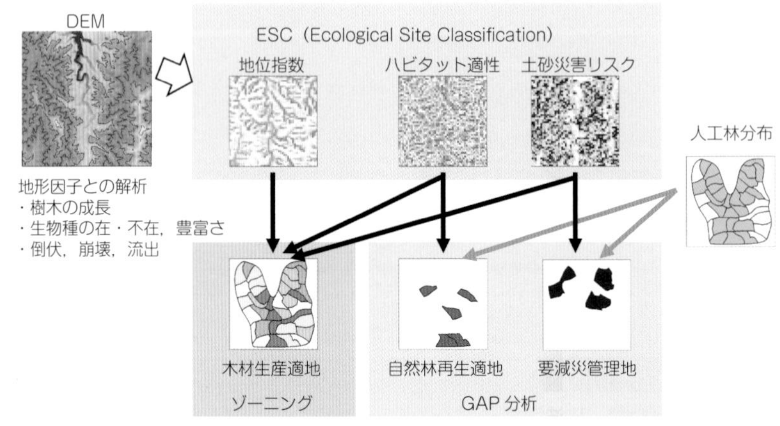

口絵 7　人工林景観の管理における ESC と GAP 分析の活用例
詳細は図 6. 5 参照.

口絵 8　英国南部 King's Wood のヨーロッパクリの萌芽林
生物多様性の保全のために今も小面積の伐採が定期的に行われており，様々な発達段階の萌芽林がモザイク状に分布している．詳細は 6. 4 節参照.

口絵 9　伝統的な管理が行われてきた丹後半島の（a）森林・（b）里山
詳細は 6. 5 節参照.

口絵 10　砺波平野の散居村
詳細は 7. 1 節参照.

口絵 11　豪雪地のブナ二次林の春の様子
詳細は 7. 4. 3 項参照.

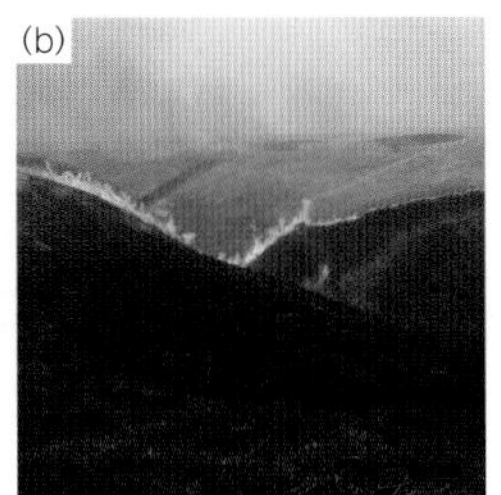

口絵 12　阿蘇地方の草原の様子

(a, b) 火入れの様子 (c) 放牧の様子．詳細は図 7. 4 参照．

口絵 13　水辺の景観構成要素

(a) 花崗岩の多い流域を流れる河川（兵庫県出石川）(b) 利尻島の甘露泉水（湧水地）(c) 矢川緑地（湧水湿地）(d) 自然地形と人工堤からなるため池（北九州市）(e) 集落を流れる水路と「カワト」（大津市守山集落）．詳細は 8. 1 節参照．

口絵 14　日本海沿岸に発達する海岸砂丘と海岸林

(a) 成帯構造 (b) 砂丘上のイソスミレ群落．詳細は 9. 3 節，9. 4 節，9. 5 節参照．

海 ⟵⟶ 沖積平野

口絵 15　砂浜海岸エコトーンの成帯景観を構成する，海辺に固有な生態系

詳細は図 9. 3 参照.

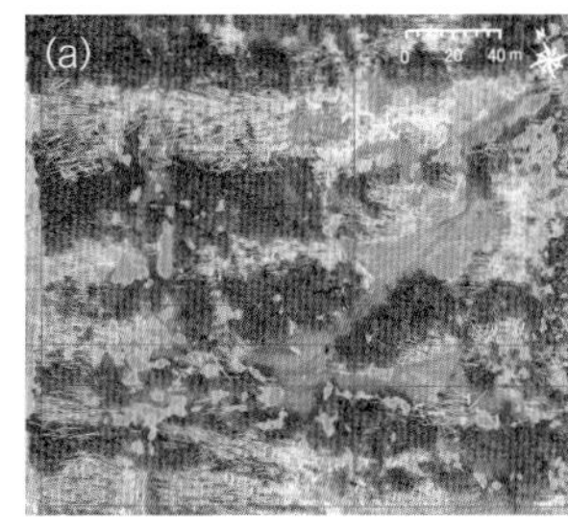

(a) の凡例
赤色＝緑色の葉群（主に生残した樹木）
灰白色＝砂裸地
緑青色・灰青色＝流路・池沼・冠水域
黄色線分＝倒壊した高木の幹

(b) の凡例
紺色＝根返った高木がつくった凹地（ピット）の水たまり
淡紺色＝湿性草地（微低地）
青白色＝乾性草地（微高地）

口絵 16　東北地方太平洋沖地震津波の攪乱で表出した生態系レジリエンスの様相

砂浜海岸エコトーンの内陸域に位置する後背湿地（汀線から 450〜650 m 付近）における，(a) 攪乱から 1 年 4 ヶ月後の地表面・植生マッピングの結果（富田ほか，2013 を改変），および (b) 6 年 7 ヶ月後の鳥瞰画像（岡浩平氏 2017 年 10 月 13 日取得）．地盤の沈下・液状化と津波に抗した植栽由来マツ類高木の生残，根返り，流亡実態や，多様な生物種の呼び込みと急激な自律的再生を可能にしたマウンド，ピット（水たまり），砂裸地，倒木といった生物学的遺産の出現状況を読み取ることができる．詳細は 9. 3. 3 項参照.

保全等を検討すべき地域
ゾーン
河川
水と緑の基本軸
水と緑の重点形成軸

(参考)
自然とのふれあいが求められる地域
土地利用
樹林地
農地・草地
市街地
河川
既成都市区域
近郊緑地保全区域

0 10 20 30 km

口絵 17　近畿圏における都市環境インフラの将来像

29 の水と緑の拠点とそれらをつなぐ 13 の軸が，将来の生物多様性と生態系サービスのための社会基盤として位置づけられている（国土交通省，2006 を一部改変）．詳細は 10. 2. 2 項参照.

口絵 18　世界の雨庭

詳細は図 10. 6 参照.

(a)

(b)

(c)

自然再生レイヤー

遊び空間レイヤー

水辺再生レイヤー

環境学習レイヤー

重ね合わせ

重なった部分に複数の機能が出現 → 重層的環境設計 → 多様なアクティヴィティの生成

口絵 19　壱岐南小学校ビオトープと MFLP の概念図

詳細は図 11. 4 参照.

口絵 20　集落地図を用いた野生動物被害対策の例

詳細は 12. 2. 2 項参照.

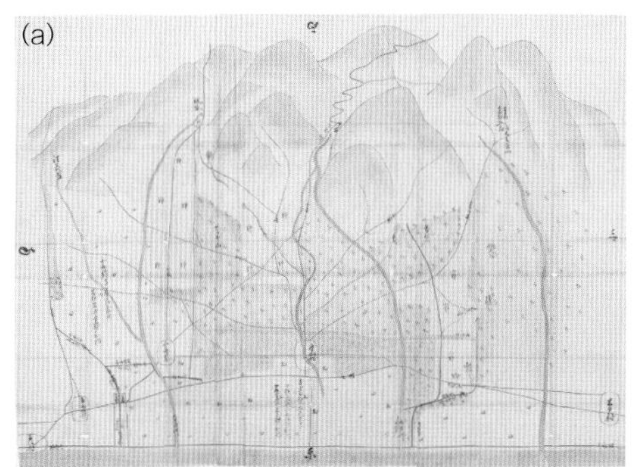

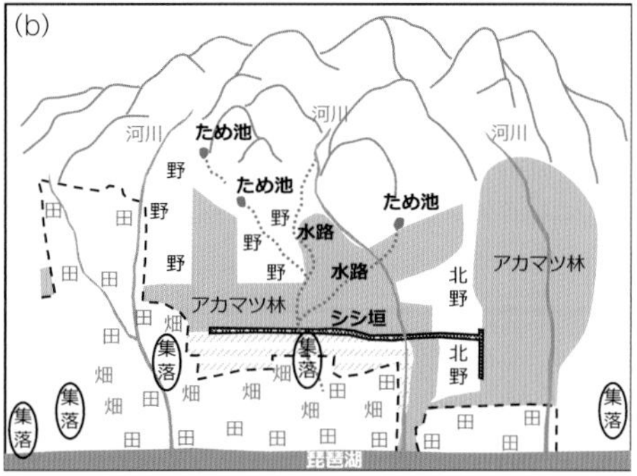

口絵 21　江戸期の比良山麓における土地利用

(a) 江戸期に記された絵図（大津市守山財産区所蔵）．赤い線は道を示す．(b) 絵図から読み取った当時の土地利用と施設．詳細は図 13. 1 参照.

口絵 22　地すべりによりできた緩斜面を利用した「うへ山の棚田」

兵庫県美方郡香美町小代区貫田．山陰海岸ユネスコ世界ジオパークや「日本で最も美しい村」の見どころのひとつとなっている．詳細は 13. 2 節参照.

口絵 23　ふるさと 新浜マップ　2019

詳細は図 13. 4 参照.

口絵 24　海浜植物観察

詳細は 13. 5. 2 項参照.

口絵 25　空から見た渡良瀬遊水地
詳細は 15. 2. 2 項参照.

口絵 26　フロリダの水質調整地に見る「適応」
造成された洪水調整地では，気候変動への適応策としての防災・減災だけでなく，生物多様性保全を含めた多機能化・高度化が実践されている．このケースでは，洪水制御と水質改善という 2 つの生態系サービスを提供している．また，ともすれば人間にとって危険であるワニなども公園やキャンパス内で駆除されることなく，愛すべき生きものの 1 種として地域の生態系のなかで保全されている．詳細は 15. 3. 1 項参照.

口絵 27　ノルウェーに見る自然環境との賢明な共存
ノルウェーでは，他人に損害を与えない範囲で，他人の所有する土地に立ち入り自然環境と野外生活を楽しむ権利「万人権」（Allemannsret）が古くから存在する．例えば，仕事が終わった後などに，散歩に行こうと誘われると 3 時間以上の登山になることは珍しくない．そこで季節ごとのさまざまな自然の色や音など自然界の現象や体験に出会う．「自然との共存」や「ありのままに」という感覚は，失ってしまった自然とのつながりを想起させ，これからの人と自然の関わりかたの未来を考えることにつながる．15. 3. 2 項参照.

日本景観生態学会　編

共立出版

はじめに

本書は，日本景観生態学会の創立30周年事業として，景観生態学の基礎，理論から応用，社会実装までの考え方を教科書としてまとめたものである．景観生態学は，複数の生態系の相互作用系として存在している景観の構造と機能を，様々なスケールを用いて空間階層的に解明し，自然の過程を活かした国土・地域計画に科学的根拠を与える学問分野である．地域の生態系を保全し，地域創生や防災に活用していくうえで，景観生態学の考え方はますます重要となってきている．

日本景観生態学会には，生態学，造園学，農村計画学，緑化工学，林学，地理学，応用生態工学，土木工学，建築学など，専門分野の異なる多様な研究者や技術者が，「景観」をキーワードとして集まり，それぞれの考え方を認め合い，違いを楽しみながら議論し，自らの視野を広げてきている．そして，学会で得た知見をそれぞれの場に持ち帰って新たな研究に取り組み，また，地域の行政やNPOなどとともに実践活動を行ってきている．皆が共通してもっているのは，持続可能な社会への変革に貢献していかなければならないとの思いである．

2018年から2020年，学会長経験者や学会役員からなるワーキンググループで，学会創立からこれまでの間に会員らによって展開・蓄積されてきた研究成果を整理するとともに，これから取り組むべき方向についての議論が行われた．そして，多様な学術的バックグランド・実務経験をもつ研究者・技術者など，40名に本書の執筆を依頼した．それぞれに身近な地域・社会の事例を使って景観生態学の考え方が平易に解説されているので，初学者に最適の入門書となっている．また，生態学や地理学といった基礎学問領域，造園，建築，土木などの応用学問領域の学生，研究者，そして，環境計画，地域計画，景観計画，景観デザインなどの実務に携わるコンサルタントや行政，地域で活動するNPOなどの方々にも有用な情報を提供できる書籍となっている．

本書では，景観は「社会—生態系」として把握すべき対象であること，地域の景観の構造と機能や，地域の人と自然の関係（風土）を明らかにし，それらを根底にもちながら景観計画・デザインを行って社会に提示していかなければならないこと，そして，持続的な景観管理を行っていくための協働とそれを支えるガバナンスの仕組みが必要であることが解説される．そして，以下のように結ばれる．「景観生態学は，景観の持続性に関わる学問分野が連結・協働していくために，イニシアティブを発揮していかなくてはならない」．

日本景観生態学会は，1991年，その前身である国際景観生態学会日本支部として活動を開始した．初代会長を務めた沼田眞は，1991年に発刊された会誌（国際景観生態学会日本支部会報）1巻1号の冒頭で，景観生態学（沼田は“景相”という語を用いた）は五感の生態学であり，オギュスタン・ベルクがいう「人間環境の学」やイーフー・トゥアンの「トポフィリア」に通ずるものがあるとした．会誌2巻6号（1995年）に著した「ランドスケープの意義と将来像」では，景観とは「単なる自然条件をさすのではなく，人間の影響やその歴史を含む地圏や生物圏の構造や動態のすべてを意味する」，それを理解するためには「五感の生態学，さらには認知科学で説明されるような心の世界まで含めたものになる」と述べた．そして，景観の本質を検討するためには「人間中心の生態系を念頭においてすすめること，そのために，生態学よりも，むしろ人文地理学と結びついていくことが必要」だとした．最後に，「“地球生態系の持続的管理”が，景観生態学の将来像」であると結んだ．本書で解説される個々の内容は，沼田によって示された展望に対して，具体の道筋をつけたものとなっている．

30年前に蒔かれた種子は成長し，成熟した．次はこの書籍から新たな種子が散布され，新しい世代の活躍によって，持続可能な社会構築のために，より大きな学問分野の連結・協働へと発展していくことを期待したい．

本書の構成と使い方

本書は（I）景観生態学の理論と手法，（Ⅱ）景観（森林，農村，水辺，海辺，都市）の構造と機能，（Ⅲ）地域社会への展開，の3部15章で構成されている．

第Ⅰ部「景観生態学の理論と手法」は，景観生態学の総論として，第Ⅱ部以降を読み進めるうえで必要となる基礎的な内容が書かれている．景観生態学の基本用語や基本概念（第1章），景観生態学の学問としての歴史（第2章），景観生態学の基礎理論（第3章）や空間情報の収集分析手法（第4章）が概説され，最後に，景観の形成や維持に大きく関わる「風土」の概念（第5章）が解説される．

第Ⅱ部「景観の構造と機能」では，代表的な5つの景観タイプを取り上げる．

森林（第6章），農村（第7章），水辺（第8章），海辺（第9章）および都市（第10章）について，景観の特徴と景観生態学のアプローチ方法が詳述される．様々な景観タイプに特徴的な空間構造や機能，人の関わりを学ぶことができる．

第Ⅲ部「地域社会への展開」では，景観生態学の理論や成果を現実の社会に実装していくために必要な具体的手法や，制度も含めた社会の仕組みが解説される．まず，景観生態学に基づく景観のプランニングとデザインの方法論（第11章）が紹介され，これに続いて，景観に関する課題解決のための地域との協働（第12章），景観生態学の知見を活かした地域の生態系保全や復元による地域づくり（第13章），自然環境政策と生物多様性戦略における景観生態学の位置づけ（第14章）が解説される．そして最後に，本書のまとめとして，「適応」と「変革」を軸とする持続可能な社会の構築に向けた景観生態学の役割（第15章）が論じられる．第Ⅲ部の内容は，景観生態学の成果を社会に実装していくための道筋のみならず，景観生態学の今後の新たな展開を考える材料にもなる．

それぞれの章では，トピックが独立に解説されている．そして，章の中で使用されている用語の意味や内容の詳細を知りたい場合は，関連する他の章・節を参照できるように記述されているので，「景観生態学の考え方事典」のようにも使用できる．興味のある章から開いてみていただいて構わないが，第Ⅰ部はすべての章の基礎となるので，最初に一通り目を通すことをお勧めする．

本書の出版は，刺激的な研究・活動を展開し，共有してきてくれている会員，執筆の労をとっていただいた会員および関係者の皆さまの協力によって達成された．『「景観生態学」書籍編集委員会』の皆さまには，章の取りまとめを担っていただいた．伊藤哲氏，光田靖氏，松島肇氏，石松一仁氏には，全体編集担当としてスケジュール管理を行っていただきながら，すべての原稿に目をとおしていただき，原稿間の内容の不整合や用語の揺らぎなどの確認，修正案の提示という膨大な作業を担っていただいた．共立出版の天田友理氏には，本書の企画段階から出版に至るまでつねに寄り添っていただき，適切な助言と具体の指示をいただいた．学会を代表して，皆さまにお礼申し上げる．

日本景観生態学会 会長

「景観生態学」書籍編集委員会 委員長

鎌田　磨人

編集委員・執筆者一覧

編集委員	編集担当章	(50音順)
鎌田磨人	委員長，全体編集・査読 および 第1章，第5章，第12章，第15章	
石松一仁	全体編集	
伊東啓太郎	全体編集 および 第11章	
伊藤　哲	全体編集・査読 および 第6章	
今西純一	第4章	
夏原由博	全体編集 および 第3章，第7章	
原　慶太郎	第2章	
日置佳之	全体編集 および 第10章	
藤田直子	全体編集	
藤原道郎	全体編集	
松島　肇	全体編集・査読 および 第9章，第13章	
真鍋　徹	第8章	
光田　靖	全体編集・査読	
渡辺綱男	第14章	

執筆者	所属（執筆箇所）	(執筆箇所順)
鎌田磨人	徳島大学大学院社会産業理工学研究部（第1章，5.1，5.2，5.3，12.1，15.1，15.5）	
原　慶太郎	東京情報大学総合情報学部（第2章）	
夏原由博	名古屋大学（名誉教授）（第3章，7.1，7.2）	
今西純一	大阪府立大学大学院生命環境科学研究科（4.1）	
丹羽英之	京都先端科学大学バイオ環境学部（4.2，8.2）	
今西亜友美	近畿大学総合社会学部（4.3，4.4）	
竹村紫苑	（国研）水産研究・教育機構水産資源研究所水産資源研究センター（4.5）	
伊東啓太郎	九州工業大学大学院工学府（5.4，11.3，15.3）	
伊藤　哲	宮崎大学農学部（6.1，6.4）	
平田令子	宮崎大学農学部（6.2）	
光田　靖	宮崎大学農学部（6.3）	

深町加津枝　京都大学大学院地球環境学堂（6.5，8.5，13.1）
内藤和明　兵庫県立大学大学院地域資源マネジメント研究科（7.3）
井田秀行　信州大学教育学部（7.4）
増井太樹　真庭市役所産業観光部（7.5）
真鍋　徹　北九州市立自然史・歴史博物館（8.1，8.4）
比嘉基紀　高知大学理工学部（8.3，13.3）
松島　肇　北海道大学大学院農学研究院（9.1）
永松　大　鳥取大学農学部（9.2）
平吹喜彦　東北学院大学教養学部（9.3，13.4）
藤原道郎　兵庫県立大学大学院緑環境景観マネジメント研究科／兵庫県立淡路景観園芸学校（9.4）
岡　浩平　広島工業大学環境学部（9.5）
日置佳之　鳥取大学農学部（10.1，10.5，12.4）
森本幸裕　（公財）京都市都市緑化協会／京都大学（名誉教授）（10.2）
橋本啓史　名城大学農学部（10.3）
石松一仁　明石工業高等専門学校都市システム工学科（10.4）
上原三知　信州大学社会基盤研究所（11.1）
廣瀬俊介　東京大学空間情報科学研究センター（11.2）
須藤朋美　九州工業大学大学院工学府（11.4）
望月翔太　福島大学食農学類（12.2）
鈴木重雄　駒澤大学文学部（12.3）
朝波史香　徳島大学大学院社会産業理工学研究部（12.5）
河本大地　奈良教育大学社会科教育講座（13.2）
島田直明　岩手県立大学総合政策学部（13.5）
渡辺綱男　（一財）自然環境研究センター（14.1）
蔵本洋介　環境省生物多様性戦略推進室（14.2）
増澤　直　（株）地域環境計画／NPO 法人地域自然情報ネットワーク（14.3）
白川勝信　北広島町立 芸北 高原の自然館（14.4）
一ノ瀬友博　慶應義塾大学環境情報学部（15.2）
伊勢　紀　徳島大学大学院先端技術科学教育部／Pacific Spatial Solutions（株）（15.4）

目次

第 I 部
景観生態学の理論と手法

景観生態学は，景観の構造と機能との関係，それらの変化と社会との関係を科学的に明らかにし，その科学的成果を用いて生態学的により良い土地利用のあり方を提示する学問である．第 I 部では，景観生態学の基本用語や基本概念（第 1 章），景観生態学の学問としての歴史（第 2 章），景観生態学の理論（第 3 章）や空間情報の収集分析手法（第 4 章）を総論的に解説するとともに，景観の形成に大きく関わる「風土」の概念（第 5 章）を解説する．

第1章

景観生態学とは

鎌田磨人

▍この章のねらい▍ 本章では，本書で取り扱う「景観」の概念を明示し，「景観生態学」がどのような学問であるのか解説する．また，景観を構成する様々な生態系から私たちがどのような恵みを得ているのかを，生態系サービスの概念を用いて説明する．そして，自然と人・文化との相互作用の結果を表出している景観を総体として把握するために，どのような学問分野との連携が必要であるのかを考える．最後に，それら基礎的な科学的知見を社会に実装していくうえでの，造園学，建築学，土木工学との接点について概観する．

▍キーワード▍ 景観の構造と機能，景観のパターンとプロセス，空間階層性，生態系サービス，自然資本，社会科学との連携，景観計画，景観デザイン

1.1 景観生態学の概要

1.1.1 景観生態学における「景観」の概念

景観（landscape）は，「任意の空間スケールにおいて認識されるパッチ，コリドー，マトリックスが，相互に関係しあう生態的システムを形成している状態」と定義される（鎌田，2014a）（第3章）．

Google Earth などを使って地球を眺めてみると，高度変化につれて景観の見え方が変化することがわかる．宇宙から地球全体を見渡すと，森林，砂漠などの非森林地，大湖，海洋に区分して見ることができる．高度を下げていくと，森林，草地，大河川，大都市などが見えてくる．ロシアやカナダの北方林地帯や，アフリカや南米の熱帯林地帯では，広大な森林の中に小さな集落や草地が点在する景観を，また，ヨーロッパやアメリカでは，広大な草地や耕作地の中に孤立した森林や集落が点在する景観を見ることができる．さらに地表面に近づくと，小河川，公園緑地，並木，家屋まで見分けることができるようになる．このように，私たちが把握・認識する景観は，空間をどのようなスケールで捉えるかに依存してい

図1.1 空間スケールによって異なる景観の見え方

(a) 空から見た千葉県の農村景観．景観の構成要素として森林や農地がマトリックスとして認識でき，農地の中に集落のパッチや河畔植生のコリドーが認識できる．(b) 千葉県佐倉市の農地．樹林を背景とする農地の中に畦や水路がコリドーとして配置され，単木の樹木が農地の縁にパッチとして存在している．口絵1参照．

る（図1.1）（第3章）．冒頭の定義において，「任意の空間スケールにおいて」との断り書きがあるのは，上述のように私たちがどのような高さから空間を眺めるのかによって，把握することができる空間の広がりや空間構成要素の最小サイズが異なるからである．

それぞれのスケールで景観を見たとき，内部が均質だと認識できる最小の空間単位のうち，面として把握されるもの（例えば，森林や草地）は**パッチ**（patch）と呼ばれ，線として把握されるもの（例えば，河川や並木）は**コリドー**（corridor：生態的回廊）と呼ばれる．さらに，パッチやコリドーを浮かび上がらせる背景となる空間（例えば，広大な森林や草原・耕作地）は**マトリックス**（matrix）と呼ばれる（図1.2，図3.3）．Forman & Godron（1986）によって広く普及したこの概念により，どのような空間スケールであっても，パッチ，コリドー，マトリックスという3種の**景観構成要素**（landscape element）の面積，形状，個数，それらの隣接関係などで，景観のパターンを記述することができるようになった（第3章）．

では，「相互に関係しあう」とはどういうことか．日本の農村地域の代表的な「景観」の一つである里山は，山地の森林，平地の森林，草地，河川，ため池，用水路，耕作地，宅地などが入れ子のように，モザイク状に配置されることで形成されている（図1.3；第7章）．例えば，里山の景観構成要素の一つである森林の面積や配置は，その他の景観構成要素である草地，耕作地，宅地の面積や配

図 1.2　ドイツ南部の農村景観

マトリックスとしての農地の中に森林パッチが存在し，細長い樹林がコリドーとして森林パッチを連結している（写真提供：伊藤哲氏）．口絵 2 参照.

図 1.3　日本の里山景観

日本の代表的な景観である里山は，山地の森林，平地の森林，草地，耕作地，河川，ため池など，多様な生態系のパッチがモザイク状に配置されて形づくられている．口絵 3 参照.

置によって決まる．宅地が拡大すれば，森林，草地，耕作地の面積は減少する．また，農地の作物である「ソバ」の実の収穫量は，花粉を媒介するハナバチの個体数によって決定づけられるが，ハナバチの個体数はソバ畑周辺の森林の面積と質で決まる（Taki *et al.*, 2010; 2011）.

もう一つ例をあげておく．上流域で河川に流れ込む水や土砂の量は，山地の森林の状態によって規定される．河川に供給される土砂量が，下流側の砂州の状態や，最終的には海岸の状態に影響する（図 1.4）．何らかの要因によって森林の

図 1.4 北海道の石狩川河口に広がる石狩海岸
大雪山系を源流とする石狩川から流れ出る土砂が日本国内有数の自然海岸の海岸砂丘を涵養している（写真提供：松島肇氏）．口絵 4 参照．

状態が変わったり，河川内にダムのような構造物ができたりすれば，土砂の供給・移動量が変化するので，河床や海岸の状態も変化することになる（第9章）．ダムによる洪水調節や土砂捕捉は下流域の洪水攪乱の規模や頻度を低下させた．河川環境の安定化が，下流域砂州での樹林化など，河川景観の変化を引き起こしている（Kamada *et al.*, 2004; 2008）．河道の直線化によって湿原に流入する土砂量が増大し，湿原の陸化・樹林化を引き起こしている（中村，1999）．

このように，ソバ畑と森林では，それらパッチ間を行き来するハナバチが2つの系を結びつけ，里山景観の機能に影響を与える．森林と砂州・湿原・海岸では，河川というコリドーを移動する流水や土砂が空間的に離れて存在する2つの系を結びつけ，流域の景観の状態を決める（第8章）．したがって，景観が発揮する生態的機能は，パッチ間での，あるいはコリドーを通した物質，生物，エネルギーなどの移動量によって測定・評価することができる（鎌田，2014b; 2016）．

1.1.2 景観の構造・機能と景観生態学

「**景観の構造**（structure）と**機能**（function）との関係，それらの**変化**（change）と社会との関係を科学的に明らかにすること，そして，その科学的成果を用いて生態学的により良い土地利用のあり方を提示すること」を目的とする学問分野が「**景観生態学（landscape ecology）**」である．

「景観の構造」は，取り出された空間内にある個々のパッチやコリドーの面積や形状，それらの隣接関係などによって把握することができる．景観が発揮する

「生態的機能」を，パッチ間あるいはコリドーを通した物質などの移動量によって測定・評価することは，景観生態学の大きな役割の一つである．また，近年，生物分布や，それを規定する気候・地質などの環境要因や土地利用に関する情報がGISデータとして蓄積され，誰もが利用できるようになってきている．これらの情報を用いて，生物の潜在的なハビタット（habitat：生息・生育地）を推定するための空間モデルを構築し，土地利用計画に活かしていくことが可能となっている（第4章）．

景観生態学が世界的に認知されるようになったのは，次のような理由による．1つ目に，地球上で人間活動の影響を受けていない場がほとんど存在していないことが認識され，これまでよりも広い範囲を視野に入れた研究が生態現象の解明に求められるようになってきたこと，2つ目に，生態現象の解明を行うのに必要な広域的なデータが衛星などを通じて提供されるようになったこと，3つ目に，土地利用上の競合がある中で，野生生物の保全を行い，また，流域全体を持続的に利用・保全していくためには，個々の生態系内での生態的過程（生態的プロセス：ecological process）のみならず，生態系の分布パターン（配置・連続性）や，周辺の生態系・土地利用との関係など，生態系間の相互作用の解析が不可欠であると認識されるようになったこと，などである（第2章）．

景観生態学においては，解明しようとする現象がどのような空間スケールで生じているのかが強く意識される．ある空間スケールで導かれた理論や洞察が，他のスケールでも適用できるとは限らないからである（第3章）．また，解明しようとする空間スケールの大きさと，考えるべき時間の長さは相互依存的であるからである．景観構成要素の配置で規定される**景観のパターン**（pattern）や，その形成・維持・変化の過程としての**プロセス**（process）を理解するためには，いくつかの空間スケールでの研究が必要であり，それらは相互補完的である．こうした考え方を「**空間階層性**（spatial hierarchy）」という．景観生態学の研究の道筋としては，粗いスケール（coarse scale）で景観の全体像をつかんだうえで，その動態や機能を解明するための鍵となる個々の生態系や生態系間の関係について，細かなスケール（fine scale）での分析を行うことが多い．

1.2 景観生態学と社会

1.2.1 生態系サービス

私たちは生態系から様々な恵みを受けつつ暮らしているが，そのような恵みをもたらす景観の構造を明らかにすることは景観生態学の大きな目的の一つである．森林を例に考えてみよう．人々は森林から木材を得たり，実った栗を拾ったり，キノコを採ってきたりする．栗拾いやキノコ狩り，森の散策はとても楽しく，癒しを与えてくれる．美しい森は，絵画や音楽として表される．森は降雨を蓄え，大雨の時には水の河川への流出を遅らせて洪水を緩和し，降雨のない時には徐々に水を流出させることで，下流の人々がいつでも水を飲むことができ，農作物にも水を与える．また，森に棲むハナバチがソバの結実をもたらす（第7章）．こうした恵みを，**生態系サービス**（ecosystem service）と呼ぶ．そのうち私たちに必要な資材や食料などを提供してくれるサービスを「**供給サービス**（provisioning service）」，楽しみや癒しを与えてくれるサービスを「**文化サービス**（cultural service）」，生態系過程を通して，河川に流れ出す水の量を調節したり，植物の結実をもたらしたりしてくれるサービスを「**調整サービス**（regulating service）」とそれぞれ呼ぶ．さらに植物の光合成によって自己形成される森は，多くの生物の住処となり，また，地球上のすべての生物に必要な酸素を供給したり，豊かな土壌を形成したりする．土壌の形成には，様々な土壌動物や微生物の働きが関わっており，これによって植物の光合成（一次生産）が保証される．光合成による自己形成・再生能力は，材を切り出した後にも，再び私たちが利用可能な状態にしてくれる．これらを「**基盤サービス**（supporting service）」という．

これら人間にとってかけがえのないサービスを得るためには，生態系が健全な状態で維持されなければならず，そのためには，生物間の相互作用を含めた「**生物多様性**（biodiversity）」が保持されなければならない．

1.2.2 自然資本

例えば森林は，生態系サービスの提供元として，大きく育った樹木や，多様な生物を蓄積（stock）している場である．この時，森に蓄積された樹木や生物多様性，それらの総体としての生態系は，私たちが利用可能な**自然資本**（natural capital）と考えることができる．生態系に蓄積された自然資本から，物質，エネルギー，情報を生態系サービスとして取り出し，社会に蓄積されている資本（**社会資本**：social overhead capital および社会関係資本：social capital）から取り出されるサービスとあわせて活用していくことで，人間の福利の向上につなげていくことができる（Costanza *et al.*, 1997）.

生態系の大きな特徴は，複数のサービスを同時に提供してくれることである．どのようなサービスを，どのくらい提供してくれるのかは，その生態系の状態によって決まる．多様な植物や動物が生育・生息する生物多様性が豊かな森は，多くのサービスを提供してくれるだろうし，一方で，植林によって作られた単純な森から得られるサービスは限られるだろう．森林から得るサービスを供給サービスに特化しようとするとき，その他のサービスの質の低下を招いたり，場合によっては消失させたりすることが起こる（第6章）．これを生態系サービスのトレード・オフ（trade off）という．注目する生態系サービスと他のサービスとの関係を熟慮しながら，自然資本の活用と管理の方法を検討しなければならない．

1.2.3　景観の構造・機能・価値・サービスと地域社会の結びつき

景観生態学が目指すのは，景観構成要素としての生態系が提供してくれる4つのサービスのどれをも損なうことなく，持続的に得ていくことができる土地利用のあり方である．景観生態学では，景観の構造と機能の関係を把握し，景観構造の変化によって機能がどのように変化するのかを提示すること，すなわち，景観のパターンとプロセスを明らかにすることで，**持続可能な土地利用**のあり方の科学的根拠を示す（第15章）．

一方，どのような森林を作るか，あるいは，森林として維持することを放棄して宅地に転換するかといったことは，土地所有者や管理者をはじめとする地域の人々が，その土地に見出す価値に基づき，どのようなサービスをどのようにして得るかを考え，決定される．すなわち，景観構成要素としての生態系からサービスが取り出されるのは，景観や生態系がもつ機能が人々によって価値づけられた時である（図1.5）．景観や生態系の機能は，人が介在しなくてもその中にあり続けるが，人が価値づけ，利用しようとしない限りサービスは発生しない．そして，人がサービスを得ようとする時，景観や生態系に働きかけ，その構造を変化させることになる（Termorshuizen & Opdam, 2009）.

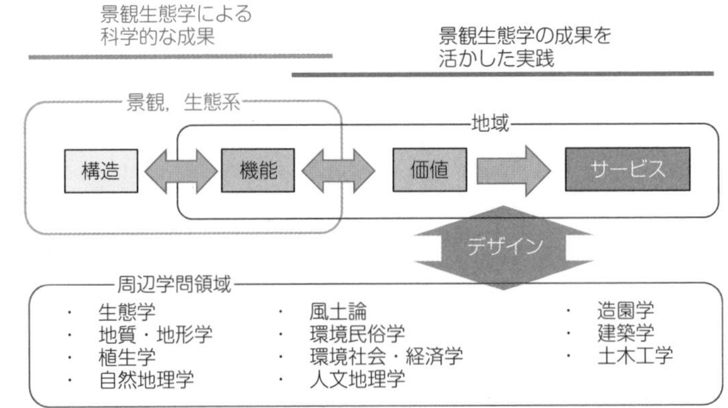

図 1.5 景観の構造・機能・価値・サービスの関係と景観生態学の位置づけ
景観の「構造」によって，その景観が発揮できる潜在的な「機能」が決まる．これらの潜在的な「機能」のうち，どれを人が「サービス」として重視し選択するかは，その地域の人々が土地に見出す「価値」によって変わる．人がサービスを得ようとするとき，景観に働きかけ，その構造を変化させる．景観生態学の科学的成果は，景観の基層を扱う学問領域の成果を取り込みながら，造園学・建築学・土木工学領域に「デザイン」を通してつながれ，地域社会で実践される．

1.2.4 社会実装と地域づくり・地域協働

2015 年に国連で採択された**持続可能な開発目標**（Sustainable Development Goals: **SDGs**）では，「環境が保護され，経済が活性化し，社会の公正さや公平が実現される質の高い社会の実現」が目指され，すべての事業者，国民が目標達成に向けた活動に取り組むことが求められている．ストックホルム・レジリエンスセンターの考え方によると，SDGs の 17 目標の中で「陸の豊かさ」，「海の豊かさ」，「安全な水」，「安定した気候」といった“自然資本”がすべての目標を支える基盤であり，それらの保全は，すべての事業者が活動目標に組み込んでいくべき事項となる（図 1.6）．自然資本の持続的利用の実現に向けての指針を与えるのが，国際的には「**生物多様性条約**（Convention on Biological Diversity: CBD）」であり，国内的には「**生物多様性国家戦略**（以下，国家戦略）」および「**生物多様性地域戦略**（以下，地域戦略）」である（第 14 章）．CBD や国家戦略，地域戦略では，事業者を含むすべての国民が自然資本の持続的管理に参入できるよう，個々の地域での協働の枠組みを強化し，社会変革を促すことが目指される．これを実現するためには，こうした**トップダウン的な枠組み**と，地域での協働による**ボトムアップ活動**とを接続していくことが必要である（第 12 章）．

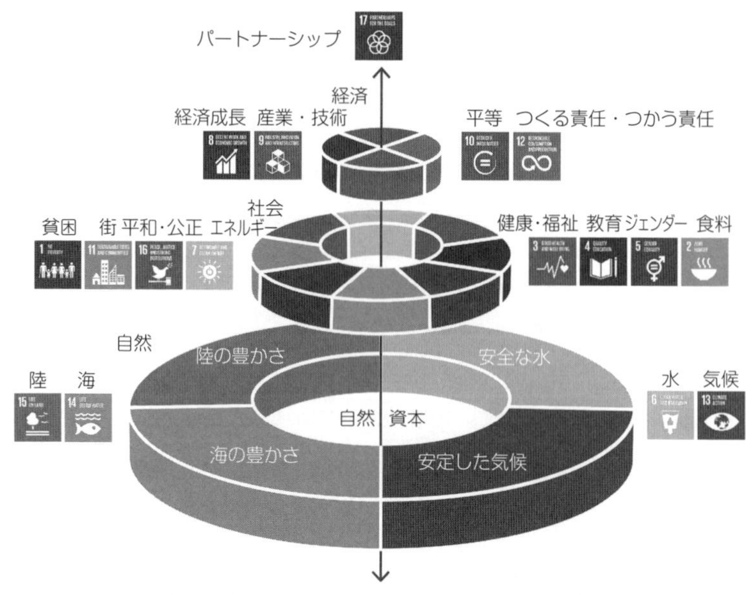

図 1.6　SDGs のウェディングケーキモデル

ストックホルム・レジリエンスセンターの考え方によると，SDGs の 17 目標の中で「陸の豊かさ」，「海の豊かさ」，「安全な水」，「安定した気候」といった“自然資本”がすべての目標を支える基盤であり，それらの保全は，すべての事業者が活動目標に組み込んでいくべき事項となる．Stockholm Resilience Centre（https://www.stockholmresilience.org/research/research-news/2016-06-14-how-food-connects-all-the-sdgs.html）より一部改変．

ボトムアップ活動は様々な地域で創出され，地域ごとに土地の特徴や取り組むべき課題，人材や資金の状況も異なる．また多くの先進事例において，経済性は生物多様性や生態系，景観の保全・管理活動を開始し，維持・展開する上での重要な動機（インセンティブ：incentive）となるものの，同時に地域への愛着や活動そのものの楽しさ，将来世代への責任感といった社会関係資本のあり方も大きく影響しており，単純な指標では測りきれない（第 12 章，第 13 章）．

景観生態学が取り組む地域スケールでの**「場所」に基づく研究**（place-based research）は，その科学的成果と，地域の土地に対する価値判断・土地利用への意思決定とを結びつけるのに有効である（Wu, 2013）．地域社会によって管理された保護区のほうが，国によって指定された保護区よりも効果的に生物多様性が維持される（Maxwell *et al.*, 2020）．また，生物多様性の維持に関する政策的議論の中でも，具体的な領域を伴う**「地域」に基づく保全のあり方**（area-based conservation measure）を検討し，進めていくことの重要性が認められている（Bhola *et al*., 2020; Maxwell *et al*., 2020）（第 14 章）.

一方，景観や生態系からのサービスを持続的に得ていくための道筋を考え，SDGs を達成していくためには，景観や生態系の構造と機能との関係を明らかにするだけでは不十分である（朝波ほか，2020）．景観や生態系に内在する機能に価値を付与し，そして，景観や生態系の構造に働きかけながら持続可能な形で生態系サービスとして取り出していくためには，どのような組織・人が維持管理のための調整および活動を展開し，そのコストを誰がどのように支払うのか，そして，それらを支えるためにどのような制度・仕組みが必要なのかを明らかにすること，また，活動の創出・継続のインセンティブとなるものが何なのかを，地域社会の文脈の中で把握することが大事である（第 12 章，第 13 章）.

こうした地域内での多様なセクターの関わり合いによる協働の仕組みと，景観生態学の研究で明らかにされる景観の持続的な利用・管理のあり方とを結びつけていく努力をしていくことが，私たちに求められている.

1.3　景観生態学と周辺学問領域

1.3.1　景観の基層を理解するために

景観は，それぞれの地域における人の働きかけの強度や頻度と，その土地がもつ復元力とのバランスの結果として出現し，維持され，また，変化してきている（鎌田，2000）．すなわち，景観は，自然と人・文化との相互作用の結果を表出しているのであり，**社会–生態系**（social-ecological system）として把握する視座をもつことも求められる（第 5 章，第 15 章）．景観生態学は生態（自然）の側から社会との関係を見ようとするが，社会（人の暮らし）の側から生態との関係を見ようとする学問分野もある（鎌田，2000）．景観の総体を把握するためには，これら両面から把握し，統合する必要がある（図 1.5）（Wu, 2010）.

人を主体とした空間や景観の構造は，人文地理学の研究対象とされてきた．人文地理学では，生活者自身がもつ独自の環境観に基づく環境利用のあり方を理解し，そこにどのような利用の仕組みがあるのかを明らかにする研究が行われてきている．また，人が直接経験することによって認識される「環境」を，主体から見たものとして理解しようとする現象学的な立場から，人々の空間認識や景観の構造の変化を解明しようとする現象学的地理学や人文主義地理学の研究もある（トゥアン，1988; 1992；レルフ，1999）．この流れの中で，米田・潟山（1991）は，視覚偏重で空間を捉える傾向から脱するために，五感による空間論としての感覚地理学を展開した．「五感の空間論」は景観計画，景観工学，建築学においても，対象とする「場」の意味を考えるうえで重要となっている（藤原，1979；中村，1982；日本建築学会，2021）（第5章）．

民俗学でも「人々が群れ集まり，これまで住みつづけ，これからも住みつづけようとする集団としての意思」を景観から読み取ろうとしていた（香月，1983）．そして，認識人類学や生態人類学の理論を用いながら，自然と民俗との関係を考えていくことの必要性が論じられてきた（篠原，1990）．

環境社会学もしくは環境民俗学では，(1)“環境を殺さず”うまく人間の生活に“利用しつづける”カラクリを伝統社会から見つけ出すこと，(2) 環境と人間が相互にせめぎあう中での，すりあわせの有様を明らかにすること，(3) 環境を媒介とした“人間相互の関係”を明らかにしようとしてきた（鳥越，1993）．環境と人との関わりを日常生活の視点から見直そうとする「生活環境主義」という考え方もある（嘉田，1995）．

国際景観生態学会（International Association for Landscape Ecology: IALE）の日本支部を立ち上げ，景観生態学の普及に尽力した生態学者である沼田は，景観生態学は人間—自然—文化の複合的アプローチを採用すべきだとして，景観の概念を拡張するための語として「景相」を提案した（沼田，1992; 1995; 1996）．そして，視覚だけでなく，聴覚，味覚，触覚，臭覚といった五感を通しての空間認知のプロセスや，それによって得られる心象をも含めて景観（景相）を把握すべきだと主張していた．本節で述べたように，人との関係の中で創りだされた景観を理解しようとする学問は社会科学の中にも広く存在している．今，改めて沼田の主張を思い起こしつつ，社会科学の諸分野とも連携し，社会—生態系の基層を理解するための学際的な研究を進め，景観の理解を深めていくことが望まれる．それが，**景観計画**や**景観デザイン**への科学的基礎を与えることにつながる（図1.5）．

1.3.2 景観生態学の応用 —造園学・建築学・土木工学との接点

景観のパターンとプロセスを自然的・社会的要因と関連づけて探ってきた景観

図1.7 シンガポールのビシャン・アンモッキオ公園
都市河川の両岸にひろがる広幅員緑地．人工的な河川が自然再生事業によって，都市型洪水の緩和・レクリエーション・生物多様性保全などの機能をもつグリーンインフラとなった（写真提供：日置佳之氏）．

生態学は，基礎的な部分では，生物・生態系の空間分布を扱う「生態学」，地質・地形の空間配置を扱う「地質・地形学」，人による空間認識を扱う「地理学」，また，「風土論」と接点をもつ．そして，自然の側から人の暮らしを見ながら，自然の過程や風土に無理なく寄り添う形で地域社会を維持していくための考え方や，手法・技術を提示していこうとする．こうした応用的な部分で，景観生態学は「造園学」，「建築学」，「土木工学」などでの「景観計画」や「景観デザイン」と接点をもつ（鎌田，2000；上原，2016；伊東，2016）．

造園，建築，土木がもつ視点について，渡辺（1988）は次のように説明している．「造園が自然の中で，それとの連続において自然の素材を多用し，自然本来の形姿やはたらきを活かし尊重した形で積極的に組み込み，自然性あふれる快適な生活環境の形成・構成を図ろうとするのに対して，建築では工学的素材を多用し，自然との遮断を図り，もってその内部に合目的・人為的に制御される空間を形成し，また自然に対峙するものとしての人間意思的なものを表現していこうとする傾向が強い」「土木では，（中略）その機能発現に支障を来すような自然力の介入は，極力，排除されることになる．（中略）近年の自然環境の保全，生活環境整備，アメニティ志向の中で，自然の保全や審美性・アメニティへの配慮もなされつつある」．また，「造園の場合，自然そのままに現れる美や機能それ自体に意義や価値を見出し，その観照，利用のための供し方がテーマとなる場合も少なくない」とも述べている．このように，自然との関わり方の深さからすると，造園が最も深く，建築，土木の順に浅くなるが，一方で，いずれの分野も自然を人や社会に対置させながら，つまり，人の側から自然を見ながら，自然をどのように人の社会に取り込み，修景・造形し，活用するかというアプローチをとっていることでは共通している（第5章，第11章）．近年は，造園学，建築学，土木工学でも，景観計画や景観デザインに自然のプロセスを取り込んだ考え方が重視されるようになってきていて，景観生態学との接点がますます深まってきている（図1.7）（第10章，第11章）．

景観生態学がもたらす科学的知識を地域に実装していくためには，パターンとプロセスの把握・分析に，デザインを加えた研究にしていく必要がある（Nassauer & Opdam, 2008；伊東・廣瀬，2020）．デザインの媒介により，景観生態学は造園学，建築学，土木工学のあり方に影響を与え，また，それら分野が景観生態学のあり方に影響を与える，学問間でのフィードバック関係を築いていけるようになる（図1.5）．

引用文献

朝波史香，伊東啓太郎 他（2020）福岡県福津市の地域自治政策と海岸マツ林の自治管理活動の相互補完性．景観生態学，**25**, 53-68

Bhola, N., Klimmek, H. *et al.* (2020) Perspective on area-based conservation and its meaning for future biodiversity policy. *Conservation Biology*, **35**, 168-178

Costanza, R., D'Arge, R. *et al.* (1997) The value of the world's ecosystem services and natural capital. *Nature*, **387**, 253-260

Forman, R. T. T. & Godron, M. (1986) Landscape Ecology. 619 pp., John Wiley & Sons

藤原勝文（1979）農の美学—日本風景論序説，298 pp.，論創社

伊東啓太郎（2016）風土性と地域のランドスケープデザイン．景観生態学，**21**, 49-56

伊東啓太郎・廣瀬俊介（2020）景観生態学とランドスケープデザインの関係を考える．景観生態学，**25**, 91-95

嘉田由紀子（1995）生活世界の環境学—琵琶湖からのメッセージ，320 pp.，農山村漁村文化協会

鎌田磨人（2000）景観と文化—ランドスケープ・エコロジーとしてのアプローチ．ランドスケープ研究，**63**, 142-146

Kamada, M. (2008) Process of willow community establishment and topographic change of riverbed in a warm-temperate region of Japan. *in* Ecology of Riparian Forests in Japan-Disturbance, Life History, and Regeneration (eds. Sakio, H. & Tamura, T.) pp. 177-190, Springer

鎌田磨人（2014a）景観．エコロジー講座7—里山のこれまでとこれから（日本生態学会 編），pp. 18-21，日本生態学会

鎌田磨人（2014b）里山の今とこれから．エコロジー講座7—里山のこれまでとこれから（日本生態学会 編），pp. 6-17，日本生態学会

Kamada, M., Woo, H. *et al.* (2004) Ecological engineering for restoring river ecosystems in Japan and Korea. *in* Ecological Issues in a Changing World - Status, Response and Strategy (eds. Hong, S.-K., Lee, J.-A. *et al.*) pp. 337-354, Kluwer Academic Publishers

香月洋一郎（1983）景観のなかの暮らし―生産領域の民俗，254 pp.，未来社

米田巖・潟山健一（1991）人文主義地理学の新しい潮流―知のパトスへ向けて．人文地理，**43**, 546-565

Maxwell, S.L., Cazalis, V. *et al.* (2020) Area-based conservation in the twenty-first century. *Nature*, **586**. 217-227

中村太士（1999）流域一貫―森と川と人のつながりを求めて，138 pp.，築地書館

中村良夫（1982）風景学入門，244 pp.，中央公論社

Nassauer, J.I. & Opdam, P. (2008) Design in science: extending the landscape ecology paradigm. *Landscape Ecology*, **23**, 633-644

日本建築学会 編（2021）空間五感―世界の建築・都市デザイン，314 pp.，井上書院

沼田眞（1992）IALE 日本支部会報発刊にさいして，国際景観生態学会日本支部会報，**1**（1），1

沼田眞（1995）ランドスケープの意義と将来像：2 回のランドスケープエコロジーの大会をふまえて．国際景観生態学会日本支部会報，**2**（6），1-3

沼田眞 編（1996）景相生態学―ランドスケープ・エコロジー入門，178 pp.，朝倉書店

レルフ，E.（1999）場所の現象学―没場所性を超えて，341 pp.，筑摩書房

篠原徹（1990）自然と民俗―心意のなかの動植物，256 pp.，日本エディタースクール出版部

Taki, H., Okabe, K. *et al.* (2010) Effects of landscape metrics on Apis and non-Apis polinators and seed set in common buckwheat. *Basic and Applied Ecology*, **11**, 594-602

Taki, H., Yamaura, Y. *et al.* (2011) Plantation vs. natural forest: matrix quality determines pollinator abundance in crop fields. *Scientific Reports*, **1**, 132

Termorshuizen J. W. & Opdam, P. (2009) Landscape services as a bridge between landscape ecology and sustainable development. *Landscape Ecology*, **24**, 1037-1052

鳥越皓之（1993）試みとしての環境民俗学―琵琶湖のフィールドから，216 pp.，雄山閣

トゥアン，Y.（山本浩 訳）（1988）空間の経験―身体から都市へ，442 pp.，筑摩書房

トゥアン，Y.（小野有五・阿部一 訳）（1992）トポフィリア―人間と環境．446 pp.，せりか書房

上原三知（2016）ランドスケープ・プランニングと社会，景観生態学と造園学の接点．景観生態学，**21**, 85-88

渡辺達三（1988）造園学への二，三の考察．造園雑誌，**51**, 79-84

Wu, J. (2010) Landscape of culture and culture of landscape: dose landscape ecology need culture? *Landscape Ecology*, **25**, 1147-1150

Wu, J. (2013) Landscape sustainability science: cosystem services and human well-being in changing landscape. *Landscape Ecology*, **28**, 999-1023

第2章
景観生態学の歴史

原　慶太郎

この章のねらい これまでに出版された「景観生態学」や「ランドスケープエコロジー」のテキストを手にして読み比べてみると，外国のものも含めて，これほど書籍によって扱いの違う学問分野はないのではないかと思うくらい，著者の視点によって景観生態学が目指す方向性と対象範囲は異なる．それには景観生態学の誕生からの系譜の違いなどいくつかの理由がある．景観生態学は1930年代にドイツのCarl Trollによって景観研究の分野の一つとして命名され，中欧で地理学と生態学の研究者らによって学問的な基盤が形づくられた．景観生態学の誕生とその後の発展の歴史を振り返ると，欧州で誕生した学問が北米で大きく展開し，その後，再び欧州そして世界各地に広がった経緯があることがわかる．本章では，この学問的な流れと，現代の景観生態学が目指すところを紹介する．

キーワード Troll，植物社会学，景観計画，景観管理，不均一性，スケール，生態系生態学，地理学，緑地学，生態学

2.1 景観生態学のはじまりと興隆

2.1.1 景観生態学の誕生

ある時代に新しい学問が泉のように湧き出て大きな流れとなるには，ここでのたとえである水流であれば，地形に対応するような学問的背景がある．1930～1940年代に中欧で始まった景観生態学について，既往のテキスト（辻村，1954；Naveh & Lieberman, 1984; Schreiber, 1990；横山，1995）に基づいて，当時の背景を探ってみることにする．

景観生態学という用語を最初に提唱したのは，ドイツの地理学者Carl Troll（1899-1975年）（図2.1）である．1921年にミュンヘン大学で植物学の学位を取得したTrollは，1922～1927年，ミュンヘンの地理研究所で地理学と生態学の助手として，山岳地帯の研究に従事した．1920年代から30年代にかけて北欧，

図2.1 Carl Troll 博士（横山，1995）
1957 年に来日した際の写真.

南米やアフリカの諸国を調査研究で廻り，調査隊長として熱帯山地の植物帯を論じた．南半球の高山植物相の研究も発表しており，生態学的な素養をもった地理学者であった．

その当時，第一次世界大戦（1914～1918 年）において，気球や航空機から撮影された空中写真の戦略・戦術上の重要性が高く認識され，戦争終了後には民生用として地理学の研究などに応用されつつあった．Troll は，*Journal of Ecology* に掲載されたアフリカのローデシアにおける空中写真を用いた土地分類の研究（Robbins, 1934）に鼓舞されて，地形などの要因と関連づけて植物の分布を説明するのに空中写真が有効であることに気づき，アフリカでの調査結果についてベルリン地学協会雑誌特別号で論じた（Troll, 1939）．Troll はその中で，空中写真と地理的研究に関して，「地形と土壌および気候と植物など，自然景観を構成する因子が密接な関係を保って相互に働き合った結果，一定の生態的作用をもって結びついていること」を一体として表現するために，景観生態学（Landshaftökologie（独），landscape ecology（英））の語を用いた．ここで Troll が用いた「生態学」という語は，1866 年に Haeckel が生物学の体系において，一般の生理学とは区別した関係生理学（Beziehungsphysiologie）として位置づけた新しい学問分野であった．

1930年代，当時の地理学を牽引していたドイツでは，1920年代の研究成果の肯定・否定を含めた多方面からの議論を経て，景観（Landschaft（独））が地理学における主要な研究課題の一つになっていた（手塚，1991）．Trollが1950年に発表した論文（Troll, 1950; Wiens *et al.*（2007）に英訳が掲載されている）では，景観形態学（landscape morphology），景観類型学（landscape typology）などと並んで景観生態学（landscape ecology）が紹介されており，Trollが地理学における景観研究の一分野として景観生態学を位置づけていたことがわかる．

しかしその後，景観生態学という言葉の用法には，少なからぬ混乱も見られた．Trollは，「景観（Landschaft)」という語が実体としての景観だけでなく風景や地域などの意味で理解される場合が多いこと，そしてLandschaftがドイツ語圏以外の外国語に翻訳しにくいという理由から，1968年に景観生態学の名称をGeoökologie（独），geoecology（英）（日本では「地生態学」の訳語が与えられている）に改めている（Troll, 1968; 1970）．この時期，Trollは山岳地の研究を相次いで発表しているが，この分野の英文論文では地生態学の語を用いている．当時のTrollは，景観生態学を新しい‘学問’としてではなく，自然界の複雑な現象を解き明かす特別な‘視点’であると強調していた（Schreiber, 1990）．

2.1.2　植物社会学による展開

Trollが景観生態学という語を生み出し，その視点から景観の研究を始めた同じ頃，ドイツやオランダでは，景観における要素間の関係の法則性を探求する動きや，景観を一つの単位としてその分布を捉え，土地の管理に応用する動きが広がってきた．そこには，当時新しい学問として台頭してきた生態学の考え方が，とくに植物や植生に関心のある地理学の研究者たちに広がり，それまでの地理学者のもつ空間—分布学的（spatial-chorological）アプローチに，生態学者の機能的および構造的なアプローチが橋渡しされつつあったことが窺える．この分野で学問的な潮流をつくったのは，ドイツの伝統的な**植生地理学**や地植物学（Geobotany）の流れを汲む**植物社会学**（Pflanzensoziologie（独），plant sociology（英））の研究者たちであった．

1900年代初頭，ドイツを中心とする中欧では，古典的植物学や植生地理学の歴史の上に地植物学が展開されつつあった．その中で，植物群落が植物種の特徴的な組み合わせによって規定できると考え，その体系化を進めたのが，スイスのチューリッヒ（Zürich）で学び，フランスのモンペリエ（Montpellier）に研究拠点を置いたBraun-Blanquetである．Braun-Blanquetの植物社会学は，植物群落の種組成をもとに，その中から診断種（標徴種とも呼ばれる）を抽出して植生単位を設定し，その単位を階層的分類体系に組み立てることを目指した（Braun-Blanquet, 1928）．それをさらに発展させたのが，ドイツのTüxenである．彼は，米国の生態学者Clementsの提唱した極相という考え方に代わる「今日の**潜在自然植生**」という概念を案出した．この概念は，現存植生と環境条件から，現時点で人間の干渉が一切消滅すると仮定した際に成立する植生を推定することで，その土地の潜在的な植生の涵養能を表現し，その土地の管理に役立てようとする考え方である．Tüxenはドイツや中欧，ロシアの植生図化を進め，さらに，その地域の潜在自然植生を地図化することによって，土地利用計画に結びつける研究を進めた（Tüxen, 1956）．彼は，私設の理論応用植物社会学研究所を開設し，この分野の研究を進めながら，毎年，挑戦的な国際シンポジウムを開催し，1968年には景観生態学の第１回シンポジウムを開催している．ドイツから始まった潜在自然植生の地図化は中欧の諸国に広がり，景観生態学は植物社会学と密接に関係しながら，**景観計画**や**景観管理**，そして**地域・都市計画**の分野に適用されていった．その地図の解釈と応用においては，スイスの植生学者であるEllenbergに負うところが大きい（Ellenberg, 1950; 1974）．後に彼は，欧州と北米の植生学を体系立てて統合し，植生科学として展開させている（Müeller-Dombois & Ellenberg, 1974）．

2.2　景観生態学の２つの潮流

景観生態学の潮流をたどると，大きな２つの視点があることがわかる．一つは，中欧を中心とする大陸欧州における景観生態学の流れであり，もう一方は，北米を中心とする流れである．

2.2.1　大陸欧州の流れ

Trollが提唱した景観生態学の視点は，欧州の地理学や地域計画・景観計画などの分野で広く受け入れられていった．有史以来，長い歴史をもつ欧州は，第二次世界大戦で大きな戦禍を被ったが，終戦後，急激な復興を遂げるとともに，景観や環境の問題がもちあがり，その解決にこれまでとは違った学際的な視点が求められていた．1972年には，スウェーデンのストックホルムで国連人間環境会議が開催され，世界中で環境問題に人々の関心が向けられつつあった．そのような時代的背景の中で，欧州では景観生態学における**全体論的**（holistic）で**人間中心主義的**（human-centered）視点からの見方が支持されるようになる．このことはNaveh & Lieberman（1984）のテキストに特徴的に論じられている．「景観」は，空間的そして視覚的に認識できる実体として捉えられていたが，Trollは，「景観」を統合された全体論的な統一体として概念的に認識していた．このような見方は，中欧の国々で，人間による土地利用のための景観の評価，図化，計画やデザイン，そして管理の分野で広く浸透することになる．

戦後，ドイツではTüxenらによる潜在自然植生の地図化が進むにつれて，地域の特性に合った景観の生態学的な保全や管理につなげる機運が高まり，景観の保全や自然保護の応用分野で景観生態学の考え方が採用されていった．西ドイツのボン（Bonn）に設立された連邦自然保全・景観生態学研究所を中心として，20万分の1や2万5千分の1の縮尺で潜在自然植生の地図化，全国のインベントリーと地域診断が進められ，それをもとにして景観生態学の知見が地域計画や開発に適用された（Olshowy, 1975）．また，都市生態の分野では，ベルリン工科大学のSukopp，ミュンヘン工科大学のHaberらが，農村—都市生態系や土地利用システムなどの研究分野を牽引した．一方，Trollは景観生態学の応用的側面だけでなく基本的側面の重要性を指摘し（Schreiber, 1977），東西ドイツを中心に景観生態学のテキストが相次いで発刊された（Neef, 1967; Woebse, 1975; Leser, 1976など）．

オランダも中欧における景観生態学の中心としてこの時代を牽引した国である．その中心となったのは，オランダのITC（International Training Centre for Aerial Survey）のZonneveldである．ITCは，戦後，アジアやアフリカからの留学生を積極的に受け入れて航空探査や土地資源の研究を進めていたが，Zonneveld（1972）は空中写真判読と土地管理への応用において景観生態学を最も重要な学問分野として位置づけた．オランダでは，ほかにvan der Maarelらによって，**土地利用政策**に関する景観生態学の応用や，植物社会学をより発展させた定量的な手法が展開された（van der Maarel & Stumpel, 1975; Westhoff & van der Maarel, 1978）．

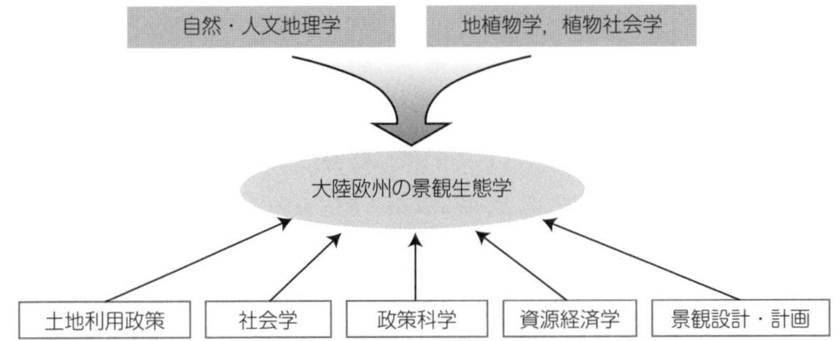

図 2.2 大陸欧州の景観生態学の視点（Wiens, 1997 をもとにして改変）
中欧を中心とする地理学をもとにして植物社会学の潜在自然植生の考え方に基づく地域・景観計画，景観設計などに応用されて発展した.

同じころ，景観生態学研究者の組織化も始まり，1972 にオランダ景観生態学会が組織され，この学会の Zonneveld が中心となって，1981 年にフェルトホーフェン（Veldhoven）で景観生態学の最初の国際会議が開催された．この大会には欧州の景観生態学者だけでなく，北米からラトガーズ大学（後にハーバード大学）の Forman やジョージア大学の Golley など生態学者が参加し，欧州と北米とのこの分野での連携が始まる契機となるものであった．そして 1983 年には，デンマークのロスキルデ（Roskilde）で第 1 回の**国際景観生態学会 IALE** Conference が開催された.

欧州の景観生態学は，景観を対象とし，景観を構成する要素間の関係や，立地などを評価し，**地域計画**や**景観計画**に応用することで発展してきた（図 2.2）．長い歴史を反映して，景観を全体論的，そして人間中心主義的視点から捉えるアプローチが特徴である．一方，この欧州の方法論では，次に述べる北米の景観生態学で重視されたような解析的な研究が限られていたのも事実である.

2.2.2 北米の流れ

北米における景観生態学は主に生態学の研究者を中心として始まった．近年，米国での景観生態学の 25 年間の歴史に関する書籍が出版された（Gary *et al.*, 2015）．その中の Forman（2015）や Turner（2015）などの回想と，最近の With のテキスト（With, 2019）などに従って北米の研究史を概説する.

北米の景観生態学につながる生態学研究として誰もが挙げるのが，MacArthur と Wilson による**島の生物地理学**（island biogeography）に関する歴史的論文（MacArthur & Wilson 1967）である．この論文は，景観スケールの生態学，とくに自然保護に関する議論を深める契機となった．当初はこの理論に対して多くの批判もあったが，結果的には，その後に隆盛となる分断化された景観の個体群や群集の反応を扱う研究の礎をつくった．続く1970年代，Wiens は，パッチ状の草原に生息する鳥類群集のパターンとプロセスに関して独創的な研究成果を発表した（Wiens, 1973; 1976）．同時期に，Forman も森林面積と鳥類の多様性に関する研究を進めており（Forman *et al.*, 1976），ニュージャージー州のマツ荒地（pine barrens）の生態系と景観に関する書籍を編纂した（Forman, 1979）．彼は，景観を構成する生態系がパッチ構造をとりモザイクを形成すること，そのパッチ間を生物種，エネルギー，栄養塩類などが移動することを明らかにし，景観を「**生態的モザイク**（ecological mosaic）」と表現した．後に Forman は，「景観生態学という言葉こそ使わなかったものの，この時期の自分は景観生態学徒であった」と回想している（Forman, 2015）．

一方，1960〜70年代に，E. P. Odum を中心として**生態系生態学**の研究を進めていたジョージア大学では，個々の生態系のスケールよりも空間的に広域的な景観スケールの研究を手がけ，Golley らがその分野を牽引していた．この時期には国際生物学事業（IBP；1964〜1974年）が実施されており，生態系に対する人為的影響や環境変化を予測するモデルの構築に加え，生態系科学を自然資源の管理に応用する研究が精力的に進められていた．

1983年にイリノイ州アラートン・パークで開催された米国・カナダ両国の生態学者と地理学者によるワークショップが，米国の景観生態学を飛躍させることになった契機とされている（Wiens *et al.*, 2007）．このワークショップは，Risser や Forman らが主催し，Golley やオークリッジ国立研究所（ORNL）の O'Neil らが参加していた．このワークショップでは，景観生態学を「ある特定のスケールに限定せずに，空間パターンと生態的プロセス（生態的過程）の関係を研究する分野」とし，次の4つのテーマを掲げて議論が行われた（Risser *et al.*, 1984）．(1) **景観の不均一性**が，生物種，物質，エネルギーの流れにどのように影響を与えているか，(2) 景観パターンを形づくる過去と現在の形成プロセス，(3) 景観の不均一性が，野火のような攪乱の拡大に影響を与えるのか，(4) 景観生態学的なアプローチをとることで自然資源の管理がどのように強化されるのか，である．

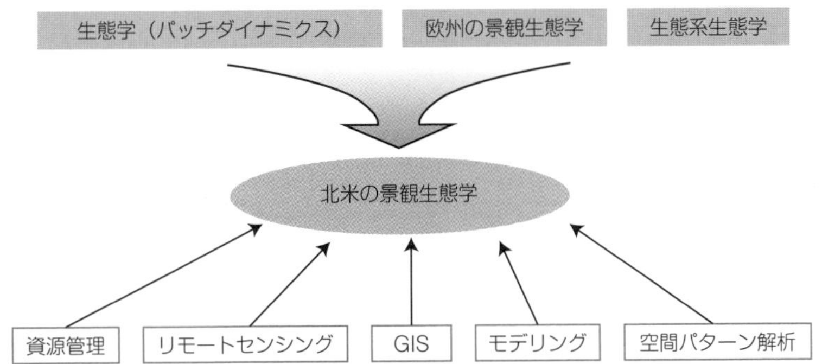

図2.3　北米の景観生態学の視点（Wiens, 1997 をもとにして改変）
パッチ動態などの生態学と生態系生態学をもとにして，欧州の景観生態学の考え方を取り入れ，空間パターン解析やリモートセンシング，そしてGISなどの技術を活かして発展した.

続く1986年には，ジョージア大学のTurnerとGolleyが米国の第1回景観生態学会（Landscape Ecological Symposium）を開催する．Turnerは，生態系を対象に攪乱の影響などの研究を進めていたが，1981年のアラートン・ワークショップでのテーマの一つである，景観の不均一性が攪乱の拡大にどのような影響を与えるかに興味をもっており，このシンポジウムでのテーマとして掲げた．彼女は，このシンポジウムの成果を書籍にまとめて出版した（Turner, 1987）．このシンポジウムを契機として，Turnerはオークリッジ国立研究所に移ることになり，O'NeilやGardnerらとの研究を本格的に進める．Turnerらの2001年のテキスト（Turner *et al.*, 2001）では，景観を「少なくとも一つの要素について空間的に不均質な区域」と一般化し，様々なスケールにおける空間的に不均質な区域で見られるパターンとプロセスの研究を推進した.

米国の景観生態学は，欧州のそれと比較すると，生態学に軸足をおいた，より**定量的**で**解析的**な研究が特徴的である（図2.3）．景観生態学を牽引した研究者の多くが大学の生物学科や生態系の研究所などに所属し，景観スケールにおける**生態系管理**や，**野生動植物の生態**や**保全**に関する研究に関わることが多かった.

2.3　景観生態学の世界的展開と日本の景観生態学

2.3.1　2つの潮流の合流

1980年代に入り，米国の生態学者が欧州の景観生態学関連の会合に参加するようになり，欧州と北米の景観生態学が合流する機運が高まった．欧州と北米の架け橋となった中心的な人物が，オランダのZonneveldと米国のFormanとGolleyである．1982年，国際景観生態学会（International Association for Landscape Ecology: IALE）が創設され，Zonneveldが初代会長，Schreiber（ドイツ）とFormanが副会長となり，活動を開始する．1986年には，Formanとフランスの Godronによる景観生態学の書籍が発刊され（Forman & Godron, 1986），ここに欧州と北米の景観生態学の統合（融合）を象徴的に見ることができる．その後Formanは，自身の景観生態学を"Land Mosaics"という大著に総括している（Forman, 1995）．1986年，米国のシラキュース（Syracuse）で開催された第4回の国際生態学会議INTECOLで，イスラエルのNavehによる景観生態学の基調講演とシンポジウムが開催された．この時，次回開催のINTECOL横浜大会（1990年）における景観生態学セッションが誘致され，生態学において景観生態学が全世界的に認知されることになる．1987年には，Golleyが編集長になって景観生態学の学術雑誌 *Landscape Ecology* が発刊され，編集委員には，欧州と北米からの研究者のほか，イスラエルのNavehと日本から沼田眞が加わっている．

このような経緯で，景観生態学は世界的に一つに合流し，確固たる学問分野となった．その背景としてTurnerは，(1) 環境と土地管理の問題が広域にわたるようになったこと，(2) スケールに関する新しい生態学の理論の発展があったこと，(3) 空間データが広く入手可能となり，リモートセンシングやGISの大きな技術的進歩が見られたこと，を挙げている（Turner *et al.*, 2001）．とくに，1980年代から生態学においてスケールの重要性が広く認められることになり，いくつかの概念的枠組の発展（Allen & Star, 1982; Delcourt *et al.*, 1983; O'Neill *et al.*, 1986）によって，様々な時空間スケールにおけるパターンとプロセスの問題に取り組むことになり，景観生態学の重要性が認識されるようになった．

現在，景観生態学研究者の国際的組織である国際景観生態学会IALEは，20を超える国による支部（Chapterと呼ぶ）とアフリカ，欧州，北米の地域支部で活動しており，世界大会を4年ごとに開催している．*Landscape Ecology* を年に12号刊行しており，その編集指針には現在の景観生態学が目指す方向性が，「自然科学と社会科学の専門知識を結集し，**人間と環境の統合システム**としての景観の生態，保全，管理，設計・計画，そして**持続性**に関する基礎および応用的課題を探求する．この研究は景観要素の空間的属性や配置を解析し，生態的過程に関連づける空間明示的な手法を特徴とする」と掲げられている．

2.3.2 日本における導入と展開

欧米における景観生態学の誕生と展開を概観してきたが，この節では日本およびアジアでの状況をたどることにする．日本の地理学における景観生態学の考え方や方法論の導入の過程については，横山（1995）に詳しく紹介されている．1950年代，地理学者の辻村太郎や西川治などにより景観生態学という用語は導入されたが，当時は，現在の景観生態学につながる研究の進展は見られなかった．

地理学の分野では，1960～70年代に入り，水津（1967; 1974）や杉浦（1974）らによって東西ドイツにおける景観生態学の紹介がなされた．小泉（1974）や横山（1979）によって高山帯における地形と植生の関係を対象とした地生態学の研究成果が発表され，『景観生態学』（横山，1995）が発刊されている．

同時代に**緑地学**の分野からは，1960年代に西ドイツの国立植生学・自然保護・景域保全研究所に留学し，Tüxenらの植物社会学を緑地学や景観計画（景域計画）へ適用することを目指した井手久登を中心としたグループが応用植物社会学研究会を立ち上げ，自然立地的土地利用の考え方を提案し（井手，1974; 1978），武内（1976）や亀山（1985）らによって具体的な研究成果が蓄積された．このグループからは1980～90年代に『地域の生態学』（武内，1991）や『緑地生態学（ランドスケープ・エコロジー）』（井手・亀山，1993）などが相次いで発刊された．

一方，**生態学**の分野からは，1980年代に植物生態学や都市生態学などの研究者の中から景観生態学的な研究を志向するものが現れはじめる．1989年には，釧路で開催された日本生態学会第36回大会で「景観生態学，その方法と応用」のシンポジウムが，中越信和と浜端悦治をコンビナーとして開催され，沼田眞，亀山章や鎌田磨人らが演者として登壇した．翌年の1990年には，第5回国際生態学会議INTECOLが横浜を会場に開催され，当時INTECOLの会長であったGolleyはじめ，海外からNaveh，Haber，Forman，Wiens，Opdam，Godron，Turner，Schreiberらが参加し，景観生態学の名を冠した3つのシンポジウムが開催された．この大会に先立って，沼田眞が館長を務める千葉県立中央博物館で，景観生態学の国際シンポジウムが開催された．INTECOLの折，国際景観生態学会（IALE）日本支部が創設されることが決まり，会長を沼田眞，幹事長を中越信和が務めて活動を開始した．1991年には支部の活動として，日本生態学会第38回大会（奈良）で第1回景観生態学の集いが開催された．その後は各地で年次大会と支部会報の発行を続け，2004年に日本景観生態学会となり現在に至っている．その間，学会の主要メンバーらによって，『景観のグランドデザイン』（中越，1995）や『景相生態学―ランドスケープ・エコロジー入門』（沼田，1996），Turnerらのテキスト（Turner *et al.*, 2001）の訳書である『景観生態学』（中越・原，2004）などが発刊された．このような動きの時代的背景としては，生態学において空間スケールの新しい視点が導入されたこと，そして，1992年にリオデジャネイロで国連環境開発会議が開催され，**気候変動**とともに**生物多様性**が主要課題となり，国家として景観スケールでの国土環境管理が必要となったこと，などが挙げられる．

景観生態学の具体的なテーマは，国や地域によって背景が異なるが，東アジア地域内では気候，風土的に共通する課題をもち，国際的な協力関係をもつ意義があることから，日本景観生態学会，日本緑化工学会，応用生態工学会，韓国環境復元緑化技術学会，韓国造景学会，韓国環境生態学会が中心となって国際景観生態工学連合（ICLEE）という国際コンソーシアムが設立された（コンソーシアムには，後に台湾造園景観学会と日本造園学会が加わる）．ICLEEは，2005年にソウルで開催された最初のシンポジウムを皮切りに継続的に学術大会を開催し，英文誌 *Landscape and Ecological Engineering*（LEE）を年4回刊行している．日本景観生態学会では，和文誌「景観生態学」を刊行すると同時に，このLEEを学会の英文誌として位置づけ，研究成果を公表している．

2.3.3 これからの景観生態学

欧州と北米でそれぞれの発展を遂げた景観生態学であるが，今日，景観生態学における視点の違いは，欧州と北米の違いではなく，基礎科学と応用科学の違いとなっているように見える．景観生態学は，自然科学と社会科学の研究を統合するだけでなく，学際的な研究と人間の土地利用の環境的・社会的影響に関する**ステークホルダー**（stakeholder：利害関係者，有権利者）の関心事との統合を促進することで，科学と実践の従前の垣根を超えた，活気に満ちた**学際的な科学**として位置づけられる（With, 2019）（図2.4）．

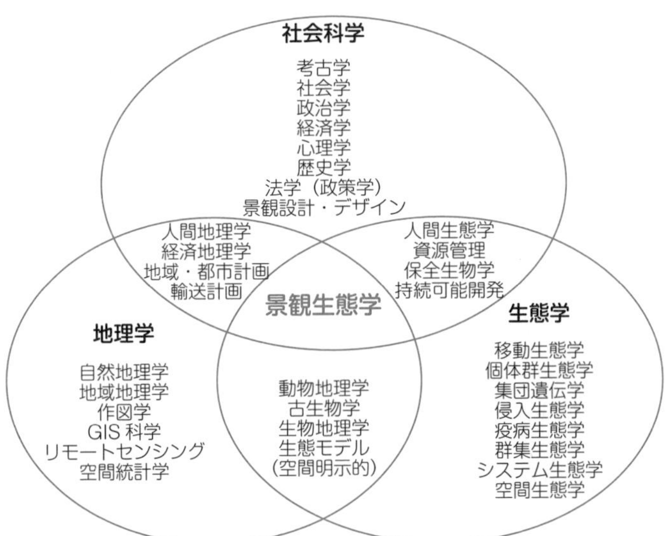

図 2.4 現在の景観生態学と関連分野（With, 2019 をもとに描く）
景観生態学は，地理学と生態学の基礎科学分野と，それをもとにした政策科学や経済学など社会科学の応用分野で展開が進んでいる．

現在，国際誌 *Landscape Ecology* の案内に掲載されている投稿論文に必要とされるトピックを見ると景観生態学の現在の動向を知ることができる．(1) 景観モザイクにおける生物，物質，エネルギーの流れと再配分，(2) 景観の連結性と分断，(3) 動的景観における生態系サービス（特にトレードオフと相乗効果），(4) 景観の歴史とレガシー効果，(5) 景観と気候変動の相互作用（特に緩和と適応），(6) 景観の**持続性**と**レジリエンス**，(7) 土地利用変化の機作と生態系への影響，(8) 景観全体のパターンとプロセスのスケーリング関係と階層的つながり，(9) 景観分析とモデリングの革新的手法，(10) 景観研究の精度評価と不確実性分析，である．

これに加えて，長い歴史の中で人間活動によって創り出された**文化的景観**の管理や保全などの問題や，持続可能な**景観計画**や**景観デザイン**のあり方なども，今後の景観生態学の重要な分野であろう．景観生態学は，地球上の様々なスケールにおける課題を，自然科学と社会科学，基礎科学と応用科学を統合しながら，人類にとって好ましい環境のあり方を提示する学問として発展している．

引用文献

Allen, T. F. H. & Star, T. B. (1982) Hierarchy: Perspectives for Ecological Complexity. 310 pp., University Chicago Press

Braun-Blanquet, J. (1928) Pflanzensoziologie, Grundzüge der Vegetationskunde. *in* Biologische Studienbücher 7 (ed. Schoenichen, W.), 330 pp., Springer Verlag

Ellenberg, H. (1950) Unkrautgemeinschaften als Zeiger für Klima und Boden. Landwirtschaftliche pflanzensoziologie 1. 141 pp., Ulmer

Ellenberg, H. (1974) Zeigerwerte der Gefässpflanzen Mitteleuropas. Scripta Geobot., **9**, 1-97

Delcourt, H. R., Delcourt, P. A. *et al.* (1983) Dynamic plant ecology: the spectrum of vegetation change in space and time. *Quaternary Science Review*, **1**, 153-175

Gary, W., Barrett, T. L. *et al.* (2015) History of Landscape Ecology in the United States. Springer

Forman, R. T. T. ed. (1979) Pine Barrens: Ecosystem and Landscape. Academic Press

Forman, R. T. T. (1995) Land Mosaics: The Ecology of Landscapes and Regions, 632 pp., Cambridge University Press

Forman, R. T. T. (2015) Launching landscape ecology in America and learning from Europe. *in* History of Landscape Ecology in the United States (eds. Gary, W., Barrett, T. L. *et al.*) pp. 34-62, Springer

Forman, R. T. T., Galli, A. E. *et al.* (1976) Forest size and avian diversity in New Jersey woodlots with some land-use implications. *Oecologia*, **26**, 1-8

Forman, R. T. T. & Godron, M. (1986) Landscape Ecology, 619 pp., John Wiley

井手久登 (1974) 景域計画の方法．農村計画，**4**, 9-15

井手久登 (1978) 自然立地的土地利用の思想．応用植物社会学研究，**7**, 9-19

井手久登・亀山章 編 (1993) 緑地生態学―ランドスケープ・エコロジー，188 pp.，朝倉書店

亀山章 (1985) 地域計画における景観生態学の応用．信州大学環境科学論集，**7**, 1-4

小泉武栄 (1974) 木曽駒ヶ岳高山帯の自然景観―とくに植生と構造土について，日本生態学会誌，**24**, 78-91

Leser, H. (1976) Landschaftsökologie. UTB521. 432 pp., Ulmer

MacArthur, R. H. & Wilson, E. O. (1967) The Theory of Island Biogeography. 215 pp,. Princeton University Press

Müeller-Dombois, D. & Ellenberg, H. (1974) Aims and Methods of Vegetation Ecology, 547 pp., John Wiley & Sons

中越信和 編 (1995) 景観のグランドデザイン，178 pp.，共立出版

Naveh, Z. & Lieberman, A. (1984) Landscape Ecology: Theory and Application. 360 pp., Springer-Verlag

Neef, E. (1967) Die theoretischen Grundlagen der Landschaftslehre. 152 pp., Hermann Kaack

沼田眞 編 (1996) 景相生態学―ランドスケープ・エコロジー入門，178pp.，朝倉書店

Olshowy, G. (1975) Ecological landscape inventories and evaluation. *Landscape Planning*, **2**, 37-44

O'Neill, R. V., DeAngelis, D. L. *et al.* (1986) A Hierarchical Concept of Ecosystems. Princeton University Press

Risser, P. G., Karr, J. R. *et al.* (1984) Landscape Ecology: Directions and Approaches. Special Publication, **2**, 6-16, Illinois Natural History Survey

Robbins, C. R. (1934) Northern Rhodesia; An experiment in the classification of land with the Use of Aerial Photographs. *Journal of Ecology*, **22**, 88-105

Schreiber, K.-F. (1977) Landscape planning and protection of the environment. *Applied Sciences and Development*, **9**, 128-139

Schreiber, K.-F. (1990) The history of landscape ecology in Europe. *in* Changing Landscapes: An Ecological Perspective (eds. Zonneveld, I. S. & Forman, R. T. T.) pp. 21-34. Springer-Verlag

杉浦直（1974）景観生態学の理論と方法―東ドイツ学派を中心にして―．東北地理，**26**, 137-148

水津一朗（1967）形態と発生．朝倉地理学講座 1．地理学総論（木内信蔵・西川治 編），pp. 110-145, 朝倉書店

水津一朗（1974）近代地理学の開拓者たち，235 pp.，地人書館

武内和彦（1976）景域生態学的土地評価の方法．応用植物社会学研究，**5**, 1-60

武内和彦（1991）地域の生態学，254 pp.，朝倉書店

手塚章（1991）ドイツ地理学におけるラントシャフト論の展開．地理学の古典（手塚章 編），pp. 258-298，古今書院

Troll, C. (1939) Luftbildplan und ökologische Bodenforschung. Zeitschrift der Gesellschaft für Erdkunde, Berlin, 241-298

Troll, C. (1950) Die geographische Landschaft und ihre Erforschung. *in* Studium Generale (eds. Bauer K.H. *et al.*) **3**, pp. 163-181., Springer

Davidsen, C. transl. (2007) The geographic landscape and its investigation. *in* Foundation Papers in Landscape Ecology (eds. Wiens, J. A., Moss, M. R. *et al.*) pp. 71-101, Columbia University Press

Troll, C. (1968) Geo-ecology of the mountainous regions of the tropical Americas. *Colloquium Geographicum*, **9**, 223 pp., Ferd. Dümmlers Verlag

Troll, C. (1970) Landschaftsökologie (Geoecology) und Biogeocoenologie: Eine terminologische Studie. *Revue Roumaine de Géologie, Géophysique et Géographie, Série de Geographíe (Bucarest)*, **14**, 9-18

辻村太郎（1954）地理学序説―地形と景観，265pp.，有斐閣

Turner, M. G., ed. (1987) Landscape Heterogeneity and Disturbance, 239 pp., Springer-Verlag

Turner, M. G. (2015) Twenty-five years of United States landscape ecology: Looking back and forging ahead. *in* History of Landscape Ecology in the United States (eds. Gary, W., Barrett, T. L. *et al.*) pp. 80-96., Springer

Turner, M. G., Gardner, R. H. *et al.* (2001) Landscape Ecology in Theory and Practice: Pattern and Process, 401 pp., Springer-Verlag. 中越信和・原慶太郎 監訳（2004）景観生態学―生態学からの新しい景観理論とその応用，399pp.，文一総合出版

Tüxen, R. (1956) Die eutigpotentielle Naturliche Vegetation als Gesenstand der Vegetationskartirung. Amgew. *Pflanzensoziologie*, **13**, 5-42

van der Maarel, E. & Stumpel, A. H. P. (1975) Landschaftsökologische Kartierung und Bewertung in den Niederlanden. Verhandl. Ges. für Ökologie 1974, pp. 231-240, Dr. W. Junk

Westhoff, V. & van der Maarel (1978) The Braun-Blanquet approach. 2nd. ed. *in* Classification of Plant Communities (ed. Whittaker, R. H.) pp. 287-339, Dr. W. Junk

Wiens, J. A. (1973) Pattern and process in grassland bird communities. *Ecological Monographs*, **43**, 237-270

Wiens, J. A. (1976) Population responses to patchy environments. *Annual Review of Ecology and Systematics*, **7**, 81-120

Wiens, J. A. (1997) Metapopulation dynamics and landscape ecology. *in* Metapopulation Biology (eds. Hanski, I. A. & Gilpin, M. E.) pp. 43-62., Academic Press

Wiens, J. A., Moss, M. R. *et al.* eds. (2007) Foundation Papers in Landscape Ecology, 582 pp., Columbia University Press

With, K. A. (2019) Essentials of Landscape Ecology, 641pp., Oxford University Press

Woebse, H. H. (1975) Landschaftsökologie und Landschaftsplanung. R.B. Verlag

横山秀司（1979）東アルプスにおける森林限界の地生態学的研究．地理学評論，**52**, 580-591

横山秀司（1995）景観生態学，207 pp.，古今書院

Zonneveld, I. S. (1972) Use of aerial photo interpretation in geography and geomorphology. Textbook of Photo-Interpretation, 7, ITC

第3章 景観生態学の理論

夏原由博

▌この章のねらい▌ 生態学は他の自然科学と同様に普遍性を追求するために，均質な空間を仮定して発展した，しかし，現実の世界は複雑で多様な景観で満ちている．景観は，気候，地形，土壌などの非生物的要因，洪水など自然攪乱，植生遷移など生物的な要因，人間による土地利用など様々な要因によって形作られる．景観パターンの違いは，物質の移動，生物の種組成，個体数変動など生態系のプロセスに影響する．景観のパターンとプロセスは場所ごとに異なっているが，共通する法則が存在するはずである．本章では，景観のパターンとプロセスがいかに生じるか，また時間や空間の不均質性が景観全体で生じる自然現象の安定性や復元性にどのように関わっているかを紹介する．

▌キーワード▌ スケール，モザイク，パターン，プロセス，PCM，不均質性，攪乱，定常状態，レジリエンス，モデル，メタ個体群

3.1 スケールとパターン

3.1.1 スケール

1.1 節，2.2.2 項で簡単にふれた**スケール**の概念は生態学において 1980 年代に急速に重視されるようになった（Turner *et al.*, 2001）．理由の一つは，人工衛星による地上観測や地球規模での環境問題の顕在化によって，観測範囲を拡大すると小さな範囲では認識できなかった現象が生じていることがわかってきたことである．例えば，数十メートルの範囲で植生を調べると，何種かの樹木から構成される森林だと記録された場所であるが，調査範囲を数キロメートルに拡大すると，森林だけでなく草地や池が含まれるかもしれない．逆に範囲をもっと小さく数ミリメートルにすると樹木は見えず，根や菌糸が網の目状にあるのが見えるだろう．

空間スケールによる現象の違いは，**時間スケール**と対応している．図 3.1 に示すように小さな空間スケールで生じる現象は，より頻繁に生じ，影響が後に残

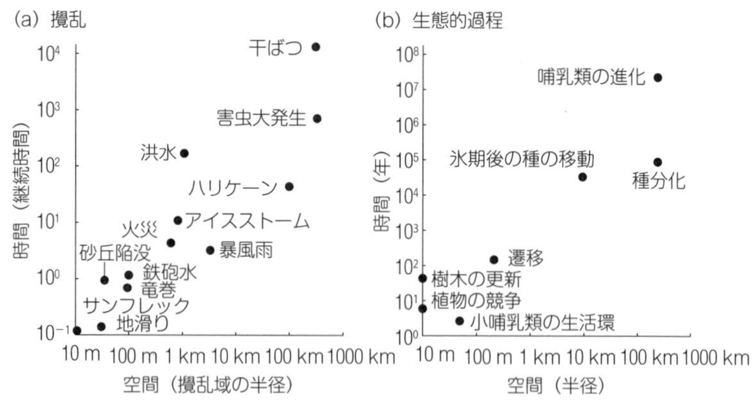

図 3.1　(a) 撹乱および (b) 生態的過程の時空間スケールのグラフ

横軸に空間スケール，縦軸に時間スケールを示す．点は，各現象の大部分の範囲のおよその中心を表す．両者とも空間と時間の間に関連があるように読み取れる．Forman (1995) を改変．

りにくい．一方，大陸移動のような大規模な空間スケールのできごとは，数億年の時間をかけて進行する．**生物地理区**は数百から数千平方キロメートルの範囲で，氷河期と間氷期のように自然植生を変えるような気候変動は数万年のサイクルで，それぞれ生じている．大規模火災は 10 万 km^2 程度の面積で生じ，二次遷移による回復には数十年から数百年を要する．

空間と時間のスケールには，「**範囲**（range）」と「**最小単位**（grain size，**解像度**）」という 2 つの属性があり，パターンの発現には両者が関わっている（Turner *et al.*, 2001）．範囲は研究対象全体のことであり，気候変動のように広域で生じる現象を対象とする場合には，空間的には広く時間的には長期間を対象とする必要がある．最小単位はデータを取得する単位のことであり，最小単位以下のサイズで起こる現象は認識することはできない．そして，範囲と最小単位の間には費用や能力に制約がある限り，トレードオフの関係がある．これは，空撮画像について考えるとわかりやすい．範囲が 1 km 四方で解像度が 1 m であれば 100 万ピクセルとなるが，解像度が 100 m であれば，100 ピクセルに減少する．景観の**パターン**や**プロセス**の観測値は調査範囲と最小単位の両方に依存する．

3.1.2　スケールの階層性

スケールによって見える現象が異なることを空間スケールの**階層性**（hierarchy）と呼ぶ（Urban *et al.*, 1987）．生態的現象は空間や時間のスケールに対応し

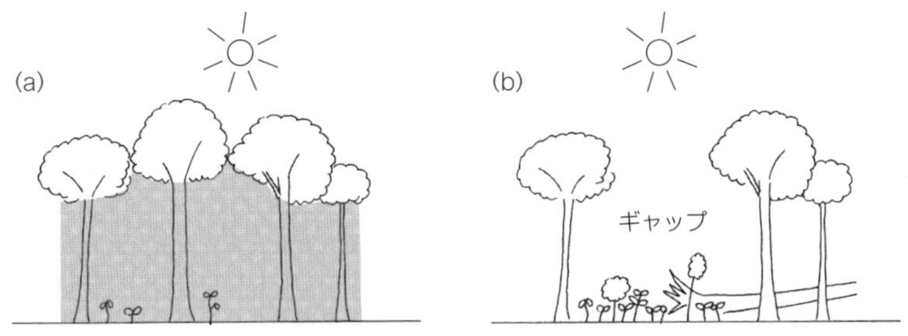

図3.2 森林のギャップ更新

(a) 高木に覆われた森林の林床には光が届かず，実生は成長できない．(b) 強風などによって高木が倒れると穴が開いた空間ができる．これをギャップという．ある程度大きなギャップができると，林床に光が当たり，若い樹木が成長する．

て階層性を示す．一般的に低レベル（例えば細胞レベル）のできごとは小さく速い速度で変化し，高レベル（例えば個体レベル）のできごとは大きく，遅く変化し，かつ低レベルのできごとを含む．森林の上層（林冠）を構成する樹木が何かの要因で倒れると**ギャップ**（gap）ができるが（図3.2），ギャップ内の樹木は共通の資源を巡って，ギャップ外の樹木との間よりも強く相互に関係するので，森林はギャップサイズの**パッチ**（patch）の**モザイク**に分解できる（1.1.1項，3.1.3項）．しかし，ギャップはすべてが同じでも互いに独立でもない．土壌や地形など立地条件が類似するギャップでは類似した性質の樹木が生育する．この類似性により，複数のギャップがある頻度で相互に作用する特徴的なサイズの領域を描くことができ，これを**林分**（stand），すなわちギャップよりも一つ階層レベルの高い要素として定義することができる．スケールをもうひとつ大きくすると，**分水界**（watershed）を定義できる．分水界内の林分は類似した資源を共有する（Urban *et al.*, 1987）．

生態的現象は，空間や時間のスケールに依存して，異なる姿を見せる．生物の分布は，広域スケールでは地史的な要因である生物地理区の制約を受ける．例えば，カンガルーはオーストラリア区にしかいない．詳細スケールでのプロセスは，**景観動態**を説明する**機構**（mechanism）と位置づけられ，広域スケールのパターンは，プロセスの取り得る範囲を制限する要因（constraint）と捉えられる．生物の分布は気候要因によって制限される場合が多いため，日本全国スケールでは，ブナの分布モデル（Matsui *et al.*, 2004）やモリアオガエルの分布推定（伊勢・三橋，2006）のように気温や降水量が説明変数に用いられている．しかし，狭い範囲では気候の差異がほとんどないため，地形や植生などの要因が分布を制限する．十数キロメートルの範囲内での両生類（三好・夏原，2003）や猛禽類（尾崎ほか，2008）などの分布は，傾斜など地形と樹林と水田の接線長のような隣接関係で説明されている．

現象がスケールに依存するというのは，それらが測定の最小単位や範囲に応じて変化することと同義である．そのため，調査スケールを変えると観察されるプロセスが違って見える可能性がある．研究対象より詳細な最小単位で生じるプロセスが現象を説明するのに必要な細部情報であるのに対し，より広域な範囲のパターンは，プロセスに対する制約条件となる．

データを扱う際にも階層性に注意する必要がある．階層性が存在するということは，ある限られた調査範囲で得られたデータで推定された関係を使って，その関係が得られた条件の範囲外について値を推測すること（**外挿**：extrapolation）が，しばしば危険であることを意味する．

3.1.3　空間パターン

衛星画像などで地上を見ると，様々な形の土地や水面が組み合わさっている．こうした空間配置を**パターン**として捉えることができる．最も単純な空間パターンは，2種類の土地の組み合わせである．広い森に道路が通る，あるいは牧草地の中に森の名残が残っている．景観生態学では，このようなパターンを出発点として発展した（第2章）．図3.3に示すように景観の背景となる広く連続した土地被覆を**マトリックス**（matrix），その中にあるマトリックスと異なる土地被覆を**パッチ**（patch），マトリックスと異なる線状の土地被覆を**コリドー**（corridor：生態的回廊）と呼ぶ．3者の頭文字をとって，**PCMモデル**とも呼ばれる（Forman, 1995）．空間パターンには，様々な属性が存在する．それぞれのタイプの土地の面積率，パッチやコリドー，マトリックスの特徴などである．パッチの属性としては，サイズ，形，個数，配置，連結性がある．その生態学的な意味については次の3.1.4項で解説する．

PCMモデルでは，パッチは種にとって好適な生息・生育地（habitat：ハビタット）として，マトリックスは不適当な環境として，それぞれ描かれることが多いが，実際には両者の違いは様々である．マトリックスが多くの種にとっての生息・生育地となる例は多い．例えば，アマゾンの残存する熱帯雨林のパッチに生

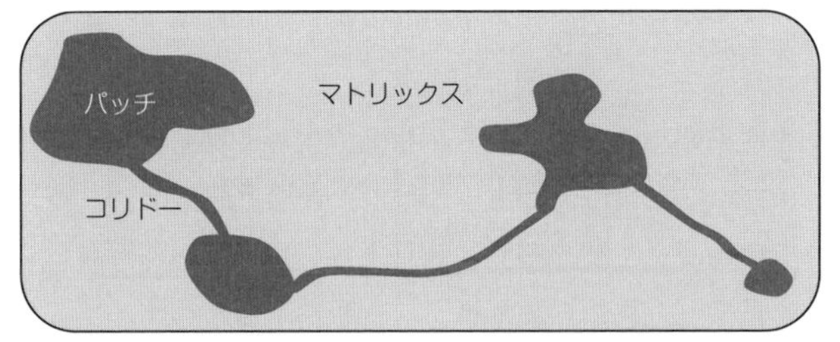

図3.3 パッチ・コリドー・マトリックス（PCMモデル）

息する鳥の70%が周囲のマトリックスも利用していたし，ジャワの孤立林に生息する鳥の種は，孤立林周囲のマトリックスの鳥相を反映していた．Diamond *et al.* (1987) はこれを**生態的コンテクスト**と呼んだ．また，パッチとマトリックスの境界がゆるやかに推移する**推移帯**（エコトーン：ecotone）の存在も重要である．

景観を構成する土地は2種類だけではなく，森，草地，湖，住宅地など多様である．そのため，空間は複雑なモザイクパターンを形成する．我が国の水田農業は明らかにPCMモデルとは異なる景観を作り出した．水田は水と陸地がつねにセットになった詳細スケールのモザイクである．**モザイクモデル**は，2種類以上の環境のすべてを必要とする機能やプロセスを重視した見方である．森に棲むアカガエルが，産卵場所として水田を利用することは，その一例である．

3.1.4 空間パターンの生物への影響

空間パターンの生物への影響には，生息・生育地の面積そのものの減少，**孤立化**（isolation），**エッジ効果**（edge effect），種間関係の変化がある（第6章で詳述する）．一般的に個体数は生息・生育地の面積に比例し，個体数が少ないほど絶滅リスクは高くなる．そのため，生息・生育地が小さくなると絶滅しやすくなる．絶滅した生息・生育地では，他の生息・生育地からの再移住によって個体群が回復することがあるが，生息・生育地間の距離が遠いなど孤立化が進むと，回復が困難になる（3.3節）．種類の異なる生態系と接するエッジ（周縁部）で外部の影響によって環境や種組成が変化することをエッジ効果という．例えば，森林のエッジでは林床が明るいため，草本や低木などからなる**ソデ群落**やツル植物からなる**マント群落**が発達する．ヨーロッパやアメリカでは林外からの捕食者によって鳥の繁殖成功率が林縁で低下することも知られている．エッジ効果の相対的な大きさはパッチの形状の影響を受ける．円形のパッチは，細長いものや凹凸のあるパッチと比べてエッジの割合が小さい．

生態系内や生態系間での捕食，競争，相利共生など種間の相互関係を**生態系ネットワーク**（ecological network）と呼ぶ．景観生態学では，特に生態系（**景観要素**）の間での物質や生物の移動に注目する．例えば，**河畔林**は川に日陰をつくり，有機物を供給し，河川の地形構造に複雑さをもたらす．渓流の無脊椎動物群集は，河畔林の伐採，河畔林の種類に光強度や落下物の供給を通じて，影響を受けている．例えば，河畔林の伐採によって，夏の水温は上昇し，水中に達する光量が増加するため水中の一次生産は増加するが，落葉量は減少し，落葉起源の食物連鎖はやせ細る．また北海道苫小牧の河畔林では，魚は河川生態系で水生昆虫を捕食し，鳥は森林生態系で樹上に生息するガの幼虫やクモを食べるが，ふたつの生態系が接していることによって生じる生物や物質の移動が，双方の生態系を豊かに変えている（Nakano & Murakami, 2001）.

こうした外部の生態系からの資源（**他生性資源**）の流入は食物連鎖の上位種の個体数を増加させる．陸域と水域が接する境界密度が高いことが物質の輸送を促進することから，水系密度の高い流域ほど鳥類の個体数が増加することが示されている（Iwata *et al.*, 2003）．また，栄養の受け手の生態系で捕食者が増加することによって，被食者が減少する**トップダウン効果**が生じる場合もある．

3.2　空間・時間的な不均質性とプロセス

3.2.1　不均質性が生じる原因

Forman（1995）は空間パターンが生じる原因を3種類に分けている．(1) 基盤の**不均質性**，(2) **自然攪乱**，(3) **人間活動**である．

基盤の不均質性とは，地質や地形の違いなどである．蛇紋岩や石灰岩などが地表面に露出していれば，特殊な植物しか生育できない．基盤岩は風化して地形に高低差を生み，削られた土砂は水流で運ばれて堆積し，平野をつくる．また，尾根は土壌が薄く，谷では厚い．土壌は植物の生育に大きな影響をもつ．

攪乱（disturbance）は「外部の要因によって引き起こされる，関心のあるレベルの最小構造の変化」（Picket, 1989）であり，「不連続なできごとで生態系，生物群集，個体群の構造を混乱させ，資源利用や物理環境を変化させるもの」

(White & Pickett, 1985) である．自然攪乱には，噴火，火災，暴風，氾濫などがある．攪乱は景観の不均質性をもたらす．

景観の不均質性を生じさせる人間活動には森林伐採（6.1 節）や火入れ，耕作，道路などがある．人間は古くから森に火を入れ，開墾してきた．焼き畑や萌芽林は持続的ではあるが，植生を変えるとともに，空間的な不均質性を増加させた．日本の焼畑は，地域によるが 1 戸あたり毎年 3000 m^2 程度を焼いていた（佐々木，1968）．農地の永続化や都市化は空間パターンを大きく変化させた．

3.2.2 不均質性のスケール依存性

生態的現象はスケールに対して**非線形**であることがある．例えば，ある生物の個体数は生息・生育地やコドラート（調査方形区）の面積にほぼ比例すると考えられるが，種数は面積に対して**べき関数的**（種数＝a×面積^z）に増加することが知られている．これは複数の生息・生育地を比較するときに重要で，異なる調査面積から得られた結果を単純に比較してはならない．

調査スケール（最小単位と範囲）は測定値の不均質性（分散）の大きさに影響する（Wiens, 1989）．範囲が一定で，最小単位が大きくなると，一般に分散が減少する．最小単位サイズが増加すると，システムの空間的不均質性の大部分が最小単位内に含まれるため，解像度が失われ，サンプル間の不均質性は減少する．しかし，最小単位スケールによって分散がどのように変化するかは，範囲内の不均質性の大きさと形式や測定方法によって異なる．分散は調査範囲サイズにも依存する．最小単位が一定であれば，対象範囲に含まれるパッチの種類や景観要素の種類が増えるため，範囲が広がると空間的な不均質性が大きくなる．

3.2.3 攪乱

自然攪乱は，火山の噴火や山火事，土砂崩れ，強風による倒木などによって，空間的な不揃いを作り出す．攪乱の種類によって，異なる**攪乱体制**（disturbance regime）をもつと考えられる．攪乱体制には規模，頻度，強度などがある（White & Pickett 1985）．攪乱の規模は様々である．2019 年のオーストラリアの森林火災は 110,000 km^2 で北海道よりも広い（BBC, 2020）．小面積な攪乱としては倒木などによって森林に小さな空地を生じるギャップの形成がある．ギャップは林床での種子の発芽や若木の成長を促し，森林の更新に重要な役割を果たしている（図3.2）．イギリスのブナ林のギャップの平均面積は90 m^2程度である（山本，1990）．こうした時間的空間的な不均質性をもった構造変化を**ギャップダイナミックス**（gap dynamics），**パッチダイナミックス**（patch dynamics），あるいは**シフティングモザイク**（shifting mosaic）と呼ぶ．ギャップ，パッチダイナミックスとシフティングモザイクは同じ意味で用いられているが，もともと前者はパッチを含む景観の平衡状態を仮定しないのに対し，後者は林冠ギャップの形成と修復によって，動的だが森林全体としては安定した定常状態を仮定した用語として作られた（Bormann & Likens, 1979）．

撹乱は生物の分布や個体数変動に大きな影響を及ぼす．河川は，上流から下流までという大きな範囲で水質や流速，流量が変化するだけでなく，蛇行によって流れが急で浅い瀬と緩やかで深い淵ができる．河川の横のつながりをもたらすイベントとしての洪水は，氾濫原と川の生物に大きな影響を与える．例えば，雨季の氾濫原での魚類の産卵，逆に氾濫原での乾季の農耕，洪水によって生じた丸石川原でのカワラノギクの生育やコアジサシの営巣など，である．そして現在**自然再生**や**生態系管理**をめぐる最も困難で興味深い技術的課題の一つである．

空間パターンと生態的プロセス（生態的過程）の間には，両方向に強い**フィードバック**がある．例えば，火事で乱された景観では，地形などの影響により，火の広がりが景観レベルでパターンを生成するだけでなく，このパターンはその後の火の広がりに影響を与える（Turner & Romme, 1994）．

撹乱は**生物間相互作用**にも影響する．場所や資源を共有する種間には競争排除が働き，共存できないことが多い．しかし，撹乱によって競争的に優勢な種が減少し，劣位の種の生息が可能になることがある．その結果，群集中の種数が増加する．これを**中規模撹乱説**（intermediate disturbance theory）という（Connell, 1978）．

モデルによる研究によれば，空間や時間の不均質性は**カタストロフ**；甚大な環境変動（catastroph）による壊滅のリスクを下げる効果がある（Turner, 2010）．大規模な撹乱は生態系を均質化するように思えるが，実際には不均質化させる．1988年のイエローストーンの火災は30万haに及んだが，焼け方にはばらつきがあり，焼失後の植生回復も不均質であった（Turner, 2010）．同様な事実がハリケーン（Kupfer *et al.*, 2008）や河川の氾濫（Whited *et al.*, 2007）について報告されている．

攪乱には物理的なものだけでなく，生物的なものも存在する．ビーバーは川をせき止めて湖をつくる．サバクトビバッタのような植食性昆虫や植物病原微生物が大発生して広範囲の植生を変えることがある．生息・生育地を大きく改変する生物を**生態系エンジニア**（ecosystem engineer）と呼ぶ（Jons *et al.*, 1997）．

攪乱はしばしば，生態系変化の触媒としての役割を果たす．樹木は寿命が長いため，気候が変化しても森林はすぐには変化しないが，火災などによって種子から更新すると，新しい気候に適応した樹種へと移り変わることが知られている．

過去の攪乱の影響が生態系や景観に残る場合があり，**攪乱遺産**あるいは景観遺産と呼ぶ．ヨーロッパではローマ時代に農地開発され，西暦50〜250年にかけて森林が回復した地域で，森林の種組成が異なっている（Dupouey *et al.*, 2002）．

3.2.4 レジリエンス

生態系レジリエンス（ecosystem resilience）は生態学的存在が分布・量・機能を攪乱以前の状態に回復する能力のことである（DeAngelis, 1980）．植生遷移のように，生態系は攪乱から時間をかけて回復するものと考えられ，レジリエンスの概念が生まれた（Holling, 1996）．しかし，生態系は単一の**平衡**状態にあるのではなく，複数の平衡点が存在し得る．これを**多重定常状態**（multiple steady states）という．

生態系の復元性は，攪乱のスケールと回復時間によって決まるとされる（Turner *et al.*, 1993）．攪乱間隔が回復時間に比べて長く，景観のごく一部しか影響を受けない場合，システムは安定しており，時間の経過とともに変化が少なくなる．これらは伝統的な「平衡」である．攪乱間隔が回復間隔と同程度で景観の大部分が影響を受ける場合，システムは安定しているが，大きな変動を示す．攪乱の再来間隔が回復時間よりもはるかに短く，景観の大部分が影響を受ける場合，システムが不安定になり，別の軌道にシフトする可能性がある．

レジリエンスにとって重要な性質は，**多様性**（diversity）と**冗長性**（redundancy）だと考えられている．それらは，攪乱に対応するための複数の選択肢が提供できるためである（Biggs *et al.*, 2012）．景観レベルでは，空間的な不均質性によって，一部のパッチが攪乱されずに残り，特定の生態系機能を維持するための避難場所を提供する．例えば，ため池，社寺林，予備の放牧地などは，深刻な干ばつや山火事の後，水や飼料などの重要な生態系機能の供給源として機能することがある（Bohensky *et al.*, 2004）．残存植生は，攪乱されたパッチへの十分な接続性（connectivity）があれば，火山の噴火や極端な洪水などの攪乱後に裸地からの再生のための種子供給源となる（Turner *et al.*, 1998）

3.3　空間の生態学と景観生態学

3.3.1　空間の不均質性と個体群の持続性

初期の生態学は均質な空間を仮定して理論化されてきた（表3.1の左）．**Lotka-Voltera モデル**が示す捕食者と被食者の周期的な変動を再現しようとしたGauze（1935）の実験では，捕食者か被食者かのいずれかあるいは両方が絶滅する結果しか得られなかった．Haffaker（1958）は空間の不均質性を持ち込むことでシステムの持続性を実現した．彼はオレンジを餌とするハダニとそのハダニを食べる捕食性ダニを用いて，平面上にオレンジとゴムボールを配置して不均質な空間で実験を行い，両種が持続的に変動する系をつくり出すことに成功した．

3.3.2　孤立した生息・生育地に関する理論

生息・生育地によって種数が異なる理由について，空間の不均質性を考慮せずに研究を進めることはできない．例えば，どの種も一様に分布していれば，面積が増加しても種数は変化することはないはずである．面積と種数の関係についてはいくつかの仮説があり，静的な状態を考えるものと，動的な状態を考えるものがある．広い面積の生息・生育地では環境が多様になるという説明は，静的モデルの例である．動的モデルの例として，島の種数は新規の移入と絶滅のバランスによって決まるという**島の生物地理学モデル**（MacArthur & Wilson, 1967）がある．

島の生物地理学モデルから，生物種の保全に関して，総面積が同じであれば大きな**保護区**を一つ設けるのがいいのか，小さな保護区を多数設けるのがいいのかという**SLOSS**（Single Large or Several Small）論争が巻き起こった（Simberloff & Abele, 1976; Gilpin & Diamond, 1980; 6.1.3項，10.3.2項に具体例）．大きな保護区はより多くの種数を維持できるが，カタストロフ（大災害）や感染症によって全滅する可能性がある一方，小さな保護区では少ない種数しか維持できないが，危険の分散になると考えられる．こうした議論の中で，個体群を絶滅させ

表 3.1 生態学における空間の扱い

情報量	小	→			大
	生態学での空間の扱い				景観生態学
	考えない	暗黙型	明示	現実型	
パターン	空間パターンを考えない	無限な空間にパッチがあり，パッチ間の移動は距離に依存しない	格子あるいは均等な多角形の配列で，移動は距離に依存	パッチは大きさと位置をもつ	パッチは大きさ，性質，位置をもつ
変化	空間サイズ	生物が分布するパッチの比率	セル数と配置	パッチの数，大きさ，配置	パッチの数，大きさ，性質，配置
情報量の増加によって得られる属性		絶滅閾値	孤立化	現実の地域個体群の変動予測	異質な生態系間の相互作用
例	指数成長モデル（無限空間），ロジスティック成長モデル（有限空間）	Levins モデル	パーコレーションモデル	MacArthur & Wilson モデル Hanski モデル	パッチ・コリドー・マトリックス（PCM）モデル

ずに存続させるには何個体必要かという問題に光が当てられた．その結果，**個体群存続可能性分析**（PVA）や**最少存続可能個体数**（MVP）の概念と手法が開発された（Soulé, 1987; Boyce, 1992）．

Levins（1969）は島状に孤立した生息・生育地に関する**メタ個体群モデル**を提案した．メタ個体群とは，多数のパッチ状の生息・生育地があって，一部のパッチに局所個体群が分布しているような構造のことである（図 3.4）．Levins は，局所個体群の絶滅と他のパッチからの移動による回復がある確率で生じると仮定して，すべてのパッチのうち局所個体群によって占有されているパッチの割合がどのように変化するかを説明するモデルを考えた．局所個体群が占有しているパッチの割合（の平衡値）は，占有パッチの生成率 c と消失率 m によって，

$$p=1-m/c$$

で示される．

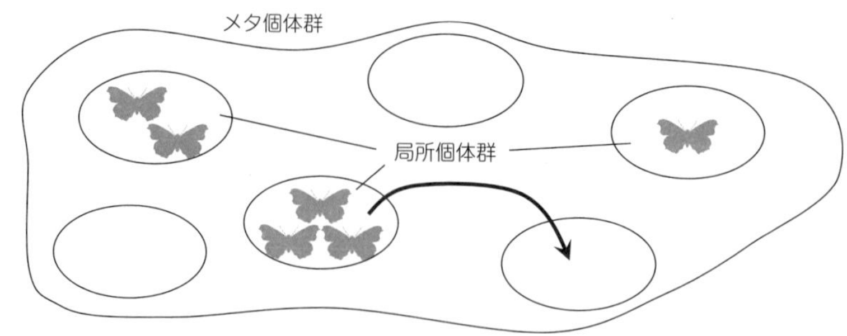

図 3.4　**メタ個体群**

パッチ上の生息・生育地に成立する複数の局所個体群の集まりで，局所個体群間は絶滅することがあるが，他の局所個体群からの低頻度の移動によって回復する．

Levinsのメタ個体群モデルはパッチの個数，サイズやパッチ間距離を考えないモデルである．しかし現実には生息・生育地の消失はランダムではなく，移動率は距離に依存することが予想される．そのため，Hanski (1999) は空間的現実性のあるメタ個体群モデルを提案した．これは，パッチの個数を有限とし，空のパッチへの移入率が周囲のパッチの面積と距離に依存するという項を組み込んだモデルである．

パッチ状の生息・生育地に複数種が共存している場合に，意外なふるまいが見られる可能性がある．優位な競争者の移動能力が劣ることによって共存できている場合，パッチの数が減少したときに，優位な種が先に絶滅することが予測できる．しかも絶滅はパッチの減少直後でなく数世代後に生じることから，Tilman *et al.* (1994) はこれを**絶滅債務** (extinction debt) と呼んだ．絶滅債務は，生息・生育地の消失によって**メタ個体群収容力**が減少して，メタ個体群の存続が保証されない状態になっても，絶滅までに時間がかかることから生じる．絶滅までの時間は，絶滅限界近くの状態にある種が多く存在する群集でより長期化することが示されている．

3.3.3　種分布モデル

生物多様性の保全のためには，種にとって必要な生息・生育地を明らかにすることが必要である．生物の分布を環境から説明しようとした歴史は古く，気温や降水量と植生や植物種の分布との関係が調べられてきた．1970年代になって，社会的な生物保全の要請のもとで，**種分布モデル** (species distribution model)

の研究が増加し始めた．保全策を講じるためには，現在の保護区で生物多様性がどれだけ保護できているか知ることが必要であるし，新しい保護区を計画する際に生息・生育地として適した面積がどの程度含まれるか知ることが重要である．

分布を推定するには，対象生物の分布と環境の関係を知らなければならない．それには，**ハビタット評価手続き**（HEP）や **GAP 分析**（6.3.3 項）で用いられるように，専門家の知識によって両者を関連づける方法があるが，科学的な再現性のためには，実際の生物の分布や個体数の情報と，その分布に影響を及ぼしていると想定される要因を用いた，**統計モデル**の構築が必要である．

種の分布を，いくつかの環境要因による**回帰モデル**などを用いて説明する場合，応答変数としては，個体数や被度のような量的変数と在・不在のような質的変数，さらには博物館の標本のように在だけのデータがあり得る．回帰モデルの場合，生物の個体数や量が環境の変化に比例して増加するのであれば，線形回帰することができる．しかし，環境に対する生物の反応は**非線型**であることが多く，また，個体数や量ではなく，在・不在のデータしかない場合が多い．そのため，**一般化線形モデル**（GLM），**一般化加法モデル**（GAM）といった手法が用いられる．また，個体差の影響など変量効果（random effect）がある場合は**一般化混合線型モデル**（GLMM）が用いられる．あるいは，回帰式を作るのでなく，環境要因の属性を 2 つかそれ以上に分けたときに，種の分布が極端に異なるような分け方を決める，**決定木**のような判別的手法もある．この方法は，説明変数間の交互作用を考慮する必要がなく，分布に強い影響をもつ環境要因の閾値を知ることが容易である．

種分布モデルは次のような前提の上につくられる．(1) 対象となる生物が対象とする空間の範囲を自由に移動できる，(2) 多くのモデルで**基本ニッチ**が実現されており，他種の存在による影響を受けない．種の分布は，環境条件以外に，競争者や捕食者によって影響を受ける場合がある．さらに，種分布モデルは，基本的にサンプルとして取得したデータが独立であることを前提としているが，距離が近いほどデータが似るという**空間自己相関**（spatial autocorrelation）があると，近い地点でとったデータは独立ではなくなる．生育に適した環境にもかかわらず，移動能力が乏しいために分布していなければ，その環境の効果を過小評価してしまう．また，影響しない要因がたまたま分布が集中しているところと重なれば，効果があるように評価してしまうこともあるので注意が必要である．

種分布モデルがスケールに依存することは3.1節で説明したとおりである．広域の推定を行う場合は気候要因などによって分布が制限される場合が多く，狭い範囲では気候の差異がほとんどないため，地形や植生などの要因が分布を制限する．

引用文献

BBC (2020) Australia fires: A visual guide to the bushfire crisis https://www.bbc.com/news/world-australia-50951043 (2021. 4. 7 閲覧)

Biggs, R., Schlüter, M. *et al.* (2012) Toward principles for enhancing the resilience of ecosystem services. *Annual review of environment and resources*, **37**, 421–448

Bohensky, E., Reyer, B. *et al.* eds. (2004) Ecosystem Services in the Gariep Basin: A Basin-Scale Component of the Southern African Millenium Ecosystem Assessment. 152 pp., African Sun Media

Bormann, F. H. & Likens, G. E. (1979) Catastrophic disturbance and the steady state in northern hardwood forests: A new look at the role of disturbance in the development of forest ecosystems suggests important implications for land-use policies. *American Scientist*, **67**, 660–669

Boyce, M. S. (1992) Population viability analysis. *Annual review of Ecology and Systematics*, **23** (1), 481–497

Connell, J. H. (1978) Diversity in tropical rain forests and coral reefs. *Science*, **199** (4335), 1302–1310

DeAngelis, D. L. (1980) Energy flow, nutrient cycling, and ecosystem resilience. *Ecology*, **61** (4), 764–771

Diamond, J. M., Bishop, K. D. *et al.* (1987) Bird survival in an isolated Javan woodlot: island or mirror. *Conservation Biology*, **2**, 132–142

Dupouey, J. L., Dambrine, E. *et al.* (2002) Irreversible impact of past land use on forest soils and biodiversity. *Ecology*, **83** (11), 2978–2984

Forman, R. T. T. (1995) Land Mosaics: The Ecology of Landscapes and Regions. 656 pp., Cambridge University Press

Gauze, G. F. (1935) Experimental demonstration of Volterra's periodic oscillation in the numbers of animals. *Journal of Experimental Biology*, **12**, 44–48

Gilpin, M. E., & Diamond, J. M. (1980) Subdivision of nature reserves and the maintenance of species diversity. *Nature*, **285** (5766), 567–568

Haffaker, C. B. (1958) Experimental studies on predation: dispersion factors and predator-prey oscillations. *Hilgardia* **27**, 343–383

Hanski, I.. (1999) Metapopulation Ecology. 328 pp., Oxford University Press

Holling, C. S. (1996) Engineering resilience versus ecological resilience. *in* Engineering Within Ecological Constraints (ed. Schulze, P.) pp. 31–44, National Academy Press

伊勢紀・三橋弘宗 (2006) モリアオガエルの広域的な生息適地の推定と保全計画への適用．応用生態工学，**8**, 221–232

Iwata, T., Nakano, S. *et al.* (2003) Stream meanders increase insectivorous bird abundance in riparian deciduous forests. *Ecography*, **26**, 325–337

Jones, C. G., Lawton, J. H. *et al.* (1997) Positive and negative effects of organisms as physical ecosystem engineers. *Ecology*, **78** (7), 1946–1957

Kupfer, J. A., Myers, A. T. *et al.* (2008) Patterns of forest damage in a southern Mississippi landscape caused by Hurricane Katrina. *Ecosystem*, **11**, 45–60

Levins, R. (1969) Some demographic and genetic consequences of environmental heterogeneity for biological control. *Bulletin of the Entomological Society of America*, **15**, 237–240

MacArthur, R. H. & Wilson, E. O. (1967) The Theory of Island Biogeography. 224 pp., Princeton university press

Matsui, T., Yagihashi, T. *et al.* (2004) Probability distributions, vulnerability and sensitivity in *Fagus crenata* forests following predicted climate changes in Japan. *Journal of Vegetation Science*, **15**, 605–614

三好文・夏原由博（2003）大阪府と滋賀県におけるカスミサンショウウオの生息地の連続性の評価．景観研究，**66**, 617–620

Nakano, S. & Murakami, M. (2001) Reciprocal subsidies: Dynamic interdependence between terrestrial and aquatic food webs. *Proceedings of the National Academy of Science of the United States of America*, **91**, 166–170

尾崎研一・堀江玲子 他（2008）生息環境モデルによるオオタカの営巣数の広域的予測：関東地方とその周辺．保全生態学研究，**13**, 37–45

Picket, S. T. A. (1989) Non-equilibrium coexistence of plants. *Bulletin of the Torrey Botanical Club*, **107**, 238–248

佐々木高明（1968）我が国の焼畑経営方式の地域的類型（下）：わが国の〈主穀生産型〉焼畑の経営類型に関する地誌的研究．史林，**51**, 700–751

Simberloff, D. S. & Abele, L. G. (1976) Island biogeography theory and conservation practice. *Science*, **191** (4224), 285–286

Soulé, M. E. ed. (1987) Viable Populations for Conservation. 189 pp., Cambridge University Press

Tilman, D., May, R.M. *et al.* (1994) Competition and biodiversity in spatially structured habitats. *Nature*, **371**, 65–66

Turner, M. G. (2010) Disturbance and landscape dynamics in a changing world. *Ecology*, **91** (10), 2833–2849

Turner, M. G., Baker, W. L. *et al.* (1998) Factors influencing succession: lessons from large, infrequent natural disturbances. *Ecosystems*, **1**, 511–23

Turner, M. G., Gardner, R. H. *et al.* (2001) Landscape Ecology in Theory and Practice. Springer New York. 中越信和・原慶太郎 監訳（2004）景観生態学，399 pp.，文一総合出版

Turner, M. G. & Romme, W. H. (1994) Landscape dynamics in crown fire ecosystems. *Landscape Ecology*, **9** (1), 59–77

Turner, M. G., Romme, W. H. *et al.* (1993) A revised concept of landscape equilibrium: disturbance and stability on scaled landscapes. *Landscape Ecology*, **8**, 213–227

Urban, D. L., O'Neill, R. V. *et al.* (1987) A hierarchical perspective can help scientists understand spatial patterns. *BioScience*, **37** (2), 119–127

Whited, D. C., Lorang, M. S., *et al.* (2007) Climate, hydrologic disturbance, and succession: drivers of floodplain pattern. *Ecology*, **88**, 940–953

White, P. S. & Pickett, S. T. A. (1985) Natural disturbance and patch dynamics: an introduction. *in* The Ecology of Natural Disturbance and Patch Dynamics (eds. Pickett, S.T.A. & White, P. S.) pp. 3–13. Academic Press, Orlando

Wiens (1989) Spatial scaling in ecology. *Functional Ecology*, *3*, 385–397

山本進一（1990）生態学的に見たブナ林の更新機構—ギャップダイナミクス理論から．林業技術，**579**, 7–10

第4章
空間情報の収集と分析の技術

今西純一（4.1）丹羽英之（4.2）今西亜友美（4.3，4.4）竹村紫苑（4.5）

この章のねらい 景観生態学では生物と環境や人間との相互関係を空間的に分析することが多い．広域スケールでは，人工衛星や航空機から情報収集するリモートセンシングが用いられることが多く，地上あるいは地表付近における詳細スケールで利用可能な技術としては，GNSS や UAV などがある．また，絵図や地図，空中写真，生物標本を用いた過去の景観や生物の情報も景観生態学に有用である．さらに，自然に対する人間の意識や関わり方には社会調査法が用いられる．得られた空間情報は GIS によって視覚化され，分析されることが多い．本章では，これらの情報の特徴や収集・分析方法を解説する．

キーワード リモートセンシング，LiDAR，GNSS，UAV，絵図，地図，空中写真（航空写真），生物標本，社会調査法，GIS

4.1 リモートセンシングによる空間情報の収集

4.1.1 リモートセンシングとは

リモートセンシング（remote sensing）とは「遠隔から接触することなしに物体の情報を取得すること」をいう．特に，人工衛星や航空機などから地上を観測することをリモートセンシングと呼ぶことが多い．

リモートセンシングの特長は，(1) 地上の物体の情報を非破壊・非接触で取得できること（非破壊性・非接触性），(2) 広域を同時に観測できること（広域性・同時性），(3) 反復して観測できること，特に人工衛星の場合は定期的に観測できること（反復性），である．広域を同時に調査することは，地上フィールド調査ではほとんど実現不可能であるが，リモートセンシングでは容易に可能である．そのため，広域の空間情報が必要になる景観生態学において，リモートセンシングは有力な情報取得の手段である．

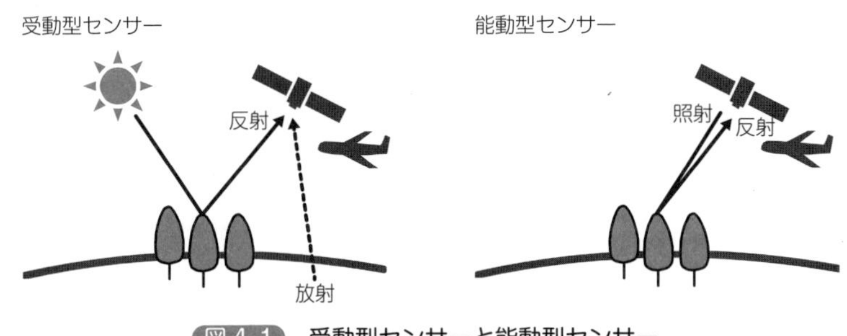

図 4.1　受動型センサーと能動型センサー

4.1.2　リモートセンシングの種類

リモートセンシングに用いられるセンサーは受動型と能動型に大別することができる（図 4.1，表 4.1）．受動型センサーである**光学センサー**（optical sensor）は，太陽光が地上の物体に当たって反射した電磁波や地上の物体から放射された電磁波を計測する．光学リモートセンシングの一つである**空中写真**（**航空写真**：aerial photo）は，通常は赤～緑～青の可視域の情報しか記録しないので，基本的には人の目で見て区別できる情報しか抽出できない．しかし，センサーに近赤外域やその他の波長域のバンド（観測波長帯）があると，地上の物体の状態をより正確に，あるいは別の視点から推定することができる．例えば，可視光と近赤外の情報を合わせることによって，植生を精度よく抽出できる．バンドの数が，数個から 10 個程度のセンサーは**マルチスペクトルセンサー**（multispectral sensor），数十から 200 個以上にも及ぶセンサーは**ハイパースペクトルセンサー**（hyperspectral sensor）と呼ばれる．光学センサーでは，空間分解能と波長分解能，観測幅などの性能をすべて高めることは技術的に困難である．そのため，WorldView-3 MSI のように高空間分解能のセンサーや，HISUI のように高波長分解能のセンサー，Landsat 8 OLI/TIRS や Sentinel-2 MSI のように空間分解能も波長分解能も中程度であるが観測幅の広いセンサーなどがあり，それぞれに費用も異なるため，目的に合わせて選択する必要がある（表 4.2）．

対して能動型センサーは，電磁波を地上に向けて自ら発射し，その反射を計測する．このようなセンサーに，**LiDAR**（**レーザースキャナー**）や **SAR**（**合成開口レーダー**）がある（表 4.1）．航空機 LiDAR では，飛行機やヘリコプターに搭載したレーザースキャナーから，地上にレーザーを高密度に照射し，レーザーの

表 4.1 リモートセンシングの種類と特徴（今西，2010 を一部改変）

〈受動型〉

種類	利用する波長	特徴
光学センサー	可視光	空中写真（航空写真）のように，人の目で見て区別できる情報を抽出することができる
	近赤外	可視光の情報と合わせることにより，植生を抽出できる．また，植生の量や活性度を推定できる
	中間赤外	土地被覆分類に有効である．例えば，樹林と草地の区別が容易に可能になる
	熱赤外（遠赤外）	地表面温度を推定できる

〈能動型〉

種類	利用する波長	特徴
LiDAR（レーザースキャナー）	主に近赤外	3次元点群データである．植生の高さや量，構造の推定に有効である
SAR（合成開口レーダー）	マイクロ波	雲の影響を受けにくい．地形の変化の計測や，土地被覆分類，土壌水分量の推定に利用可能である

表 4.2 人工衛星搭載センサーの例とその諸元

プラットフォーム名	WorldView-3	Landsat 8	Sentinel-2	国際宇宙ステーション（ISS）
センサー名	MSI	OLI, TIRS	MSI	HISUI
タイプ	マルチスペクトル	マルチスペクトル	マルチスペクトル	ハイパースペクトル（宇宙実証段階）
観測波長域※	V, N	V, N, S, T	V, N, S	V, N, S 0.4〜2.5 μm
バンド数	9	11	13	185
空間分解能（m）※	1.24（V, N） 0.31（P）	30（V, N, S） 15（P） 100（T）	10/20/60（V, N） 20/60（S）	20〜31
観測幅（km）	13.1	185	290	20

※V：可視光，N：近赤外，S：中間赤外，T：熱赤外，P：パンクロマチック画像

反射した点の座標を求めて，物体の形状を3次元で計測する．航空機LiDARの高さ方向の精度は，空中写真測量に比べて格段に高い．

4.1.3 リモートセンシングの利用

光学リモートセンシングでは，植生抽出や**土地被覆分類**（land cover classification）を行うことができる．例えば，衛星画像から植生を抽出して，パッチ，コリドー，マトリックス（3.1.3 項）に分類し，パッチの大きさやパッチ間の距離，コリドーによる連結性などを評価することができる．また，正規化差分植生指数（Normalized Differential Vegetation Index: NDVI）などの植生指数を算出し，植生の量や活性度を推定することができる．

航空機 LiDAR を用いれば，森林の高さ（林冠高）や森林を構成する樹木の量（バイオマス），森林の枝葉の密度（林冠疎密度など）や森林の隙間の割合（林冠開空率など）の推定など，3 次元的に生物生息環境を評価することができる．また，精度の高い地形データも得られるため，標高や傾斜角，斜面方位，地形から推定される日射量や湿潤度などを用いて生物生息環境を評価することも可能である．

4.2 地上や地表付近における空間情報の収集

4.2.1 衛星測位システム（GNSS）

景観生態学では，比較的広域を対象に生物の分布情報などを収集し，環境要因との関係を地理情報システム（GIS）を使って空間解析することがよくある．そのため，生物の確認地点や踏査ルートなどの位置情報を効率的に収集する必要がある．そこで威力を発揮するのが衛星測位システム（Global Navigation Satellite System: GNSS）である．なお，広く知られている GPS は米国の運用する GNSS である．数万円程度で入手できる簡易 GNSS を使えば，生物の確認地点や踏査ルートなどを容易に記録できる（図 4.2a）．測量用 GNSS と異なり数メートルの誤差が生じるが，空間解析の**範囲**（extent）と**粒度**（grain）を考慮すれば十分使えることが多い．また，GNSS は高性能かつ低価格化しており，国土地理院の電子基準点を固定局としたキネマティック測位によって，数センチメートル精度の測位が安価に実行可能である．

4.2.2 UAV

景観生態学において鳥瞰する視点はとても重要である．景観生態学における鳥瞰は，ある景観を様々なスケールや視点で総合的に見ることと，実際に上空から見ることに大別できる．実際に上空から見る方法として，古くから衛星画像や空中写真，時にはバルーンに付けたカメラが用いられてきたが，近年新しい技術と

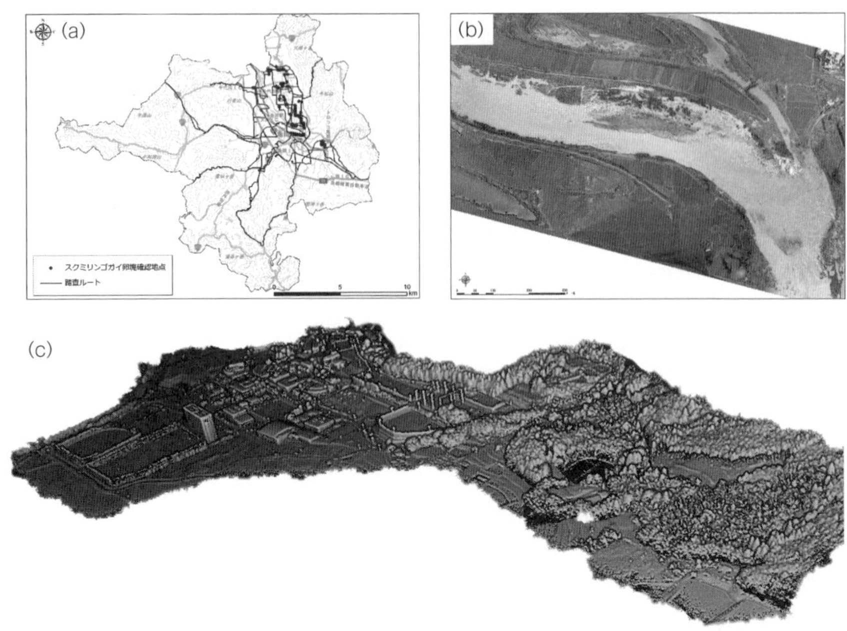

図 4.2　地上や地表付近における詳細スケールの空間情報の例
(a) GNSS を用いて収集した生物の確認位置と踏査ルート，(b) 河川の出水直後に UAV で撮影した画像から作成したオルソモザイク画像，(c) UAV 搭載型の LiDAR により取得した 3D 点群モデル．口絵 5 参照．

して登場したのがドローンなどの無人航空機（Unoccupied Aerial Vehicle: **UAV**）で，様々な環境調査に応用されている．衛星画像や空中写真と比較した UAV の利点は，高い**地上分解能**と適時性，低コストに集約される．UAV は航空機より低い高度（法定では 150 m 以下）で飛行するため，画像の地上分解能が高く，より詳細なものまで判読できる．また，いつでも飛ばすことができ（法律上，許可申請が必要な場合もある），開花などのフェノロジーや河川の増水などのイベントに合わせて撮影することができる（図 4.2b）．機体の購入に初期投資が必要だが，その後の運用にはあまり費用がかからないため，何度でも撮影することができ季節変化や年変化を追うことが可能である．このように UAV は景観を調査・記録するための画期的な道具だといえる．UAV の性能は日進月歩で，自動飛行で安定的に長時間飛行することが可能になってきており，搭載するセンサーも可視光だけではなく近赤外や熱赤外センサーも搭載できるようになってきている．

UAVで取得した画像は**フォトグラメトリ**（Structure from Motion-multi View Stereo（SfM-MVS）photogrammetry）で処理することが多い．フォトグラメトリを用いれば，UAVで取得した大量の画像から3D点群モデルを作成し，**DSM**（Digital Surface Model）と**オルソモザイク画像**を得ることができる．DSMは建物や樹木を含んだ表層の高さをもったデータ，オルソモザイク画像とは建物の倒れ込みなどの歪みを除去し，複数の写真をシームレスにつなぎ合わせた画像である．オルソモザイク画像の判読により様々な情報を抽出することができ，DSMからは林冠の変化（丹羽，2019）や植物の成長などを評価できる．

4.2.3 林内の情報収集

UAVとフォトグラメトリを使う方法は景観生態学の情報収集に革命をもたらしたが，その技術は写真測量をベースにしているため，森林内の情報など画像に写らないものは当然，データ化できない．しかし，UAVにセンサーを搭載する際に使われるジンバル（スタビライザ）を取り付けたカメラを持って歩きながら撮影し，フォトグラメトリで処理すれば，UAVの画像と同様の手順で林床のDSMやオルソモザイク画像を取得できる．この方法を使えば，樹木の幹の位置や実生の分布，草本層の被度などをデータ化することができ，従来の方形枠を使ったサンプル調査とは異なる空間的に連続したデータを取得できる（丹羽ほか，2019）．

また，LiDARも高性能かつ小型化しており，UAVに搭載可能な製品が多くある．さらに，機器を背負って歩くことで計測できるバックパック型のLiDARも登場している．レーザーを発射して計測するためフォトグラメトリと比べ精度の高い3D点群モデルを取得でき（図4.2c），DSMに加え**DTM**（Digital Terrain Model）を作成できるほか，葉の密度などの森林属性も評価できる．DTMはDSMから建物や樹木を除去した地形の高さをもったデータである．UAV搭載型とバックパック型のLiDARで同時に計測すれば，これまでにない3D点群モデルが取得でき，景観生態学における空間解析に新たな道を切り開くことが期待される．

4.3 景観や生物に関する過去の情報の収集

4.3.1 絵図・地図・空中写真

現在の景観をより良く理解するには，その景観の変遷や管理履歴などの過去の情報も有用である．過去の景観は，絵図や地図，空中写真などを利用することで，ある程度推測することができる．その際，調査の目的に応じて，どの時期の景観を調べるのか，どの程度の正確性を求めるのかをあらかじめ考えておく必要がある．

日本において正確で広域的な地図が作成されるようになったのは明治時代以降であり，江戸時代以前の景観は**絵図**（図 4.3a）から推測されることが多い．絵図には，近代的な地図が一般化する前の中世・近世につくられた空間についての図的表現がすべて含まれる．近年，貴重資料のデジタルアーカイブ化が進められ，絵図のデジタル画像をインターネットで簡単に閲覧することができるようになった．例えば，国土地理院や国立国会図書館のほか，地域の図書館や郷土資料館，研究機関などのウェブサイトで，所蔵する絵図のデジタル画像が公開されている．

絵図には年貢高の調査や治水工事のための測量などの何らかの作成目的があり，現代の地図のように全体を概観するために描かれたものは少ない．そのため，まずはその絵図について，だれが，いつ，何の目的で，どのようにして，なにを描いたのかを精査する必要がある．例えば，作成目的に必要のない事物は省略されることが多いため，描かれていないことをもって存在していなかったとはいえない．同時代の同一場所を描いた絵図が複数あったり，その場所の様子を記した文献が残されていたりする場合は，それらを比較することで絵図の描写の写実性を検討することができる．絵図を用いた植生景観研究のための方法論については小椋（1992, 2012）に詳しい．また，GIS を用いて絵図から過去の森林分布域を推定する研究（村上ほか，2019）や江戸時代末期の里山―社寺林景観を復元する研究（藤田ほか，2010）なども行われている．絵図と現代の地図を重ねあわせるためには，両図で変化がない地点（例えば，山頂，河川の河口や分岐，岬，神社など）に基準点（タイポイント）を設定し，幾何補正する必要がある．

明治時代以降の**地図**の多くは，地図上の各地点の地球上の位置が三角測量によって確定され，図法，高さ・位置の基準，地図の区画，表示する対象とその方法，記号，文字の用法などが統一されている．そのため，異なる時期や地域での比較

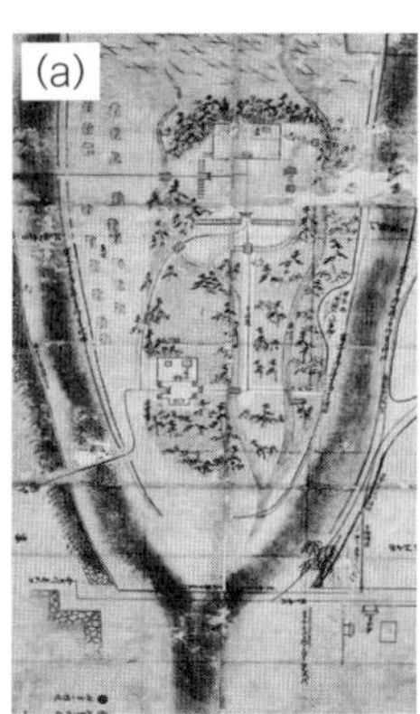

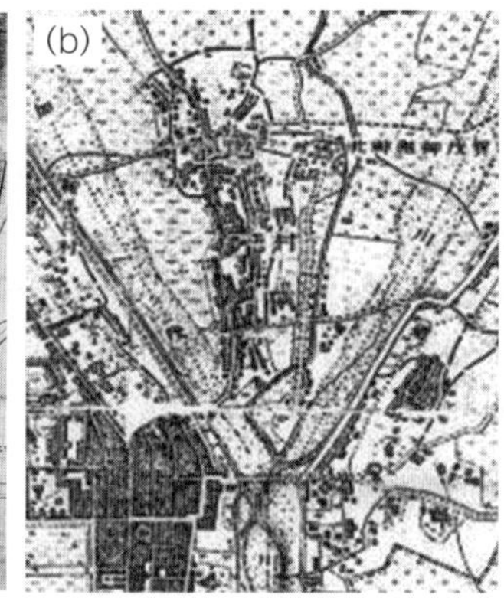

図 4.3　京都市左京区の賀茂御祖神社と周辺の景観の変遷
(a) 江戸時代に描かれた下賀茂境内之絵図，(b) 1889 年測量の仮製地形図，(c) 2008 年撮影の空中写真.

検討が容易である．1880 年代に陸軍の参謀本部が関東平野や房総半島などを対象に作成した「第一軍管地方 2 万分 1 迅速測図原図」は，本格的な三角測量はされていないものの広域的に測量された日本で最初の地形図である．近畿地方についても同時期に仮製地形図（図 4.3b）が作成されている．これらの地形図は国立国会図書館などのウェブサイトでデジタル画像が公開されており，明治時代前期の景観の復元にしばしば用いられている．また，昭和時代になると**空中写真**（図 4.3c）が撮影されるようになった．1960 年代からは国土地理院が周期的に全国の空中写真を撮影しており，土地利用や地形の変化などを視覚的に確認することができる．明治時代以降の地形図や空中写真は国土地理院のウェブサイトで公開されている．

4.3.2　生物標本

採取場所や時期の情報をもつ生物の標本は，いつ，どこに，どんな生物がいたのかを示す重要なオカランスデータ（在データ）である．100 年以上前から蓄積されてきた**生物標本**のデータは，外来種の侵入スピードの推定（Delisle *et al.*, 2003）や気候変動による開花時期の変化（Primack *et al.*, 2004）など，環境変化に対する生物の応答評価などに用いられてきた．ただし，生物標本データの使用にあたっては，アクセスしやすい場所や特別な関心がある場所で採取が行われやすい傾向があり，採取頻度にもかなりのばらつきがあるという時空間的な収集の偏りに留意する必要がある．

かつては，生物標本は各地域の自然史博物館の標本庫などを訪れないと確認することができなかった．現在では，日本の自然史系博物館などが所蔵する生物の標本情報は，独立行政法人国立科学博物館が運営するポータルサイトに集められており，検索や閲覧が可能である．また，地球規模生物多様性情報機構（GBIF）のウェブサイトでは世界中の自然史系博物館の標本情報に加えて，世界各地で観察された動植物の情報や文献からの生物情報が集約されている．

4.4　社会調査法に基づく人間の意識や関わり方の情報収集

4.4.1　社会調査

社会調査とは「社会的な問題意識に基づいてデータを収集し，収集したデータを使って，社会について考え，その結果を公表する一連の過程（木下，2013）」と定義される．よく知られている代表的な社会調査として国勢調査や世論調査がある．生態系の保全・管理などにおいても人々の意識や関わり方などを評価するためにアンケートや聞き取りなどの社会調査を行うことがある．社会調査には大きく分けて結果が数値で表される**量的調査**と言葉で表される**質的調査**がある（表4.3）．

4.4.2　量的調査

量的調査は**調査票調査**に代表される．調査票調査とは，質問紙を用いて母集団または母集団から抽出されたサンプル集団から回答を得て，データを統計的に分析する方法である．調査票調査は，(1) 調査の企画，(2) 調査票の設計および作成，(3) 実査，(4) データの集計・分析，(5) 公表の５段階で実施される．調査の企画では，何のために，何について調査するのかを明確にする．特に，量的調査の強みは仮説を定量的に検証できることである．例えば，緑地保全への関心が高い人もいれば低い人もいるが，どんな人ならば関心が高く，どんな人ならば低いのかである．ここで従属変数は「緑地保全への関心」であるが，独立変数には「性別」,「年齢」,「居住地」などの属性をはじめ，「環境問題への関心」などの意識や「ニュースを見る頻度」などの行動など，様々なものが考えられる．

調査票の設計・作成では，誰に聞いても同じ内容で理解してもらえる質問文と

表 4.3　社会調査の量的調査と質的調査

	量的調査	質的調査
調査対象	大規模集団	小規模集団
調査方法	調査票調査	聞き取り調査，参与観察，ドキュメント分析など
分析方法	クロス集計，カイ二乗検定と残差解析，多変量解析などを用いて集団の傾向を分析	修正版グラウンデット・セオリー・アプローチ，KJ 法などを用いて事例として分析
結果の表示	平均値などの数値で表示	言葉で表示

回答選択肢にするために，言葉の言い回し（ワーディング）に細心の注意を払う必要がある．質問文作成時には，1 つの質問文で 2 つ以上のものを尋ねないことや，過剰に説明するなどして回答を誘導する質問をしないことなどに注意する必要がある．回答方法は，大きく分けて選択式と自由回答式があり，選択式には単項回答と多項回答がある．選択式の選択肢は，意味する内容に重複がなく，想定されるすべての回答が選択肢として用意されていることが大原則である．ワーディングや質問文・選択肢作成時の注意事項の詳細は専門書（木下，2013；鈴木，2016 など）を参照されたい．

調査票が完成したら実査を行う．調査方法は，集合調査，調査員調査，電話調査，郵送調査，インターネット調査など様々な方法がある．調査票回収後は，誤記入や記入漏れなどがないかチェックを行い，必要であればルールや形式を決めてデータを入力し，仮説を検証するための統計的な分析を行う．

4.4.3　質的調査

質的調査には，聞き取り調査，参与観察法，ドキュメント分析などがあるが，ここでは，対面で他者の話を聞いて記録を行う**聞き取り調査**について説明する．聞き取り調査の方法は多様であるが，大きく，(1) 構造化インタビュー，(2) 半構造化インタビュー，(3) 非構造化インタビューの 3 種類に分けられる．構造化インタビューとは，質問者があらかじめ質問項目と回答選択肢を決めておき，各回答者に同じ質問を同じ順序で行うものである．半構造化インタビューとは，質問者はあらかじめ質問項目を用意しておくが，回答者の語りに合わせて質問の順序を変更したり，質問を深堀したりするものである．非構造化インタビューとは，質問項目を決めずに，何らかのテーマについて回答者に自由に話してもらう方法である．

聞き取り調査を始める前に，まずは何を明らかにしたいのか問題設定を行う．例えば，ある時代の子どもの自然遊びと空間利用，ある生物のかつての分布情報などである．明らかにしたい問題が決まったら，対象地域や対象者集団などについて事前に情報を収集する．事前勉強なしで聞き取り調査を始めると，回答者に不信感や不快感を与えてしまい信頼関係を構築することができず，調査が失敗に終わることもある．事前勉強が終わったら，設定した問題に関わる人びとの中から，調べたい事象について正確な情報をもっていると思われる対象者を選択（サンプリング）する．対象者が決まったら，事前に調査協力のお願いをする．その際に，調査目的，聞き取り調査の大まかな項目や記録方法，調査結果の公表形式や聞き取りデータの管理方法などをまとめて文書で伝えておくとよい．

調査の許可が得られたら日時と場所を決め，聞き取り調査を行う．質問項目は調査目的によって変わるが，分析に必要な回答者の基本属性（年齢，性別，職業など）や，必ず聞かなくてはならない質問項目は事前にまとめてリストアップし，記録用紙を作っておくとよい．また，空間情報を聞き取る場合は，聞き取りを行いたい時期に合わせた当該地域の地図や空中写真を準備しておく．お話を伺う際にはつねに「教えていただいている」姿勢を保ち，受容的かつ共感的な態度を心がけ，メモを取りながら話をしっかりと聞く．

調査の終了後，当日のうちにメモや録音・録画した記録を用いて聞き取り内容を文章化する．質的調査の分析には，修正版グラウンデット・セオリー・アプローチ（Modified-Grounded Theory Approach: M-GTA；木下，2003）や KJ 法（川喜田，2017）などの方法がある．

4.5　GIS による空間情報の分析

4.5.1　GIS と空間情報

GIS とは Geographic Information System（**地理情報システム**）の略称である．GIS は**空間情報**（位置座標，形状）をもつ自然，社会，経済，文化などに関連するデータをコンピュータで扱えるようにモデル化し，データの分析や視覚化を行う．また，GIS は様々なデータ形式の空間情報に対応しており，世界各地で公表されている多種多様な空間情報を位置情報に基づいて統合することによ

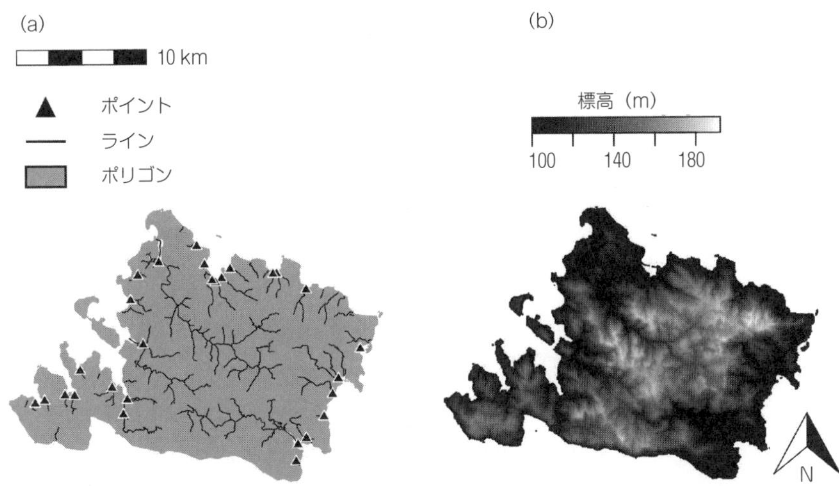

図4.4 ベクタデータ（a）およびラスタデータ（b）の例
ベクタデータの例はポリゴンが沖縄県の西表島，ラインが河川ネットワーク，ポイントが文献記録（マングローブ生態系）を示す．ラスタデータの例は数値標高モデル（DEM）を示す．

って，新たな知見を発見するためのプラットフォームとしても活用できる．

GISでは，空間情報をモデル化する際に**ベクタモデル**と**ラスタモデル**という2つの方法が用いられる．ベクタモデルでは，図4.4（a）のように位置情報と属性値を有するポイント（点），ライン（線），ポリゴン（面）として対象物をモデル化する．一方，ラスタモデルでは，図4.4（b）のように2次元に配列されたセルを用いて対象や現象をモデル化する．ベクタモデルとラスタモデルを用いて表現された空間情報をそれぞれ**ベクタデータ**，**ラスタデータ**と呼ぶ．

地球上の水平位置は，地球の形状を近似する回転楕円体と，その楕円体の位置と方向を定める座標系に基づいて緯度・経度で表すことができる．土地の高さ（標高）は平均海面（ジオイド）からの高さで表す．これらの測地基準座標系や準拠楕円体は**測地系**によって定義され，日本では2002年4月に国際地球基準座標系（ITRF）GRS80楕円体に基づく**日本測地系2000**（JGD2000）が採用された．その後，2011年の東北地方太平洋沖地震に伴い，東日本で大きな地殻変動が確認されたため，同年10月に地殻変動後の測量成果に基づいて再構築された**日本測地系2011**（JGD2011）に移行した．一般的な**GNSS**で採用されている米国の測地系（WGS84）は日本測地系2011と座標値に違いがほとんどない．なお，日本で2001年以前に公表された空間情報は，経緯度原点の座標を天文観測によってベッセル楕円体面に定めていた**旧日本測地系**で表現されている．

一方，地球上の点の水平位置（緯度・経度）を平面上へと投影した座標系（**投影座標系**）において座標系原点からの距離（メートルなど）で表すと，曲面計算が不要となり利便性が高まる．日本では**平面直角座標系**および**UTM座標系**がよく用いられるが，これらの投影座標系では投影の歪みを一定限度に収めるために，日本あるいは世界全体が系番号やゾーンで識別される地域に細分化され，各地域に対して異なる座標系原点が適用される．以上のことから，空間情報を使用する際には測地系や投影座標系の確認が大切である．

空間情報を可視化・分析するために様々なソフトウェアが開発されており，最も有名なフリーソフトとしてGoogle社のGoogle Earthが世界中で利用されている．ESRI社のArcGISなどの有償ソフトウェアでは，ベクタデータおよびラスタデータを用いた高度な分析が可能である．また，近年ではQGIS，GRASS GIS，PostGISなど**オープンソース・ソフトウェア**が急速に発展し，有償ソフトウェアに匹敵する機能をもつようになっている．さらに，空間情報をインタラクティブに活用するためのクラウドサービス（ArcGIS online，CARTOなど）の発展も著しく，高性能PCや専門知識をもたないユーザでも，ブラウザからデータをアップロードすることによって空間情報の可視化・分析が可能である．

4.5.2　既存の空間情報の収集

生物多様性センターの自然環境調査Web-GISでは，全国でこれまでに実施された自然環境保全基礎調査の結果が利用できる．国土交通省の河川環境データベースでは，全国の河川およびダムでこれまでに実施されてきた「河川水辺の国勢調査」の結果が入手可能である．同省の国土数値情報地図では，水域界，地形，土地利用，行政界，保護区，気候，道路，鉄道などの空間情報が公表されている．統計局のe-Statでは国勢調査，農林業センサス，漁業センサスなど各種統計の空間情報が入手できる．産業技術総合研究所地質調査総合センターのウェブページでは，「20万分の1日本シームレス地質図」が利用できる．国土地理院の基盤地図情報では，**数値標高モデル**（Digital Elevation Model: **DEM**）が公表されており，10 m メッシュDEMは日本全域で整備が完了している．さらに，航空レーザー測量（航空機LiDARを用いた測量）で作成された5 m メッシュDEMも整備が進められており，本州および九州の平野部，そして，北海道の一級河川において入手できる（2021年4月現在）．海上保安庁の「海しる」では，海洋政策に関わる省庁所管の空間情報が一元的に集積されており，海に関する様々なデータが入手できる．

このように，自然，社会，経済，文化に関連する空間情報は，多くのウェブサイトから無償で利用可能な状況にある．また，前段で紹介した空間情報以外にも，緯度経度，住所または郵便番号，市町村名，都道府県名など，位置情報を特定可能なデータであれば，空間情報としてGISを用いた分析が可能である．

4.5.3 GISを用いた主な分析

ベクタデータでは，ジオメトリ演算（geometry computation）によって河川ネットワーク（ライン）や森林パッチなど対象物（ポリゴン）の特徴をそれらの形状に基づいて評価できる．また，**密度解析**（density analysis）および**最近接解析**（nearest neighbor analysis）は，大型野生動物などの分布データ（ポイント）から分布範囲や生息地の利用パターンを把握する分析に用いられる．**ネットワーク解析**（network analysis）では，水路網および道路網などのデータ（ライン）から任意の2地点間の最短経路を算出できる．**オーバーレイ解析**（overlay analysis）は，複数のベクタデータを重ね合わせることによって，植生の変遷把握，**ゾーニング**（6.3.2項），さらには**GAP分析**（6.3.3項）などに活用できる．

ラスタデータでは，**地形解析**（topological modeling）によってDEMから斜面傾斜，斜面方位，陰影図を作成することが可能である．**水文解析**（hydrological modeling）では，DEMから流向，累積流量，水系，流域界を算出できる．**ラスタ演算**（raster algebra）では複数のラスタデータを重ね合わせた算術・論理演算が行える．上記解析を組み合わせることで，例えば，流域界内の標高および傾斜角の統計値（平均，最大，最小など）をセル値に基づいて集計することもできる．なお，前段で紹介したオーバーレイ解析は，ベクタデータをラスタデータへと変換することによって，ラスタ演算でも実行できる．

このようにベクタデータとラスタデータでは，空間情報を分析するための考え方や方法論に違いがある．例えば，ベクタデータは対象物の形状，対象物間の空間的位置関係，対象物の属性値に基づいた分析に適しているが，大規模データの処理に時間を要するという特徴がある．一方，ラスタデータはデータ構造が単純であるため演算を効率的に行えるが，セルの解像度を高くするとデータ容量も大きくなるという特徴を有している．以上の特徴を踏まえて，最適な分析手法およびデータ形式を選定することが大切である．なお，各分析手法の詳細は，「GIS実習オープン教材」などのウェブページ（https://gis-oer.github.io/gitbook/book/），または専門書（今木，2013；谷村，2010；Hengl & Reuter, 2008；川崎・吉田，2006；佐土原ほか，2005など）を参照のこと．

引用文献

Delisle, F., Lavoie, C. *et al.*（2003）Reconstructing the spread of invasive plants: taking into account biases associated with herbarium specimens. *Journal of Biogeography*, **30**, 1033-1042

藤田直子・岩崎亘典 他（2010）GIS解析によるHABSと図絵を用いた里山―社寺林ランドスケープの復元およびその評価．ランドスケープ研究，**73**, 589-594

Hengl, T. & Reuter, H. I. eds.（2008）Geomorphometry: Concepts, Software, Applications. 765 pp., Newnes

今木洋大（2013）Quantum GIS 入門，230 pp.，古今書院

今西純一（2010）都市の生物多様性評価におけるリモートセンシング利用の可能性．日本緑化工学会誌，**36**, 385-386

川喜田二郎（2017）発想法―創造性開発のために，230 pp.，中央公論新社

川崎昭如・吉田聡（2006）図解ArcGIS Part 2 GIS実践に向けてのステップアップ，174 pp.，古今書院

木下栄二（2013）社会調査へようこそ．新・社会調査へのアプローチ―論理と方法（大谷信介 他編），pp. 2-22，ミネルヴァ書房

木下康仁（2003）グラウンデッド・セオリー・アプローチの実践―質的研究への誘い，257 pp.，弘文堂

村上拓彦・吉田茂二郎 他（2019）屋久島の古地図を用いた過去のヤクスギ分布域の推定．日本林学会誌．**101**, 163-167

丹羽英之（2019）UAVにより台風前後に撮影されたデータを用いた風倒木ギャップの抽出．日本緑化工学会誌，**44**, 591-595

丹羽英之・竹村紫苑 他（2019）林床のオルソモザイク画像とDSMの簡便な取得方法：マングローブ林を例にした検討．応用生態工学，**21**, 191-202

小椋純一（1992）絵図の利用による歴史的植生景観研究のための方法論．絵図から読み解く人と景観の歴史，pp. 70-95，雄山閣

小椋純一（2012）絵図類の利用による植生景観史研究のための方法論．森と草原の歴史―日本の植生景観はどのように移り変わってきたのか―，pp. 164-170，古今書院

Primack, D., Imbres, C. *et al.*（2004）Herbarium specimens demonstrate earlier flowering times in response to warming in Boston. *American Journal of Botany*, **91**, 1260-1264

谷村晋（2010）Rで学ぶデータサイエンス7 地理空間データ分析（金明哲 編），240 pp.，共立出版

佐土原聡・吉田聡 他（2005）図解!ArcGIS 身近な事例で学ぼう，176 pp.，古今書院

鈴木淳子（2016）質問紙デザインの技法，240 pp.，ナカニシヤ出版

第5章
風土と景観生態学

鎌田磨人（5.1-5.3）伊東啓太郎（5.4）

この章のねらい 景観は，特定の社会の人々によって習得，共有，伝達される認識やその規則体系，すなわち文化によって創出され，維持され，変容する．その一方で，景観は文化にも影響を及ぼす．すなわち，景観とは，社会と生態系が相互に関係を及ぼし合う「社会—生態系」である．景観を理解するためには，人と自然の関係と，その時間的変化について把握する必要がある．それは，人と自然の関係としての「風土」を理解し，豊かな空間を創造することにつながる．景観生態学は，造園や建築，土木の分野とつながりつつ，景観のプランニングやデザインを新たな段階として発展させていくための役割を担う．本章では，社会—生態系としての景観を把握・分析するための視座を整理し，景観生態学と景観のプランニングやデザインの領域を接続する風土論について概説する．そして，豊かな空間を創造していくための，景観デザインのあり方について説明する．

キーワード 社会—生態系，景観，風土，風景，造園，建築，プランニングとデザイン

5.1 社会—生態系としての景観

5.1.1 人・社会と自然との相互作用の結果としての景観

地域には，森林，河畔林，河川，湿原，草地，耕作地，宅地のような異なった生態系が複合的に存在し．これらが景観を構成している．森林の面積や配置は，他の生態系，すなわち，草地，耕作地，宅地の面積や配置によって決まる．宅地が拡大すれば，森林，草地，耕作地の面積は減少する．地域の人々による森林の取り扱い方（伐採方法や規模）によって森林の状態は変化し（6.1.4 項，7.4 節），それによって，河川に流れ込む水や土砂の量が変わり，河川の状態や，最終的には海岸の状態までが変化する（8.2 節，9.1 節）．こうした景観変化は，地域の人々による土地利用についての意思決定の結果である．一方で，地域の人々は，

周辺の景観の変化や，森の状態を見て感じながら，その土地をどのように使っていくかを決めることになる．私たちをとりまいている景観の状態は，人・社会と自然との相互作用の結果を表している．

5.1.2 人が景観に及ぼす影響

都市近郊の宅地の拡大は，森林，草地，耕作地といった自然資本（natural capital）の減少をもたらす．それは，光合成による一次生産量の減少や，アスファルトやコンクリートの被覆による雨水の土壌浸透量の減少と表面流の増加（10.4節）といった，生態系の基盤サービスや供給サービスの減少・低下を引き起こす．中山間地域では，耕作地や草地の管理放棄による樹林化が進み（第7章），また，植林後に放置されたスギが成長することで，植物体による炭素蓄積量が増加している．この一方で食料生産量は減少することとなった．このように，景観構造や機能を変化させた要因は，近接的には宅地の拡大，耕作地・草地の管理放棄，植林である（鎌田，2014）．

では，宅地が拡大したのはなぜか，あるいは，管理放棄や植林が進んだのはなぜか．その要因を，土地所有者や管理者をはじめとする地域の人々が，耕作地として維持するよりも宅地に転換することが，あるいは放棄したり植林したりすることのほうが経済的なメリットが上回ると判断した結果だということもできる．しかし，真の意味で景観変化の要因を明らかにするためには，そこで暮らしてきた人の土地への思い，人と土地との関わり方やその変化を知る必要がある．

5.1.3 景観の変化が人の価値観や意思決定に及ぼす影響

人の価値観の変化が土地利用の変化を引き起こす一方で，景観の変化は人の土地利用に関する価値観や意思決定に影響を及ぼす．広島県北広島町の雲月山で見られる，放置されて遷移が進むことで消失しそうになった草原を再生しようとする取り組みは，その例である．雲月山では，牛馬の餌や茅を得るための山焼きが，昭和の中頃まで行われていた．「山焼きは正月のようなもの」と地域の人々が語るように，山焼きはとても大事な年中行事であった．しかし，高度成長期以降，その空間が放置され藪化してきていた．その変化は，地域のアイデンティティの喪失そのものでもあった．山焼きを再開させるという意思決定に至ったのは，草原の藪化という景観変化が契機となって，地域のアイデンティティを取り戻したいとの思いが地域内で共有されたからであった（白川，2009；鎌田，2014）．草原は，暮らしに必要な資源を供給する場としてだけではなく，地域の人のつながりを生みだし，維持する文化的な意味をもつ空間であること，そして，人は景観を創りだし管理するだけでなく，その景観の状態を見て，知り，感じたことをもとにして意思決定を行っているということをこの事例は物語っている．

5.1.4 景観を理解するための視座

景観は，特定の社会の人々によって習得，共有，伝達される認識やその規則体系，すなわち文化によって創出され，維持され，変容する一方で，文化にも影響を及ぼす（鎌田，2000）．言い換えると，景観は，地域社会の暮らしと生態系が相互に関係を及ぼし合う「**社会—生態系**（social-ecological system）」である．

社会—生態系としての景観を総体として理解するためには，人々の認識体系やそれに基づく周辺の土地への働きかけのあり方，景観がそれらに及ぼす影響についても解き明かす必要がある．景観について理解を深めるためには，次の4つの視座が必要である．(1) 人による景観の知覚・認識・価値は，景観に直接的に影響を及ぼすとともに，それら自体が景観によって影響を受ける，(2) 文化的な慣行は景観構造に影響を及ぼす，(3) 文化として体感される「自然」の意味は，自然科学で把握される「自然」とは異なる，(4) 景観は文化的な価値も表出している．

景観を把握・理解するためには，人・文化に対する景観，もしくは，景観に対する人・文化といった「主体」—「客体」の二元論を超えて，それらの「関係」の理解へと進まなければならない（鎌田，2000）．こうした人と自然の関係とその時間的変化は，「**風土**」として把握・表現される事象と重なり合う（鎌田，2016）．

5.2 風土・風景・景観

5.2.1 風土

風土の概念を分析・提示し，世界の思想家に影響を与えたのは，和辻（1935）が著した『風土—人間学的考察』である．和辻は，風土とは「ある土地の気候，気象，地質，地味，地形，景観などの総称であるが，その構造や意味を浮かび上がらせるためには，主体的な人間存在に関わる立場としてでも，いわゆる自然環境としてでもなく，対象と対象との間の関係（間柄）について考察することが必要」だと述べている．また，歴史は，人々が暮らしてきた固有の空間との関係の中で論じる必要があることを示した（鎌田，2016）．

フランスの地理学者であるベルクは和辻の思想に影響を受け，「人間が，地球の拡がりに対して生態学的，技術的，象徴的にもつ関係」（ベルク，2002）として風土を定義づけている．そして，風土の構造や意味を考察するためには，時間の経過とともに風土を産み出し，秩序化／再秩序化する絶え間ない営みを深く感じとりながら，風土を構成する諸要素の相互生成のあり方や，ある要素と他の要素との間での可逆的な変化のあり方を把握する必要があるとした．

和辻（1935）は，人々は，周辺との関係性の中で自分自身がどのような状況に置かれているのかを認識し，そして，危険から身を守ったり，楽しみを享受したりするための手段・行為を選択し，そうした選択が共有され，引き継がれてきたことで，手段が技術化・道具化されてきたと考察している．つまり，人によって作りだされた技術や道具もまた，風土を構成する一部となる．こうした自然―人―手段―技術・道具の円環的で動的な関係を整理することによって浮かび上がってくるのが「風土の構造」である．様々な異なった空間（地域）でそうした整理を行うことで「風土の類型」を見出すことができる．その円環的な関係性は空間（地域）に固有であり，その空間の中で動的に変化するため，その空間で展開される歴史も固有のものとなる．空間と時間はこのような関係をもつので，「風土の類型」を見出すことは「歴史の類型」を見出すことでもある（図5.1；鎌田，2016）．

5.2.2 風景

ベルク（1992）は「与えられた風土で，一つの領域（文化／自然）からもう片方（自然／文化）への行程はいかにして形成されるか，また，決定的に風土を確立するものは何か」を検討するうえで，「**風景**」を分析することが役立つとしている．そして，風景を「人もしくは人々と周辺の空間・自然との関係を感覚で捉えうる様態」と定義し，その様態を手がかりに，風土の構造や意味を理解できると考えた．

人と自然との関わりを考察し，豊かな空間のあり方について検討を重ねてきた

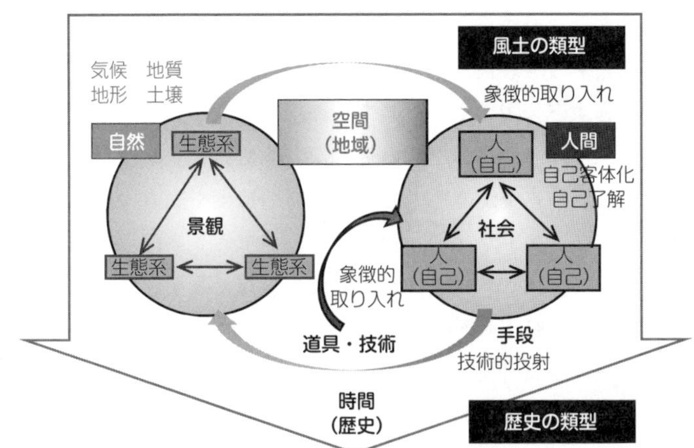

図 5.1 風土の構造についての概念的枠組み（鎌田，2016）
自然―人―手段―技術・道具の円環的で動的な関係性を整理することによって「風土」の構造を浮かび上がらせることができる.

環境倫理学者の桑子（1999）は,「風景」を,「空間の中での自らの身体の配置が,その空間の中で身体がたどってきた履歴も含めて全感覚的に把握される相貌」と定義した.

風土論，風景論と関連づけて考えると，人々と周辺の空間・自然との関係を自然科学の視点から把握・考察しようとする時に対象となるのが「**景観**」である（ベルク，2002）．風土の中で客体化された“わたし”が，ある時間断面の中で知覚する周辺の状態が風景であり，景観はその風景を構成する自然的要素と言い換えることができる．したがって，ある時間断面での景観構造を浮かび上がらすことのできる景観生態学は，風景を把握し風土を理解するうえでの基盤となる（鎌田，2016).

5.3 豊かな空間の再生・創造

5.3.1 風土の喪失と国土空間の危機

日本の風土の構造を探ってきたベルク（1992）は,「風土のちょっとした変化にもきわめて敏感に反応してやまない国日本，その国が1960年代に地球上でもっとも汚染された国になってしまった」とし,「同じ社会が一方ではあれほど深く繊細な自然感情を過去から受け継ぐことができたのに，他方ではあまりにも明白な生態学的損失すら度外視して（中略）発展の道をたどるようになったのはなぜか」との問題意識を表明した．そして，環境の危機は，自然の原則自体の危機であり，それと不可分の文化の原則の危機だと危機感を表した．

三浦（2004）は，日本中が総郊外化し，地方の風土や固有の地域性が消失したと述べた．また，ファストフード，コンビニ，ファミレスの地方への浸透によって日本中の生活が均質化し，風土性が失われてきたと指摘している．三浦はこうした状態を「ファスト風土」と揶揄しつつ，食に限らず衣服も住居も町並みもその土地の風土と無関係になっていると述べている．そして，「それは言い換えれば，生活の中から生産，労働の要素がいっさい消えていくということだ」，「それは，地方が地方としての土地の固有の記憶を失っているということだ．ファスト風土とはまさに記憶喪失の風土なのである」と，問題提起している．

桑子（1999）もまた，「モノづくりが中心であった日本の国土空間」は，「経済価値以外の観点から顧みられること」なく，「動植物と人間という生物とが同じ空間のなかで生きているということの意味，ひいては命の大切さを思いみることを忘れさせた」，「このような危機的な状況にある日本の空間を，どうすれば人間と生きものたちがよい“生”を送るのにふさわしい場所として見なおしてゆくことができるだろうか」との憂いを表明している．

喪失した風土を取り戻すためには，日本の社会がその文化を再自然化すること，そのための，自分たちの物質文明を管理する概念的な手段を見出すことが必要である（ベルク，1992）．その中で，豊かな空間を創出，維持していくための論理や手法・技術を提示していくことが，景観生態学の役割の一つである．

5.3.2　空間の履歴を読み解く

三浦（2004）がいう都市や街や村における土地の固有の「記憶」を，桑子（1999）は「**空間の履歴**」と表現している．人が経験し記憶していく内容は，その人が暮らす空間の履歴によって影響を受けつつ形成され，そして，新たな履歴として蓄積されていく．これらは，風土を意味しているといえよう．このことを前提にすると，人生の豊かさ，心の豊かさ，すなわち人間の存在にとって本質的な意味をもつのは，豊かな履歴をもつ空間であり，風土である．

豊かな空間づくりには，空間の履歴を読み解くまなざしと歴史的想像力が必要である（桑子，2013）．**歴史的想像力**とは，「自然の恵みと脅威の両方を包摂するものであり，自然の営みが引き起こす事態を思い描き，またそれに対する人間の力の限界を自覚しつつ，それを畏怖するイマジネーション」である．歴史的想像力を駆使しつつ，自分たちが暮らしている空間の大切さと意義を十分認識し，次世代のための空間を作っていかなくてはならない（桑子，1999）．その時，豊かさは経済的な価値のみで測られるものではないこと，また，モノをつくらないことが，豊かな空間づくりになる場合もあることを認識しておくことが重要である．

私たちが再生・創造していくべき空間は，「居住する人がその固有の履歴を豊かにできる空間」（桑子，2005）である．そのためには，対象とする都市や街や村に残る空間の記憶を掘り起こし，保持していく必要がある．どのようなことを，どのような思いをもって行ったのかを尋ねることで，空間の履歴とともに，その空間が有していた価値を把握することができる（桑子，2005）．風土に関するインタビューとは，空間の履歴を「場（field）」として捉えようとする行為であり，それによって，例えば，「遊びの場」，「魚採りの場」，「生計をたてる場」，「生活の場」であったことを浮かび上がらすことができ，空間がもつ多様で重層的な価値を把握し，空間の再生・創造に活かすことができる．

地名もまた，空間の履歴を読み解くうえで大きな手がかりを与えてくれる．地名は，人々がその土地をどのようなものとして理解し，どのようにその空間と付きあおうとしたかを物語るものである（桑子，1999）．**地名分析**から，住民の環境認識と利用形態との関係を読み取ることができる（福田，1989；宮城，2016）．

実際に空間の再生・創造を進めるためには，空間の履歴を読み解き，異なる時代，異なる世代からなる，多様な文化が重層的に存在することを活かしながら，その豊かさを順応的に維持していくための仕組みを作り出す必要がある．また，人と人，人と空間との関係が形成され，活動への責任ある参加（コミットメント）が引き出されていくために，異なる人々が自由に出入りでき，つねにコミュニケーションを行うことができる場，拠点を設けることも必要である（三浦，2004）．

そのコミュニケーションの場をつくっていくために必要となるのが「**住民参加**」である（第11章）．住民参加は，同じ空間での身体体験を通して，空間がもつ多様な価値の発見につなげていこうとするものである（桑子，2005）．身体体験を共有することは，個々人が見出す価値を互いに共有し，認め合ううえでも役立つ．どのような価値・機能を併せ持つ空間を創っていくかについての**社会的合意形成**を促進することが鍵となる．合意のないスタート地点から始めて合意というゴール地点へ至る合意形成プロセスを円滑に進め，参加者が納得できる実りある成果（納得解）を得ることができるかどうかは，そのプロセスを調整しながら管理運営する人やチームの技術力が非常に大きな要素となる（桑子，2016）．

5.4　地域の風土と景観のデザイン

5.4.1　風土の重要性を認識する

景観のプランニングや**デザイン**においては，私たちの身近にある日常の風景を，地域の歴史や**風土**の中にどのように位置づけ，育てていくか，すなわち，風土をいかに捉え，デザインに取り込んでいくかが課題となる（Ito, 2021）．また，風土の継承・進展は，その土地で生活する人々の心と土地の結びつきがもたらす共同性と連続性を尊重し，保つことにつながる（廣瀬，2016）．

しかし，景観デザインの現場では，そもそも風土の重要性が十分に認識されているとは言いがたい．これは，デザインを担う技術者だけの問題ではなく，例えば事業を発注する側や，あるいは地域住民にもいえることである．したがって，まずは景観の管理・創造の基本的な枠組み（すなわちプランニング）の段階で，対象地域を特徴づける森林（第6章），農村（第7章），水辺（第8章），海辺（第9章）といった景観とその構成要素一つひとつに気を配り，その土地の風土を読み解いて，計画（プランニング）や設計（デザイン）に結びつけていくことの大切さを再認識する必要がある（伊東，2016）．そして，行政も含めた多様な**ステークホルダー**が，その土地の風土の特徴や重要性を共有し，協働（第12章）の中で活かしていくことが重要である．

5.4.2　風土を分析するための方法論

地域の人々や行政担当者が風土の重要性を認識するうえでも，また風土を景観のプランニングやデザインに反映するためにも，風土の科学的な分析が必要である．しかし，風土を把握するための科学的方法論が十分に整理されているとはいえない．風土の分析に関する方法論の整理は，風土を活かした景観のデザインを実践するうえで喫緊の課題である．

豊かな地域像を風土の分析に基づいて，より多角的に描いていくためには，歴史的視点からのアプローチと，自然科学的視点からのアプローチとを重ね合わせることが重要である（陣内・法政大学大学院エコ地域デザイン研究所，2004）．自然環境と文化・人々との関係，すなわち地域の風土を把握・分析するうえでは，景観生態学的な方法論が有用となる．今後は，多分野の協働によって風土を分析し，景観のプラニングやデザインの実践を現場に活かすことが，将来の世代に向けた望ましい地域の形成につながるだろう．

風土の有りさま，すなわち風土性は，国や地域によって異なる．風土の分析においては，風土性の違いにも留意する必要がある．ベルク（1992）は，和辻（1935）の「風土」についての論考を時代性も含め的確に批判しながらも，内外の事例，季節，文化，自然を守ることと自然を壊すことなど，この国に存在する矛盾を指摘したことも含めて，和辻の風土論の意義を認めている．そして，「日本の風土性は，間隙と間，空無と沈黙を尊重して，ヨーロッパの風土性よりも場所的な次元を相対的に重視する」と述べている．また，レルフ（1999）は，日本では「没場所性」（場所の特異性・独自性が弱まること）の性質が，他の多くの国に比べてより顕著に表れていると指摘している．これは，日本では産業化社会以前の「場所経験」（特定の場所に関連した経験）が非常に根深かった（すなわち場所性が強かった）にもかかわらず，近年の工業化や都市化の影響を受けて景観が均一化したためである（伊東，2016）．

日本で地域の風土を読み解く際には，現在の景観に見られる今日的な自然と人との関わり方だけでなく，工業化・都市化以前の身近な自然資源の利用・管理のあり方や，里山に代表される地域本来の景観に対する人々の認識を科学的に把握し，分析することから始めなければならない．それに基づいて，自然資本としての景観と，二次的自然（6.4節，第7章）の生物の多様性を保全しながら，人々が活用していけるようにするための道筋を，地域との協働（第12章）の中で検討し提案する必要がある（伊東，2016）．

5.4.3 風土を活かしたプランニングとデザインと異分野協働

風土の分析を景観デザインに結びつけるためには，景観生態学と生態学や地理学，社会科学と造園学，建築学，土木工学などの多分野の協働による設計が求められる．ヨーロッパやアメリカでは，農村や都市を自然と人工の織りなす一つの

図 5.2　ベルリンの自然公園 Südgelände の自然エリア
生態学者である Kowarik と景観デザイナーの Langer との協働により，風土を反映した多様な植生と過去の歴史とが，鉄道ヤード跡に重層的に表出されている．口絵 6 参照．

半自然生態系（複合生態系）として捉え，その全体の管理を考えていく景観計画の手法が提唱されている（武内，2006）．これを実践するためには多分野・異業種間の協働が欠かせないが，実際の現場では異業種間の協働の土壌が十分に醸成されていないのも事実である．景観生態学は，自然環境調査，解析，計画，設計，活用までを総合的に考えることが可能な領域であるため，他分野と協働できれば，武内の述べているような総合的でより進んだ手法が可能になる（伊東，2016）．宮城（2002）は，生態学で使用される「保全（conservation）」の意味を，生態系・生物個体群の保護や修復・再生のみでなく自然の活用（生態系サービスの発揮）という側面へと拡大する必要があること指摘し，景観生態学が風景と環境をつなぐ「継ぎ手」としての役割を担うことに期待を示している．

歴史的視点と自然科学的視点の重ね合わせによる風土の分析を景観のデザインに活かした優れた事例が，ドイツのベルリンにおける Südgelände 自然公園である，ここでは，景観デザイナーである Langer と生態学者の Kowarik との協働により（Langer，2016），分断されていたベルリンの過去の歴史と，本来の生物多様性を反映した多様な植生とが重層的に表出する空間が，かつてのテンペルホーフ鉄道ヤードに創り出された（Kowarik & Langer, 2005）（図 5. 2）．今後の景観デザインでは，この事例のような異分野協働による風土の再構築が強く望まれる．

5.4.4 社会実装に向けて

地域の風土を考慮した景観のデザインの理論を現実社会に実装していくうえでは，異分野協働だけでなく，実務上の仕組みの整備も重要な課題となる．広域の景観の整備事業は公共性が高く公共事業としての側面が強いが，多くの公共事業では事業予算や期間の制約が大きく，風土の分析やこれに基づくプランニングの実行が未だ困難な場合が多い．これは景観管理の事業を風土分析から始めるべきという認識の希薄さに由来する．今後は，具体的な景観デザインの前段階として風土の分析が必要であるという認識を社会全体で共有し，その実行可能性（feasibility）を担保するために必要な予算や期間を最低限確保できる制度や仕組みを整備していく必要がある．

また，事業を実効性（effectiveness）の高いものにするためには，事業の効果を評価し改善につなげる仕組みも必要である．自然再生事業などでは，生態学的な視点からモニタリング結果を検証し，アウトカムを科学的に評価したうえで，次の活動に反映させる順応的管理（adaptive management）が定着しつつある（12.1 節）．これと同様に，今後は風土を考慮した事業のアウトカムを科学的に評価できる指標や評価の方法論の構築が重要となるだろう．

さらに，これらを社会で実現していくためには，それを担う人材の育成も欠かせない．現在の日本では，職能としての建築技術者や，土木技術者，造園技術者の専門が明瞭に分化し，それぞれの職能に対応した人材育成が個別に行われている（11.1 節）．これは縦割り行政の弊害とともに，日本で異業種間の協働がなかなか進まない理由の一つと考えられる．近年，日本でも異分野連携・融合型の教育が注目されるようになり，例えば 2016 年に民間資格として認められた登録ランドスケープアーキテクト（Registered Landscape Architect: RLA）では，(1) 自然環境の保全を目標に緑・水・土などの自然要素を「命ある素材」として効果的に扱うこと，(2) 快適さを指向する環境空間やレクリエーションの場，(3) 生態学的原理を土地利用計画に応用し，生態系の構造と機能を活かした環境，(4) 地域の歴史文化に根ざした空間，(5) 市民・住民参加によるコミュニティ環境，などのデザイン技能が求められ，資格取得には認証を受けた大学などで学び，さらに一定の実務経験が求められる．また，他の建設系技術者同様，単位制の継続教育（Continuing Professional Development: CPD）を評価基準として導入し，継続的な技能や知識の習得を重視している．風土性の社会実装に向けて，教育機関やCPDを通して，異分野・異業種の「継ぎ手」としての景観生態学を学ぶ機会を，積極的に提供することが求められる．

引用文献

ベルク，A.（篠田勝英 訳）（1992）風土の日本―自然と文化の通態，428 pp.，筑摩書房

ベルク，A.（中山元 訳）（2002）風土学序説―文化を再び自然に，自然をふたたび文化に，448 pp.，筑摩書房

福田珠己（1989）四国山地旧焼畑村落における環境区分―高知県吾川村上名野川の小字名を事例として．人文地理，**41**, 72-82

廣瀬俊介（2016）風土形成の一環となる環境デザインについて―人文科学における研究成果の参照による風土概念検討を通して．景観生態学，**21**, 15-21

伊東啓太郎（2016）風土性と地域のランドスケープデザイン．景観生態学，**21**, 49-56

Ito, K. (2021) Designing approaches for vernacular landscape and urban biodiversity. *in* Urban Biodiversity and Ecological Design for Sustainable Cities (ed. Ito, K.) pp. 3-17, Springer

陣内秀信・法政大学大学院エコ地域デザイン研究所（2004）エコロジーと歴史にもとづく地域デザイン，学芸出版社

鎌田磨人（2000）景観と文化―ランドスケープ・エコロジーとしてのアプローチ．ランドスケープ研究，**64**, 142-146

鎌田磨人（2014）里山の今とこれから．エコロジー講座7―里山のこれまでとこれから（鎌田磨人 他編）pp. 6-17，日本生態学会（http://www.esj.ne.jp/esj/book/ecology07.html）

鎌田磨人（2016）風土を読み解くツールとしての景観生態学．景観生態学，**21**, 57-67

Kowarik, I. & Langer, A. (2005) Natur-Park Südgelände: linking conservation and recreation in an abandoned railyard in Berlin. *in* Wild Urban Woodlands (eds. Kowrik, I. & Körner, S.) pp. 287-299, Springer-Verlag

桑子敏雄（1999）環境の哲学．310 pp.，講談社

桑子敏雄（2005）風景の中の環境哲学，254 pp.，東京大学出版会

桑子敏雄（2013）生命と風景の哲学，「空間の履歴」から読み解く，263 pp.，岩波書店

桑子敏雄（2016）社会的合意形成のプロジェクトマネジメント，183 pp.，コロナ社

Langer, A. (2016) From rail to rose. *Landscape Ecology and Management*, **21**, 29-32

三浦展（2004）ファスト風土化する日本―郊外化とその病理，221 pp.，洋泉社

宮城俊作（2002）風景と環境の狭間に描かれた軌跡．科学，**72**, 545-552

宮城邦昌（2016）地名に見る奥の暮らしの多様性．シークヮーサーの知恵―奥・やんばるの「コトバ-暮らし-生きもの環（大西正幸・宮城邦昌 編著）pp. 245-302，京都大学学術出版会

レルフ，E.（1999）場所の現象学―没場所性を超えて，341 pp.，筑摩書房

白川勝信（2009）多様な主体による草地管理協働体の構築―芸北を例に．景観生態学，**14**, 15-22

武内和彦（2006）ランドスケープ・エコロジー，245 pp.，朝倉書店

和辻哲郎（1935）風土―人間学的考察［2013年電子書籍版］，301 pp.，岩波書店

第Ⅱ部

景観の構造と機能

景観はその構成要素によっていくつかのタイプに分けられ，それぞれで特徴的な構造や機能，人間の関わり方が見られる．第Ⅱ部では，代表的な５つの景観タイプを取り上げ，森林の景観（第６章），農村の景観（第７章），水辺の景観（第８章），海辺の景観（第９章）および都市の景観（第10章）について，それぞれの特徴と景観生態学のアプローチ方法を詳述する．

第6章 森林の景観生態

伊藤　哲（6.1, 6.4）平田令子（6.2）光田　靖（6.3）深町加津枝（6.5）

▌この章のねらい▌ 森林を中心とする景観（森林景観）は，古来より人間活動による影響を強く受けてきた．本章では，森林の小面積化，分断，孤立，林縁の形成，モノカルチャー化など，人間が引き起こす森林景観の構造変化を概観し，景観変化に伴う生物多様性や生態的なプロセス・機能の変化，およびこれらを踏まえた森林景観管理の自然科学的方法論について解説する．また，伝統的な地域資源の持続的利用形態である里山の萌芽林管理と，地域の人々によって集積・維持されてきた森林の伝統的知識について，その意義や今後のあり方を解説する．

▌キーワード▌ 分断，孤立，林縁効果，人工林，生態学的立地区分（ESC），ゾーニング，GAP分析，Eco-DRR，萌芽林，森林の伝統的知識（TFK）

6.1 森林の分断・孤立と生物多様性

6.1.1 森林景観の構造とその変化要因

森林景観の変化は，森林の全体的な劣化・消失と，部分的な森林の変革による空間構造の変化の2つに大別できる．これらの変化は自然要因によっても引き起こされるが，開発や土地利用の改変など人間活動による景観変化は，自然要因に比べて生物多様性や生態系サービスへのインパクトが強いものが多い．

自然の森林景観は本来，不均一な空間構造を有している．これは，景観内部の立地環境の違い（例えば地形による光，水などの資源の多寡や，攪乱体制の違い）によって，生育する樹木の種類や大きさなどに違いが生じ，構造の異なる森林パッチ（小林分）が形成されるためである（菊池，2001）（3.2節）．この不均一性は，景観全体の生物多様性の維持や生態系サービスの発揮に貢献している．

人為的な景観構造の変革は，自然に形成される**不均一性**をまったく異質なものに変化させる．例えば大規模な土地開発による森林の消失は，本来の森林景観の不均一性をすべて消失させる．森林状態が維持される場合でも，単一樹種による

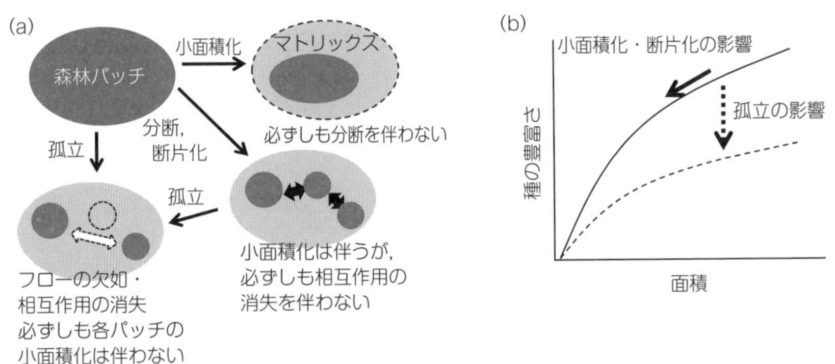

図 6.1　(a) 森林パッチの小面積化・分断・孤立と (b) これらが種の豊富さに与える影響

人工林造成は景観の不均一性を著しく低下させる（6.3 節）．一方，景観内の部分的な森林の消失・劣化は，本来の不均一性とは別の形で景観構造を不均一化する（図 6.1a）．森林の一部が消失すると，森林と非森林という不均一な要素が生まれ，森林面積が減少する（小面積化）．森林の消失が面的に広がると，残された森林は互いに分断されたパッチとなる（**分断**，断片化：fragmentation）．さらに森林の消失が進んで分断された森林パッチ間の距離が広がると，パッチ間の相互作用が失われ，各パッチは生態学的に**孤立**（isolation）する（3.1 節）．

6.1.2　小面積化・分断・孤立に伴う生物多様性の低下

一般に，ハビタット（生息・生育地）の面積が増加すると生物の種数が増加する．したがって，森林パッチが縮小，あるいは分断によって小面積のパッチに断片化すれば，それぞれのパッチが包含できる種数は減少する（図 6.1b）．例えば大面積の土地が必要な生物種は小面積のパッチでは生きていけない．低頻度でしか出現しないような植物種も，小面積のパッチでは出現する確率が下がってしまう．さらに分断が進み，各パッチが機能的に孤立すると，同じパッチ面積でも種数はさらに減少する．例えば，分断された 2 つのパッチの片方にしか生育しない植物でも，種子がもう片方のパッチに散布され生育できればその種は両方で維持される．しかし孤立して種子が散布されなければ，片方のパッチは種数が減る．同様に，片方に 1 個体だけ残った自家不和合性（他の個体の花粉でないと結実できない性質）の植物は，周囲のパッチから花粉が運ばれなくなれば，子孫を残せずそのパッチから消失する．このように，種子や遺伝子のフローが絶たれた孤立パッチでは，単に小面積化するときよりも高い確率で種数が減少してしまう．

孤立を解消する景観管理の方法には，孤立パッチをつなぐ**コリドー**（生態的回廊）の設定（Rosenberg *et al*., 1997）や，孤立パッチを取り巻くマトリックスの機能を高める**マトリックス管理**（山浦，2007）などがある．

6.1.3 林縁形成による森林景観の形成

森林が攪乱によって分断されると，森林以外の生態系・土地利用に面した境界部分に**林縁**（forest edge）が形成される（酒井ほか，2013）（詳細は6.2節）．林縁部分は，隣接する開地（open habitat）の影響を受け，林内（forest interior）に比べて明るく乾いた環境になり，そこを林内とは別の生物が好んで利用する．この前提で，伐採の配置の影響を**SLOSS問題**（3.3.2項）の一例として考えてみる．ある森林（周囲の林縁部分20%を含む）の半分を伐採することを想定し，伐採地を1ヶ所に集中させる場合（図6.2a）と，複数のパッチに分散して伐る場合（図6.2b）とを比較する．1ヶ所に集中させた場合，この例では全体の面積の12%の林縁部分が形成され，林内環境が38%残る．一方，伐採地を分散した場合，林縁部分が32%を占め，林内環境はわずか18%しか残らない．この違いは生物種の保全を考える際に重要である．仮に自然度の高い森林の伐採に際して林内環境を多く残したいのであれば（林内種を保全），1ヶ所に集中して森林を残す方（SL: Single Large）が望ましい（図6.2a）．一方，暗い針葉樹人工林に，開地と林縁環境を形成したい場合は（林縁種や草原種を保全），伐採地を分

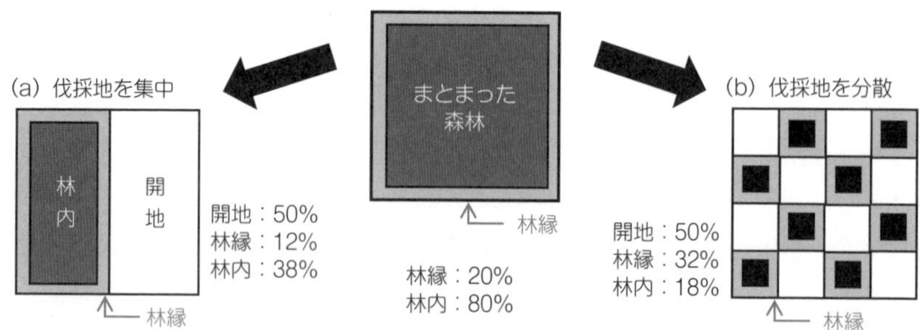

図6.2 伐採地を（a）集中させた場合と（b）分散させた場合の，林縁・林内環境の形成の模式

散した方（SS: Several Small）が効果的である（図 6.2b）.

6.1.4 林業と森林景観

林業において最も重要な森林管理の基本要素は，木材を得るために（1）一度にどのくらいの面積を伐採するか（伐区面積），（2）同じ場所を何年に一度伐採するか（伐期齢），（3）伐採後にどのように森林を再生するか（更新法：植栽や天然更新など）の 3 つである．これらは，自然の森林の動態を左右する**攪乱体制**，すなわち攪乱の規模（面積），再び発生する間隔（＝1／頻度），および強度（再生材料・再生基盤の消失度合い）と対応する．つまり，林業では攪乱体制を人為的に操作することで森林動態を木材生産に都合の良い形に制御している（伊藤，2011）．したがって，どのような林業を行うかで，どのような森林景観が形成されるかが決まる．前述のように，大面積伐採と単一樹種一斉植栽は，本来の不均一性を著しく損なう．また，非常に短い伐期で伐採し続ければ，森林景観全体が若齢の林のみで構成される．一方，自然の立地環境に合致する形で伐区面積や更新法が設定されれば，本来の不均一性がある程度保持されるだろう．

戦後の日本の林業は大面積皆伐と一斉造林が主流であったが，近年は生物多様性や生態系サービスの劣化の反省から「多様な森づくり」が志向されている（林野庁，2020）．これを景観レベルで実現するためには，本来の景観の不均一性を考慮した森林配置が重要であり，生態学的な立地区分が必要である（6.3 節）．

また，木材生産林でもすべての樹木を伐採せず，いくつかの樹木を残し続ける“**保持林業**（retention forestry）”が各国で実践されている（柿澤ほか，2018）．保持林業は，森林生態系の“**生物学的遺産**（biological legacy）”を保持し続けることで，木材を収穫しつつ他の生態系サービスと生物多様性を保持する管理方法である．樹木個体ではなく小面積の森林パッチが保持される場合は，生物学的遺産が景観レベルで保持され，景観構造の不均一性もある程度維持されることから，木材生産を主目的とする森林景観の管理で有効な手法の一つと期待される．

6.2 林縁効果

6.2.1 線としての林縁，幅をもつ林縁

林縁（forest edge）は森林の縁（ふち）のことである．土地被覆図や植生図

では，異なるパッチの境界（boundary）として線で描かれ，林縁長や林縁の形状を規定する．この時，林縁は林冠の切れ目を意味することが多い（Harper *et al.*, 2005）．しかし，実際の林縁は単なる線ではなく空間的幅（範囲）をもっており，森林パッチ内部とは異なる環境をもつ部分と定義される（Forman, 1995）．よく似た言葉に**推移帯**（エコトーン）という用語があるが，これはパッチ境界部における環境の推移部分のことであり，林縁をエコトーンと呼ぶこともある．林縁の幅は林縁タイプ（パッチの組み合わせ）によって異なり，またたとえ同じ場所であっても，林縁が形成されてからの時間によって変化する（図 6. 3）．

林縁が形成されると，境界付近で森林内部とは異なる様々な生態的作用が働く．これは**林縁効果**（edge effect）と呼ばれる．林縁効果には，物理的（非生物的）効果と生物的効果がある（Murcia, 1995）．典型的な林縁タイプでの林縁効果の発揮過程を図 6. 3a に示す．林縁形成によって境界付近の微気象は大きく変化する（物理的効果）．この物理的効果に対して，特に植物が直接的な反応を示すことで植生が変化する（生物的効果）．後述の，林縁における動物の行動や群集構造の変化は，植生の変化に反応した間接的な林縁効果といえる．

林縁効果は大きさ（magnitude）と距離（distance）をもつ（Harper *et al.*, 2005）．伐採地と残存林分の境界のように，パッチ間の**コントラスト**（森林構造や林相の違い）が強いほど，一般的には林縁効果は大きく，距離も長い（図 6. 3a）．伐採地の植生が回復するとコントラストは徐々に弱まり，林縁効果は小さく狭くなっていく．一方，森林同士の境界であっても，隣接林分の林相の違い（例えば常緑樹林か落葉樹林か）によって林縁効果は異なる（図 6. 3b）．また，林分成立時から開地に隣接している場合は，閉じた林縁が形成されるため，コントラストが強くても林縁効果の範囲が狭くなる（図 6. 3c）．

6. 2. 2　林縁効果と動物群集

林縁は動物群集にとって生息空間の境界，または変質した特殊な生息環境としてパッチ内部とは別の意味をもつ．境界としての機能は鳥類の行動に表れる（10. 3 節）．鳥類の移動はしばしば林縁で抑制され，この現象は特に開地と広葉樹林などコントラストの強い林縁で顕著に見られる．例えば，広葉樹林を選好するヤマガラなどの森林性鳥類が開地の林縁に直面すると，開地には侵入せず林縁に沿って迂回する行動を示す．このような行動は，種子の散布パターンを通して

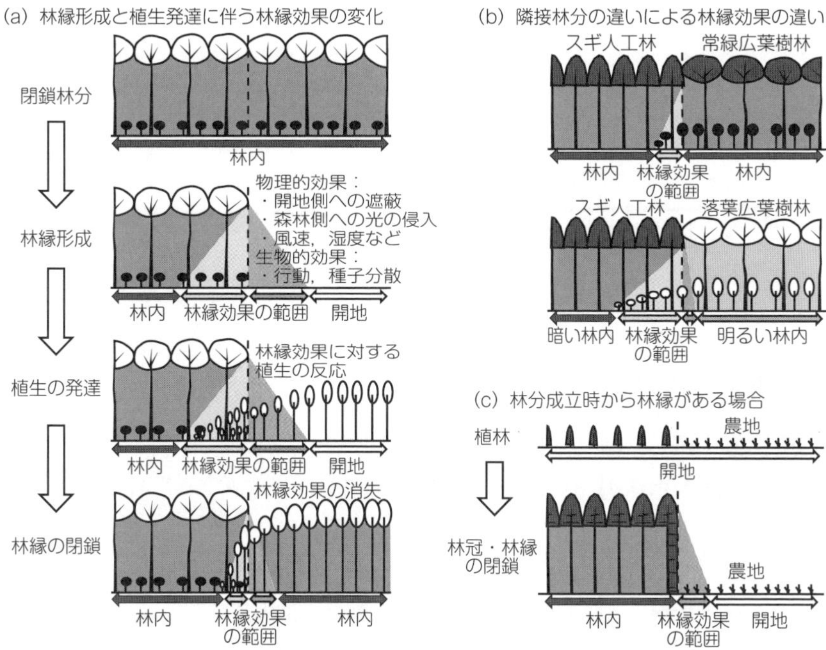

図 6.3　様々な林縁とその効果の模式

(a) 攪乱などによって林縁が形成されると林縁効果が発現するが，攪乱後の林分の発達とともにその効果は徐々に消失する．(b) 隣接する林分とのコントラストによって，林縁効果の強さや効果の及ぶ範囲が異なる．(c) 林分成立時から開地に隣接し続ける場合は，森林側への林縁効果のほとんどない閉じた林縁が形成される．

林縁植生の形成にも影響する（酒井ほか，2013）．一方，ヒヨドリなど生息環境をあまり選ばない“ジェネラリスト”の行動には，林縁はさほど影響しない（平田・伊藤，2013）．

林縁が動物の生息環境を変質させる例として，土壌動物や鳥類の減少が挙げられる．林縁では風速，湿度，気温の変化に伴い土壌中の物理環境も変化しやすい．これによって土壌動物の生息に不適な環境となり生息数が減少する（Margules *et al.*, 1994）．また，鳥類の捕食者や寄生者が林縁で増加することにより鳥類の繁殖成功率が悪化して生息数が減少する（Paton, 1994）．もちろん，動物群集に正の影響を与えることもある．例えば林縁で食草が繁茂することで植食性昆虫の数が増え，それらを捕食するオサムシ類の種多様性が増加する（Magura, 2002）．

一方，林縁が形成されても，その効果が表れないこともある．例えば，林縁効果により林縁を好む昆虫の食草が増加すれば，昆虫種多様性が高まる可能性があるが，増加した植物はシカの餌ともなり得る．このため，林縁でシカによる採食圧が高まると，林縁形成による昆虫種多様性保全の効果は打ち消されてしまう．また，上述したヒヨドリの例のように，ジェネラリストに対しても林縁効果は働きにくい．したがって，林縁効果による種多様性保全を期待して人為的に林縁形成を行う場合は，生物間の相互作用により効果が打ち消される可能性や，そもそも対象生物の特徴によっては表れにくいことにも留意する必要がある．

6.3 人工林問題と景観生態学

6.3.1 日本の人工林問題に対するアプローチ

日本の人工林率は41.1% である．この数値は世界合計値の7.3% に対して非常に高い．日本の人工林の拡大は，第二次世界大戦後の造林政策によるものである．荒廃地の造林に加え，1950 年代後半から木材生産の増強を目的として天然生林を人工林へと転換する拡大造林政策が推進された．拡大造林政策は，里山の薪炭林（6.4 節）だけでなく奥地の老齢天然林までも対象としたことから，人工林は日本全土に拡大した（谷本，2006）．日本の人工林は主に針葉樹の同齢単層林であるため，地域の生物多様性が著しく低下するなど様々な問題が指摘されている（6.1 節）．木材供給サービスに特化して拡大した**人工林**をどう管理するかが，**持続的森林管理**（様々な生態系サービスを高い水準でバランスよく長期的に維持できる森林管理）を達成するうえで大きな課題となっている．

森林の生態系サービスのバランスを回復させる方法は，人工林をより複雑な構造に誘導することによって，個々の“林分”レベルで複数の生態系サービスを同時に発揮させる土地の「**共用**（land sharing)」と，人工林の配置を変更することによって景観レベルで様々な生態系サービスを回復させる土地の「**節約**（land sparing)」に大別できる（Fischer *et al.*, 2014）（図 6.4）．景観生態学の主題の一つは景観構造が生態系サービスに及ぼす影響を明らかにすることであり，その知見は土地の「節約」において有用である．以下，持続的森林管理を景観レベルで達成するためのゾーニング（zoning）の問題（どこに人工林を配置し，どこを節約するか）を景観生態学的なアプローチで解決するための考え方を解説する．

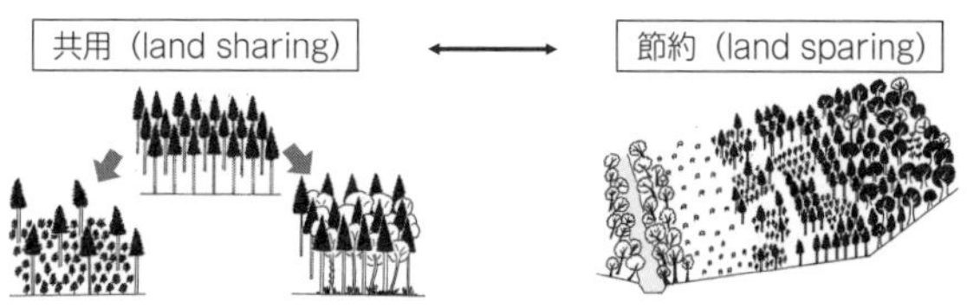

図 6.4 森林管理における土地の共用と節約の模式
共用：林分管理によって一つの林分で複数の機能を発揮させる．節約：生産林地を節約して他の機能を発揮させる森林に充てる（伊藤，2020）．

6.3.2 生態学的立地区分（ESC）に基づくゾーニング

持続的森林管理に向けた人工林配置をデザインするためには，自然立地条件と生態系サービスとの関係を把握する必要がある．立地条件によって生態系サービスのポテンシャル（例えば，成長の良さや災害の発生確率など）が規定され，その場所に実際に成立している森林の構造によってそのポテンシャルがどのように発揮されるかが変わる．**生態学的立地区分**（Ecological Site Classification: ESC）は，生態系サービスのポテンシャルに関わる立地条件を生態学的に評価する手法である（伊藤・光田，2007）．気候・地質条件が同等な範囲では地形に沿った水の流れが植物の成長や土砂災害のリスクを大きく規定することから，このような森林景観を対象とするESCでは地形が重要な条件となる．

景観生態学の観点から人工林の**ゾーニング**を考えれば，木材生産のポテンシャルが高い場所に人工林を配置し，その他の生態系サービス（山地災害防止，生物多様性保全など）が重要な場所には自然林・半自然林を配置するのが妥当であろう（図 6.5）．ただし，実際には森林所有者や地域住民といった多様なステークホルダーが存在する場合が多く，科学的根拠に基づいた調整が必要になる．その際，様々な生態系サービスのポテンシャルを地図化し，これに基づいて様々なシナリオによるゾーニング案を提示することが，ステークホルダー間の合意形成を支援するうえで有効である．

6.3.3 拡大した人工林の GAP 分析

GAP 分析は土地管理における理想と現状との隔たりを可視化する技術である（吉田・田中，1998）．例えば，現在設定されている保護区が，真に保護すべき場所とずれていないかを検証する手段として用いられる（3.3 節）．人工林率が高

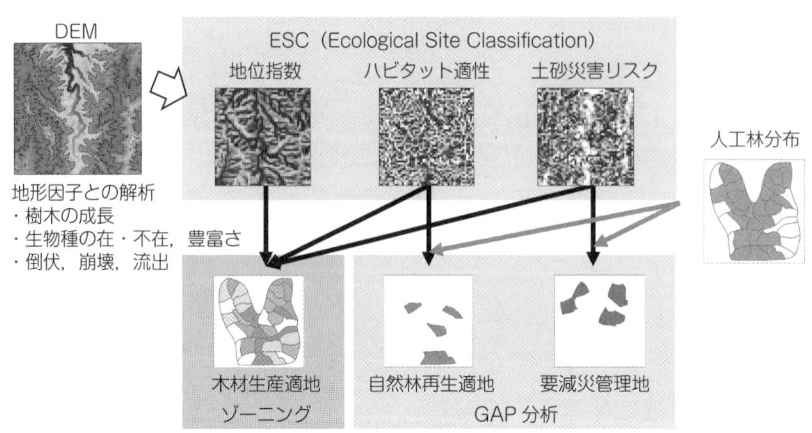

図 6.5　人工林景観の管理における ESC と GAP 分析の活用例

地形などの立地環境情報と樹木の成長や貴重な生物の分布，災害発生状況などの関係を GIS 上で解析することにより，景観内の土地の生態学的なポテンシャルを評価でき（ESC），森林管理のゾーニングに活用できる．また，現実の人工林分布と比較することで，効果的な自然再生の適地や，減災のために管理すべき人工林などを抽出できる（GAP 分析）．口絵 7 参照．

い森林景観では，重要なハビタットに人工林があることによって，本来期待される生物多様性や生態系サービスを著しく低下させ，景観レベルでのサービスのバランスを崩している可能性がある．自然植生があるべき場所に人工林が存在するという，理想と現実との隔たりを明らかにするのが GAP 分析である（図 6.5）．

例えば，地域の生物多様性にとって重要なある植物種が，限定的な**ニッチ**をもっている（限られた条件の土地にしか生育できない）とする．この植物種を保全するためには，この植物種のニッチを潰している人工林を抽出する必要がある．そのためにはこの植物種のニッチを地図化しなければならない．このような場合，景観生態学では対象とする生物の豊富さや在・不在データを目的変数とする統計モデルを利用して，GIS 上でハビタット適性を地図化する手法がよく用いられる（3.3.3 項）．これは ESC の一つの応用である．モデルの開発には，GIS 上での環境解析による様々な指標値が説明変数として使用される．このようにして得られたハビタット適性地図と実際の土地利用分布図を比較することで，自然植生へ戻す優先度の高い人工林を抽出することができる．実際に人工林から自然林を復元する際のポイントについては，Yamagawa *et al.*（2010）を参照されたい．

6.3.4 Eco-DRRとしての人工林管理

近年，日本では豪雨による土砂災害が多発しており，災害発生要因または災害規模拡大要因として人工林が問題視される．人工林は木材収穫のための伐採を前提としており，一時的に森林の機能が失われる．また，適切に管理されていない人工林では根系の発達が十分ではなく，倒伏や崩壊の発生確率が高くなり，下流での流木災害につながりやすい（中村・菊沢，2018）．Eco-DRR（Ecosystem-based Disaster Risk Reduction）（15.2.2項）としての人工林管理を景観生態学的に考えると，災害の発生リスクが高く，その規模を拡大させるような人工林を抽出して減災に役立てることが一つのテーマとなる．

減災のために管理すべき人工林を抽出するには，(1) 倒伏・崩壊のリスク，(2) 河川へ林木が流出するリスク，および (3) 人的・物的被害のリスクを評価する必要があり，これにはESCとGAP分析が有効である．(1) と (2) については，河川と地形の空間データから，災害時に倒木が発生し大きな河川へ流木となって流出する可能性を評価して潜在的な危険性を明らかにする（土砂災害のESC）．(3) については，河川沿いの民家，交通インフラ，農地などの分布情報から，流れ出た流木によって生じる可能性がある被害規模を評価する．これらを用いて，流木による被害発生の可能性が高く，かつ被害規模を大きくする場所を抽出する．これと現状の人工林分布を重ね合わせることで，減災の観点から望ましくない人工林（要減災管理地）の分布が明らかになる（減災のGAP分析）．

6.4 里山の萌芽林

6.4.1 萌芽林の成り立ち

萌芽林（ぼうがりん）（coppice）とは人間が伐採した後に萌芽（coppice shoot）によって再生した森林のことであり，里山の景観（第7章）を形作る多様な生態系の一つである（伊藤，2014）．多くの樹木（とくに広葉樹）は，台風や伐採などによって攪乱を受けた後に，残った幹や枝から新しい幹や枝を発生させる能力を有しており，これらを総称して**萌芽**と呼ぶ（日本森林学会，2021）．人間はこの能力を活用して古くから萌芽林を循環利用してきた．萌芽林は主に薪や炭などを得るために利用されてきたが，堆肥を作るための落葉や農業資材，家畜の飼料など，農業生産と関連した樹木資源の供給も萌芽林の重要な役割であった（7.4節）．さら

(a)

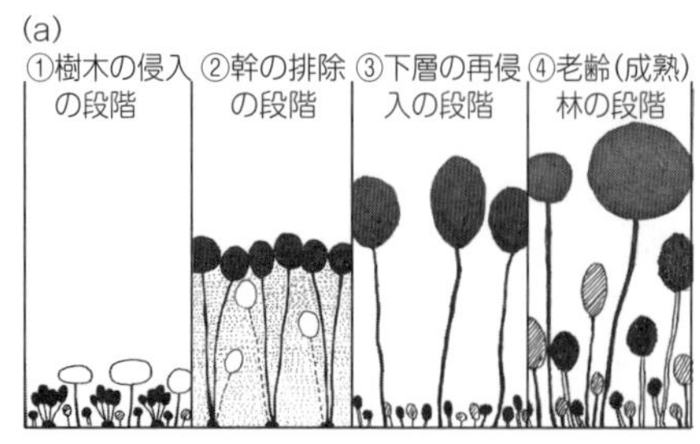

(b)

図6.6　(a) 萌芽林の発達過程の模式と (b) 多様性の低下した「幹の排除の段階」の萌芽林

(a) 種多様性は②幹の排除の段階で一度低下し，③下層の再侵入の段階を経て回復する (Oliver, 1981 を参考に描く)．(b)「幹の排除の段階」では，高さの揃った萌芽幹が森林の上層に葉を密生させ，林内の光環境が著しく劣化する．

に，林内に生育する薬草なども利用されており，それぞれの植物の資源としての適性や利用方法に関する経験知は，「森林の伝統的知識」として地域の人々に引き継がれてきた (6.5 節)．このような萌芽林とその資源利用形態は，日本だけでなく世界中に広く存在する (Buckley, 2020)．

伝統的な萌芽林の循環利用は，小面積の伐採を 15〜20 年程度の間隔で繰り返し行うことで，森林景観内に明るいハビタット (開地環境) を作り続ける役割を果たしてきた (口絵 8)．これによって，撹乱に依存した生物で構成される貴重な“二次的自然”が形成され，維持されてきたのである．

6.4.2　萌芽林の危機

現在の萌芽林は 2 つの理由で危機に面している．一つは，木材生産のために里山の生態系がスギやヒノキなどの人工林に置き換えられ減少したことである (6.3 節)．これは生態系の開発や**過剰利用**が原因となる生物多様性の「第 1 の危機」の典型である (伊藤，2020)．もう一つは，萌芽林の**過少利用** (伐採の放棄) や管理放棄である．燃料革命 (日本では 1960 年代) 以降，機械化や化学肥料の普及など農業の近代化の影響も受けて，萌芽林の資源利用が先進諸国を中心に急速に減少してきている．この過少利用が萌芽林の生物多様性の危機を招いており，生物多様性の「第 2 の危機」の典型と位置づけられている (伊藤，2014)．

一般に萌芽林の伐採直後の「樹木の侵入の段階」(Oliver, 1981) では，明るい環境の中で萌芽の発生や種子の発芽によって多様な植物が群落を形成する (図

6.6a)．しかし，伐採後20年ほど経つと，林冠（森林の上層）に葉が密生し林内が暗くなって「幹の排除の段階」に入り，植物種多様性が非常に低くなる（図6.6b)．その後，上層に空間ができて「下層の再侵入の段階」に入ると植物種多様性が回復し始めるが，それには最低でも伐採後50〜60年かかる．つまり萌芽林の過少利用は，多様性の低い「幹の排除の段階」の萌芽林を増加させてしまう．

6.4.3 景観構造と萌芽林のこれから

低下してしまった萌芽林の生物多様性を再び回復させるには，大きく2つの方法がある．一つは循環利用されていた頃のように萌芽林を再び伐り戻して，開地環境を作り続けることであり，もう一つは下層の再侵入を促進することでより発達した「老齢段階」に移行させることである（Buckley, 2020)．

前者（伐り戻し）は攪乱に依存した二次的自然の再生につながるが，伐採にはコストがかかる．これを広範囲の萌芽林に適用するには，以前のように萌芽林の樹木資源が経済的に利用される社会システムの再構築が必要である．また，老齢化した樹木では萌芽能力が低下することも知られており，長期間放置された萌芽林では単に伐採するだけで以前のような循環利用が復活できるとは限らない．

後者（下層の再侵入の促進）は，萌芽林を伐り戻さずに遷移の進行を促進し（または見守り)，発達した自然林を復元する方向である．萌芽林の過少利用によって二次的自然は確かに衰退したが，それ以前に原生的な自然林の多くが失われており，その復元も重要である．したがって，すでに「下層の再侵入の段階」に入った萌芽林では，伐り戻して開地環境を作るだけでなく，老齢林に導いて森林生の生物の多様性を回復させることも重要な選択肢となる．

これらの生物多様性復元手法の選択には，対象となる萌芽林の発達段階や復元したい生物種の特徴（草原生か森林生か）だけでなく，その萌芽林が置かれた景観構造も考慮する必要がある．例えば，「幹の排除の段階」にある広大な萌芽林の一部（図6.7a）を伐採して開地環境を作ることは，二次的自然の復元に有効であるが，その萌芽林が暗いスギ人工林に囲まれて存在している場合は（図6.7b)，周囲の人工林の生物多様性の創出や自然林化のための種子源として機能する可能性が高い．また，農地などの開地環境に島のように存在する小面積の萌芽林の場合（図6.7c)，そこを敢えて伐り戻す必要もないであろう．その景観に残るわずかな森林パッチとして，森林生の生物の貴重なハビタットになっている

(a) 暗い萌芽林の一部

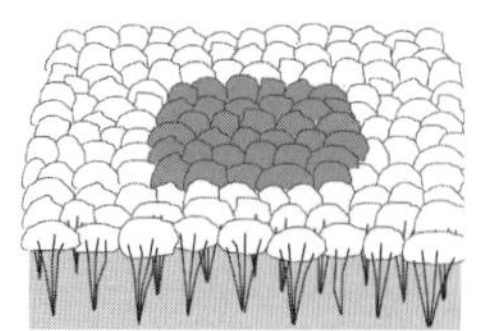

(b) 人工林に囲まれた萌芽林

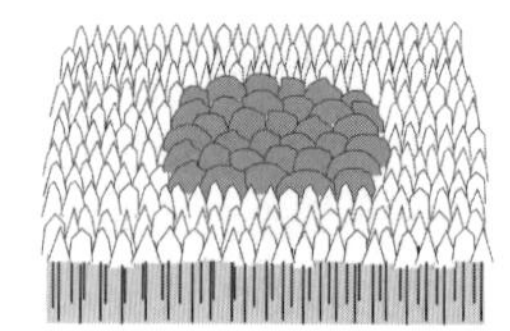

(c) 田畑に囲まれた萌芽林

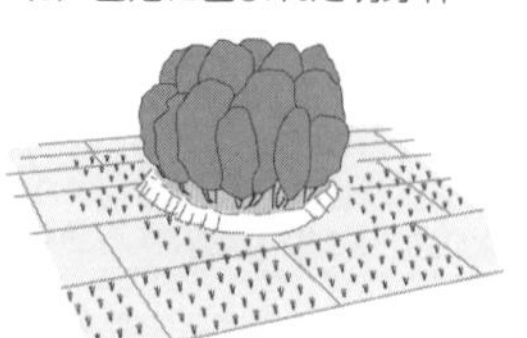

図6.7　様々な景観構造の中に位置づけられる萌芽林

かもしれない．このように，生物多様性が劣化した萌芽林の管理方法を決めるうえでは，二次的自然の回復という一面的な見方でなく，萌芽林を取り巻く景観構造の中で複数の管理目的を想定して，適切なゴールとそこへ誘導する手法を考える必要がある．

6.5　森林に関する伝統的知識

6.5.1　伝統的知識とは

森林に関する**伝統的知識**（Traditional Forest-related Knowledge: TFK）は，人々が長い森林との関わりの中で，世代から世代へと伝えてきた日常生活に役立つ地域特有の知識や知恵，技術であり，森林の利用に関する知識と森林管理手法に関する知識に分類される（(財）地球・人間環境フォーラム，2004)．1993年に発効した生物多様性条約では，伝統的知識を「生物の多様性の保全および持続可能な利用に関連する伝統的な**生活様式**を有する先住民の社会および地域社会の知識，改良および慣行」とし，その広い適用と利益の衡平な配分を奨励している．伝統的知識は生物多様性の保全および持続可能な利用の双方に寄与すると国際的な枠組みで認知されたのである．

1996年の「森林に関する政府間パネル」の第3回会合では，森林に関する伝統的知識の具体的な要素として（1）土壌，樹木，動物，河川，狩猟場，休閑地，聖域など，ある特定の森林生態系の構成要素に関する情報，(2) これらの使用規則，(3) 異なる利用者間の関係，(4) 地元住民の生計，健康などの要求を満たすために森林を利用する技術，(5) 意思決定において，長期的見通しの中で，当該情報，規則，関係および技術を意味づける世界観，の5つを挙げている．

長い経験の過程で社会が蓄積してきた伝統的知識は，(1) **コミュニティ**内の共同創作・開発，(2) コミュニティ内での共有，(3) 数世代もの長期にわたる伝承，(4) 文字ではなく口承，(5) 伝承過程での創作・発見の蓄積や散逸による知識の変容，(6) コミュニティが存する土地の自然との調和，(7) コミュニティの包括的な文化と密接に結びついた利用，といった特徴をもつ（青柳，2006）．

6.5.2　日本の森林に関する事例

(1) 宮崎県椎葉村：山菜や薬草の利用技術（内海ほか，2007）

山間地での生活に不可欠な物資として林内に生育する多様な山菜や薬草が利用されてきた．その利用過程では，植物からデンプンを得て保存食にしたり，葉をあぶって皮膚に貼る外傷薬にし，根茎を鎮咳，鎮痛，去痰薬にしたりするなど，独特の技術が培われてきた．

(2) 長野県飯山市：用途に応じた樹種選択（仲摩ほか，2014）

民家の垂直材にスギ，水平材にブナを共通して多用する一方，周辺の里山の樹種構成に対応した特有の木材利用も存在する．また，自然条件など地域ごとに異なる森林の特徴に対応した樹木の利用や民家の構造があり，巨木に生長するトチノキを長大な桁材に使うなど，樹木ごとの性質を活かした利用も見られる．

(3) 京都府丹後半島：土地利用を含めた伝統的管理（深町，2005；口絵9）

集落周辺を中心に耕作地があり，耕作地に隣接する林野は私有，共有，半共有地に区分され（図6.8a），1970年代頃まで所有形態や立地に応じた多様な土地利用があった．炭焼きのため60年以上の伐採周期で小面積に伐採されてきた里山ブナ林や，薪に使うため雪の上から繰り返し伐採され「あがりこ状」になったブナなどが分布する．用材利用のためブナの大径木が選択的に残され管理されてきたブナ林の林床からは，雪の上で履くカンジキの材料となる良質のクロモジが採取された．こうした森林の伐採方法や林床管理の工夫に加え，急斜面に防雪林を配置し，雪崩れなどの自然災害を防ぐ工夫もあった．丹後半島の民家にはブナ，クリ，ケヤキ，アカマツなど周辺の森林の樹木が使われ，屋根材としてチマキザサを用いた．長くてまっすぐなチマキザサが密生する森林では，住民が協力してササ刈りを行っていた（図6.8b）．

このように，地域の自然環境と社会が密接に関わる中で伝統的知識が蓄積され，持続的かつ合理的な土地利用，管理形態を支えてきた．その過程で地域特有の文化，生態系が形成されてきた．森林との関わりが希薄になっている今日，伝統的

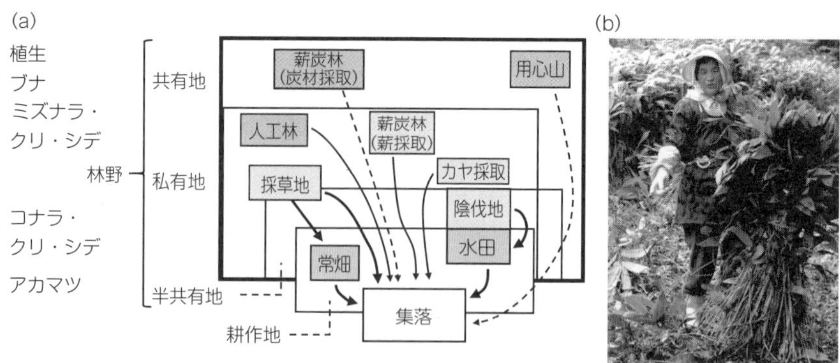

図6.8　20世紀初頭の丹後半島上世屋周辺における土地所有・利用と資源利用の模式

(a)　土地利用の分布，資源利用の種類と頻度．採草地や陰伐地は肥料・飼料・敷料としてほぼ毎年利用される（太線矢印）．薪やカヤ（ササ：屋根材）は数年に一度採取されるが（細線矢印），炭材採取は50〜60年周期，用心山は緊急時のみ利用される（破線矢印）(深町，2005より抜粋して描く)．(b)　ササ刈りの様子．

知識を世代から世代へと伝えるのは困難になっている．伝統的知識をこれからに活かすための知恵と工夫が求められている．

引用文献

青柳由香（2006）伝統的知識等に関する国際機構・地域のアプローチの研究—法的保護の視点—．慶應法学，**6**, 89-128

Buckley, P. (2020) Coppice restoration and conservation: a European perspective. *Journal of Forest Research*, **25**, 125-133

Fischer, J., Abson, D. J. *et al.* (2014) Land sparing versus land sharing: moving forward. *Conservation Letters*, **7** (**3**), 149-157

Forman, R. T. T. (1995) *Land mosaics*. 652 pp., Cambridge University Press.

深町加津枝（2005）農林業による植生管理の知恵・技術と植物群落との関係．生態学からみた里やまの自然と保護（(財) 日本自然保護協会編）pp. 140-146，講談社

Harper, K. A., Macdonald, S. E. *et al.* (2005) Edge influence on forest structure and composition in fragmented landscapes. *Conservation biology*, **19**, 768-782

平田令子・伊藤哲（2013）森林景観のパッチ間における鳥類の移動様式．日本生態学会誌，**63**, 229-238

伊藤哲（2011）森林の成立と攪乱体制．森林生態学（日本生態学会 編）pp. 38-54，共立出版

伊藤哲（2014）林の再生能力を生かす．里山のこれまでとこれから（日本生態学会 編）pp. 32-41，文一総合出版

伊藤哲（2020）森林の保全生態．木本植物の生理生態（小池孝良 他編）pp. 1-5，共立出版

伊藤哲・光田靖（2007）機能区分と適正配置．主張する森林施業論（森林施業研究会 編），pp. 62-71,

日本林業調査会
柿澤宏昭・山浦悠一 他編（2018）保持林業，372 pp.，築地書館
菊池多賀夫（2001）地形植生誌，232 pp.，東京大学出版会
Magura, T. (2002) Carabids and forest edge: spatial pattern and edge effect. *Forest Ecology and Management*, **157**, 23–37
Margules, C. R., Milkovits, G. A. *et al.* (1994) Contrasting effects of habitat fragmentation on the scorpion *Cercophonius squama* and an amphipod. *Ecology*, **75**, 2033–2042
Murcia, C. (1995) Edge effects in fragmented forests: implications for conservation. *Trends in Ecology and Evolution*, **10**, 58–62
仲摩裕加・土本俊和 他（2014）豪雪地帯における伝統的民家の樹種選択と里山の利用．日本建築学会北陸支部研究報告集，**57**, 573–576,
中村太士・菊沢喜八郎 編（2018）森林と災害，248 pp.，共立出版
日本森林学会 編（2021）森林学の百科事典，704 pp.，丸善出版
Oliver, C. D. (1981) Forest development in North America following major disturbances. *Forest Ecology and Management*, **3**, 153–168
Paton, P. W. (1994) The effect of edge on avian nest success: how strong is the evidence? *Conservation Biology*, **8**, 17–26
林野庁（2020）令和元年度森林林業白書，全国林業改良普及協会
Rosenberg, K. D., Noon, B. R. *et al.* (1997) Biological corridors: Form, function, and efficacy, *BioScience*, **47**, 677–687
酒井敦・山川博美 他（2013）森林景観において境界効果はどこまで及んでいるのか？　日本生態学会誌，**63**, 261–268
谷本丈夫（2006）明治期から平成までの造林技術の変遷とその時代背景：特に戦後の拡大造林技術の展開とその功罪．森林立地，**48** (1), 57–62
内海泰弘・安田悠子 他（2007）宮崎県椎葉村大河内集落における植物の伝統的名称およびその利用法 Ⅳ．草本植物，九州大学農学部演習林報告，**96**, 20–27
Yamagawa, H., Ito, S. *et al.* (2010) Restoration of semi-natural forest after clearcutting of conifer plantations in Japan. *Landscape and Ecological Engineering*, **6**, 109–117
山浦悠一（2007）広葉樹林の分断化が鳥類に及ぼす影響の緩和―人工林マトリックス管理の提案―．日本森林学会誌，89, 416–430
吉田剛司・田中利博（1998）ギャップ分析（Gap Analysis）：生態系管理のための GIS．森林科学，**24**, 52–55
（財）地球・人間環境フォーラム（2004）平成 15 年度森林生態系の保全管理に係る調査業務報告書，187 pp.

第7章 農村の景観生態

夏原由博（7. 1，7. 2）内藤和明（7. 3）井田秀行（7. 4）増井太樹（7. 5）

▌この章のねらい▌ 農村の景観は，作物を生産する農地（生産地）と，農業生産に直接は関わらないが水や家畜の餌，燃料，資材を供給する半自然地から構成される．農村景観は古くから人々の生活に密接に結びつき，人間活動の影響を強く受けてきた．本章では，農村景観の特徴とその利用を概観し，農村景観の主要な要素である水田，狭義の里山（二次林）そして半自然草原の生態学的な特性と資源利用の歴史的変化について解説する．

▌キーワード▌ モザイク景観，生態系サービス，ランドスケープアプローチ，湿地，水田，環境保全型農法，里山，資源利用，伝統的民家，半自然草原，草原管理

7. 1 農村景観の構造・機能とその変遷

7. 1. 1 農村景観の構造と機能

農村の景観は，基本的に作物を生産する農地（生産地）と農業生産に直接関わらない**半自然地**（semi-natural habitat，二次的自然）から構成されるが，生産地と半自然地の間には様々なタイプの**景観要素**があり，農村景観はそれらの複雑なモザイクとして捉えられる（Fahrig *et al.* 2011）（口絵 10）．「農村」は意味する範囲が広く，ひたすら田んぼが広がるような景観（図 1.2）も含む．その中で「**里山**」はとくに，異なる生態系が有機的に連結した**モザイク景観**を指す．二次林は，里山景観のモザイクを構成するパーツ（生態系）の一つである（図 1.3，1.1 節）．例えば，日本の典型的な里山景観は，水田（7.3 節），二次林（7.4 節），半自然草原（7.5 節），ため池（8.4 節），水路，畑など多種の環境から構成される（図 7. 1）．このような環境の**モザイク**は生物種の多様性に正と負両方の影響を与える．正の効果は，隣接する要素間の境界での新しい生息・生育地の形成と，モザイク自体の効果（生息・生育地の種類数など）であり，モザイクの悪影響は個体数の減少や生息・生育地の断片化である（6.1.2 項）．

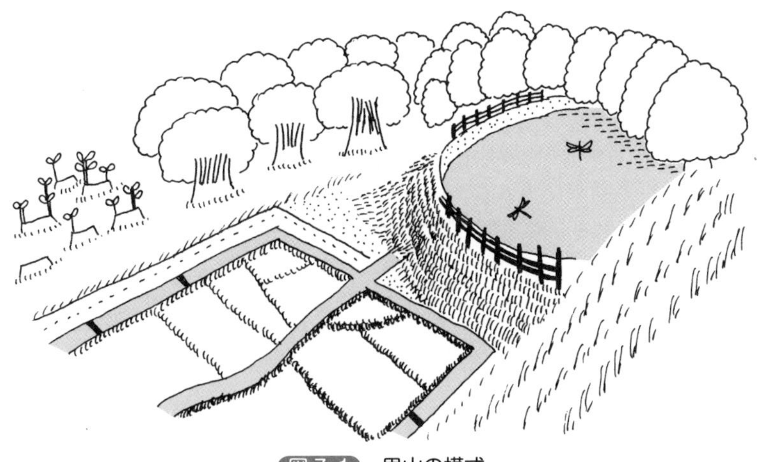

図7.1　里山の模式
水田，二次林，半自然草原，ため池，水路，耕作地など多種の環境から構成される．環境のモザイクは，その隣接関係や連続性，過去の履歴などを通して，生物種の多様性と生態系サービスに様々な影響を与える．

アジアに広く見られる水田は非常に動的なシステムであり，その物理的構造は定期的な氾濫や排水によって劇的に変化するため，水田インフラストラクチャ(溝や堤防など）から景観構成（周辺の森林被覆の配置など）まで，複数の空間スケールでの周囲環境が重要な役割を果たす．

7.1.2　農村景観の生物多様性

農業生態系の生物多様性は欧米で多く研究されているが，東アジアの農業生態系は欧米のそれとは大きく異なる．その構成要素として水田を含む里山は半自然とされる．しかし，里山に農地が含まれるのに対して，ヨーロッパの半自然には農地そのものは含まず（Duflot *et al.*, 2015)，農地周辺の半自然草原や二次林が生物多様性にとって重要だとされる．この違いは，欧米の農地が畑や牧草地であるのに対して，日本の農地の主要部分が水田であることに由来する（7.3節)．日本の里山は，農作物を生産する水田と畑を核として，**刈敷**（かりしき）（田畑に敷きこむ草木）や燃料，資材の供給源としての二次林，家畜の飼料や屋根資材を供給する草地，水の供給源としてのため池や水路が一体となった景観である．

半自然地とのモザイクによって農地の生物多様性が高まることは広く知られている（Bennet *et al.*, 2006)．例えば，農地に生息する種数は，分類群にかかわらず半自然の生息・生育地パッチへの近接に最も強く影響を受ける．逆に，様々なスケールでの**不均質性**が失われると，生物多様性消失の原因となる．

有機農業はしばしば種の豊富さに正の効果をもたらすが，その効果は生物群や景観によって異なる（7.3節）．半自然地の多い複雑な景観では，有機栽培による生物多様性促進効果は小さく，圃場整備の進んだ農業景観では有機栽培の効果が大きい．また，作物の種類や生物群によっても影響が異なる．景観の効果は，景観の多様性や自然的ハビタットの多さだけではなく，有機農地の割合にも影響を受ける．農法と景観の影響を比較すると，全体として景観の影響がより大きいという報告が多い（Scmidt *et al.*, 2005）．

7.1.3 農村景観の変化

農地の拡大と**圃場整備**は半自然地を減少させ，農村景観のモザイクを失わせた．水田は圃場整備が進む一方で，食料輸入量の増加や食生活の変化によって耕作放棄地が増加した（7.3節）．耕作水田面積は1969年の340万haから2018年の240万haに減少し，**耕作放棄農地**は平成27年には42.3万haに達している．里山林は戦後の木材需要の高まりによって，スギやヒノキの植林に変えられ，他方で燃料革命や建築様式の変化によって二次林や草地が利用されなくなった（7.4節，7.5節）．その結果，**植生遷移**によって伝統的な里山景観が変化し，里山景観を生息地としてきた生物が絶滅危惧種におちいった．環境省は2017年に**種の保存法**を改正し，里地里山などの半自然地に生息する希少種を対象にした，新たな種指定の制度として「特定第二種**国内希少野生動植物種制度**」を設けている．

農村景観において，農業と生物多様性のどちらか一つしか維持できないのではない．賢く農業を維持することが生物多様性にとって必要であり，同時に生物多様性が持続的な農業にとって必要である．

7.1.4 農村のランドスケープアプローチ

ランドスケープアプローチとは，農業などの生産的な土地利用が環境および生物多様性の目標と競合する地域で，社会的，経済的，および環境的目標を達成するために土地を割り当て，管理するための考え方である（Sayer *et al.*, 2013）．Sayer *et al.*（2013）は，ランドスケープアプローチについて10項目の原則を示し，特に順応的管理，ステークホルダーの関与，および複数の目的設定の重要性を強調した．生態学的視点からは，(1) 断片だけでなくモザイク全体を管理することや目的に適したモデルの使用，(2) 自然には攪乱と回復という側面があるという認識をもつこと，(3) 複数のスケールについて**順応的管理**を行うこと，などが重要である．

7.2 農村における生態系サービス

7.2.1 生態系サービスをめぐる農業と社会の関係

自然生態系，農業生態系と社会は，それらの管理とサービスを通じて相互に関連しており，農業は周囲の生態系に大きな影響を与えると同時に，周囲の生態系・景観から**生態系サービス**を享受している（図7.2；1.2.1項）(Power, 2010)．**供給サービス**や**土壌涵養**などの他のサービスは，農業によって社会に提供される．送粉者などのサービスや害虫などのディサービス（害）は，自然の生態系から農業に提供されると同時に，農業生態系から自然生態系にも提供される．これらの生態系サービス／ディサービスは，農法や土地管理に応じて変化する．その変化は，景観の規模と構成，およびサービスのタイプによって異なる．したがって，持続的なサービスの発揮には農地を含む景観レベルの生態的過程の理解が重要である．

農地の拡大は，世界の脊椎動物にとって最大の脅威である．一方，農地の放棄や農業の激化は，各地で農地の鳥の減少を引き起こしている．特に発展途上国において，近年の農地の拡大が著しく，それが原生林や湿地を破壊することによって，二酸化炭素吸収や水の浄化など**調整サービス**や生物多様性を劣化させている．

伝統的な農林業と生物多様性は，密接な相互関係を保っていた．作物の生産は送粉や天敵などの調整サービスを享受し，多くの生物が農業生態系を生息・生育地として利用してきた．しかし，世界的な農業生産の増加のために，農地の拡大と化学肥料や殺虫剤の使用，灌漑施設や農業機械の投入が増加した．日本やヨーロッパでは，過去に圃場整備や農薬の使用によって生物多様性を損なってきた(7.3節)．今後の農地の生物多様性の保全と生態系サービスの発揮・享受には，資源の賢明な利用，農業と農業生態系の多様性，および将来の**気候変動**に耐性のある生態学的農業手法が必要である．

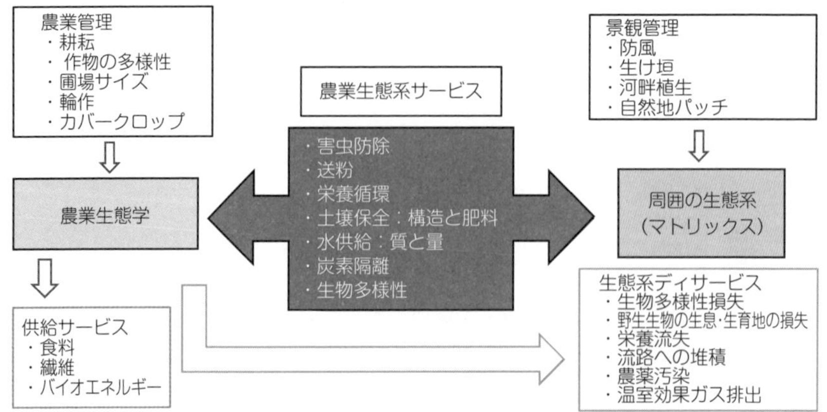

図7.2　農業生態系が提供する生態系サービス

農業生態系のサービスは双方向である．農業は周囲の生態系・マトリックスに影響を与えると同時に，周囲の生態系・景観から生態系サービスを享受しているので，持続的なサービスの発揮には農地を含む景観レベルの生態的過程の理解が必須である．

7.2.2　自然生態系から農業への生態系サービス

世界の作物種のうち，75% は鳥や昆虫による**送粉**に依存している（Klein *et al.*, 2007）．小沼・大久保（2015）は，日本の農業に対する**送粉**サービス全体の推計を試みたところ，2013 年時点の日本における送粉サービスの総額は約 4,700 億円であり，そのうち約 1,000 億円がセイヨウミツバチ，53 億円がマルハナバチそして 3,300 億円が野生送粉者によって提供されていた．**天敵**の価値は米国では年間 136 億ドルに達する（Losey & Vaughan, 2006）．昆虫による雑草防除も重要である．

農村景観の中で，送粉者，天敵，種子捕食者は通常，自然または半自然地から農地に移動する．自然の天敵サービスと送粉サービスはどちらも農業景観全体の生物の移動に大きく依存するため，景観の空間構造は農業生態系に対するこれらのサービスに強く影響する．例えば，景観が天敵の豊富さと多様性に影響を与え（Margosian *et al.*, 2009），景観の複雑さが天敵の個体数を増加させ，害虫の圧力がより複雑な景観で減少したという報告もある（Bianchi *et al.*, 2006）．

7.2.3　農業生態系による周囲へのサービス

農業が多機能であることはよく知られており，その機能には，食料安全保障，農村コミュニティの存続可能性の維持と確保，および土地保全，再生可能な天然資源の持続可能な管理，生物多様性の保全，美的景観などの環境保護が含まれる．日本学術会議（2001）は，日本の農業の環境機能を（1）物質の流れの制御および（2）半自然地と景観の形成，として要約した．前者には，洪水調節，地下水涵養，地滑り防止，砂防，浄水，気候緩和が含まれる．これらのサービスの経済的価値は5兆8,258億円と見積もられている．

農地を広範に放棄すると，景観の劣化，侵食や火災のリスクの増大などの問題が発生する．一部の地域では，農業近代化と耕作放棄が同時に起きており，その両方が農業生態系による生態系サービスの提供に影響を与える可能性がある．

7.2.4 農村と生物多様性保全

農村景観は農村の社会・経済活動により独特なモザイク景観となっており，そのモザイク景観が生物多様性を生み出している．農村に残存する森林タイプは地形や農業の違いに関連し，時代と共に移り変わってきた．

例えば，現在も農村景観の一部を構成する斜面の樹林や屋敷林は，種子の供給を通して植物種群の維持に貢献し，生態系の維持機能を高めている．また，過去の土地利用も現存する植物種群の在・不在に影響を与える．さらに，適切な**二次林管理**のためには，**種子供給源**の分布調査をしたうえで管理適地を選定するなどの植生管理計画が重要である．農地と半自然地との連続性は，谷津田に生息するサシバや両生類，半自然草原を利用するカヤネズミ，また水路や水田で産卵する魚類にとっても重要である．

世界農業遺産に選定された静岡県の茶園には，茶草場と呼ばれる半自然草原が隣接する．茶草場の草は毎年刈られて，乾燥させてから茶の畝に敷く茶草場農法に利用される．こうして維持された草地には秋の七草をはじめ，ササユリ，リンドウ，ホトトギス，ワレモコウなど里草地の植物が見られる．同様の関係は，佐渡における「朱鷺と暮らす郷づくり認証米」，豊岡の「コウノトリ育むお米」，滋賀県の「ゆりかご水田」の取り組みなどにも見ることができる．このように，生物多様性保全には，農法，生態系サービスとの関係が目に見えることが重要である．

7.3 水田を中心とする農地景観と生物多様性

7.3.1 代替環境としての水田

日本の**水田**や水路には5,668種もの生物が生息・生育する（桐谷，2010）．私たちはフナやメダカ，カエル，ホタルのような小動物を田園の生物として認識し，それらが生息する空間を日本の原風景の一つとしてきた．農事暦に応じた周期的で適度な強さの攪乱の下で数百年以上稲作を継続してきた結果，人が作り出した環境である水田は原生的な自然を代替し生物多様性の保全に欠かせない存在である．

(1) 湿地の代替としての水田

河川の氾濫源のような低地に広がる水田は，その立地特性ゆえに湿地の代替として機能し得る．止水域で産卵するフナ類やナマズなど，あるいは生活史の多くの段階で止水域に依存するドジョウやメダカなどにとって，水田は重要な再生産の場である（端，1998）．ただし，再生産の場としての機能が発揮されるためには，生活史の段階によって水系を遡上，降下する生物が移動可能なように，河川・水路・水田の間の**連続性**が確保されなくてはならない．かつては用水路と排水路が兼用で田面と水路との段差がなく生物が自由に行き来できたが，**圃場整備**に伴い用水路と排水路を分離し，田面と排水路との間に落差が生じたため，多くの水田で河川―水路―水田の連続性が失われた．1990年代後半以降，水田魚道を設置することで水系の連続性を回復し，水田生態系の魚類群集を回復する試みが実施されるようになった（田中，2006）．

圃場整備による影響はカエル類にも表れており，圃場の乾燥化や水路の改変による生息地の分断がその要因である．例えば，トウキョウダルマガエルの個体群密度は大区画圃場整備地で低下し，コンクリート水路脇の畦畔で特に著しい（大澤ほか，2005）．また，トウキョウダルマガエルやトノサマガエルはコンクリート壁面からの脱出能力が低く（田中ほか，2018），特に跳躍能力が低い亜成体は水路がコンクリート化されたときに移動の制約を受けやすい（渡邉・加藤，2014）．

(2) 草原の代替としての水田

水田と水田の間を区切る**畦畔**（けいはん）の存在は水田景観の特徴の一つである．傾斜地の水田（棚田；口絵22）では畦畔の面積割合が平地の水田よりも高いので，草原生植物の生育環境としての畦畔の役割が特に注目される．傾斜地の伝統的な水田景観では，隣接する里山林に採草地があったり，あるいは林縁の植生が刈り払われて明るい光環境が維持されるため，畦畔に林縁や採草地と共通する種も分布していた．現在では採草地のような土地利用が消失したために，草原生植物の生育地としての代替機能を畦畔が果たしていると考えられる．しかし近年は傾斜地の水田でも圃場整備が進行している．その結果，畦畔の環境条件の均質化（松村ほか，2014）や，表土の破壊に伴う一部の植物の消失（松村，2002）などにより，圃場整備後の畦畔では植物種数の減少や外来種の割合の増加が見られる（山口ほか，1998）．畦畔は刈り取りによる管理が1年に数回行われ植生が比較的安定しているが，水田の耕作が放棄されれば植生遷移が進行する．その場合，畦畔植生の多様性は放棄後いったん増加しても長期的には低下する．このように，水田畦畔の植生は，圃場整備で立地環境が変化したことに起因する多様性の低下と，耕作放棄に伴う植生遷移の進行による多様性の低下，という2つの異なる影響を受けている．

7.3.2 水田生物への景観構造の影響

水田生物の多様性や個体群密度に及ぼす要因は，周辺の景観構造を含めて考える必要がある（7.1節）．低い丘陵地の谷に沿って広がる**谷津田**とその周囲の丘陵を含む里山景観には特徴が異なる草地が存在する．中でも，丘陵底部の林縁に位置する裾刈り草地，および林縁と水田の間にある水路の壁面に成立する草地は植物の出現種数が多く，裾刈り草地では種組成の不均質度が高い（伊藤・加藤，2007）．つまり，谷津田や**棚田**は森林など他の土地利用に隣接し，境界線を伴い形状が入り組んだ景観モザイクを形成していることが，水田生物の生息・生育地として重要といえる．一方で，休耕や耕作放棄は耕作条件が不利な谷津田や棚田で起きやすい．耕作放棄が進行し水田景観が単純化すれば地域スケールでの生物多様性の低下が起こり得る．

動物も水田周辺の景観構造による影響を受ける．例えば，コバネイナゴやホシササキリなどの昆虫の個体数や在・不在は，種によって異なるが，半径300〜800 m程度の範囲における水田被覆や林縁長に影響されていた（吉尾ほか，2009）．また，アシナガグモ類やコオイムシ科，ガムシ科の個体群密度には森林率の正の影響が検出され，タイコウチ科，およびゲンゴロウ科，ガムシ科幼虫では開放水域率の負の影響が検出されている（内藤ほか，2020）．このように，景観要素や空間スケールの影響は分類群によって異なる．また，水田は耕作期の前半を中心に湛水される一時的水域であることが多いため，水生昆虫にとっては，落水時に避難場所や越冬場所となるため池や水田ビオトープ（休耕田ビオトープ）のような恒常的水域の有無，配置や面積が重要といえる（田和ほか，2016）．

7.3.3 環境保全型農法と水田生物

水田の生物多様性は農業の集約化に伴い低下してきたが，近年は，除草剤，殺虫剤や化学肥料を使用しない有機栽培や，減農薬栽培を含む特別栽培のような**環境保全型農法**が各地で行われている．除草剤を使用しない水田や冬期湛水を行う水田では，圃場内に出現する植物の種数が多い（内藤ほか，2020）．動物群集においては，無農薬栽培がアシナガグモ類，コオイムシ科，タイコウチ科，ゲンゴロウ科，ガムシ科などの多様な分類群の個体群密度を増加させるが，慣行農法と環境保全型農法が及ぼす影響は水管理方法の違いにより，分類群によって異なるとの報告もある（小路ほか，2015）．

環境保全型農法でしばしば取り入れられる**冬期湛水**実施水田では，イトミミズ類や水生昆虫のバイオマスが非湛水田よりも高い．そのため，これらを採食するタシギ類などの水鳥が採餌場所として利用し（前田・吉田，2009），マガンが休息場所として利用する（呉地，2007）といった鳥類保全への効果が認められている．一方，トンボ類に対する効果は冬期湛水のみでは限定的である（若杉ほか，2011）．

7.4 里山の資源管理と利用

7.4.1 里山の定義と実情

里山（satoyama, rural landscape）とは農山村の景観を表す慣習的な呼び名である．広義には，耕作地・二次林・採草地・ため池・水路・集落など，人が農耕を中心とした生活を営む中でつくりだしてきた景観要素とそれを取り巻く一帯（モザイク）を指す（図1.3）．狭義には，集落近くにある森林景観を指し，広義の里山と区別して**里山林**（satoyama forest）と呼ばれることもある．いずれにおいても里山は人の営為のもとで成立した半自然的な生態系であり，日常的な資源の利用がその景観を維持してきた．しかし現在は，里山といっても，農地の一部を除けば資源の利用はほぼ停止し，長年放置されている場合がほとんどである．その結果，里山の生態系に依存していた動植物が絶滅の危機にさらされたり，逆にシカやイノシシのような野生動物は増えて地域の生態系に影響を与えたりして，生物多様性保全上の様々な問題が生じている（生物多様性第2の危機）．このような里山景観の構造・機能とその歴史的変遷を生態学的に評価することは，人間活動が生態系に与える様々な影響の理解につながるとともに，自然資源を循環的に利用する社会の実現のための重要な手がかりとなる．

7.4.2 里山景観の成り立ちと変遷

少なくとも江戸時代から昭和中期（1970年頃）までの里山では，燃料となる薪炭（薪や木炭），建築・土木用材，肥料用の刈敷，秣（農用牛馬の飼料），茅（屋根葺き材のススキなど）といった資源が循環的に採取されていた（徳川林政史研究所，2012；養父，2009a）．このほかに石炭が普及する明治時代までは，製鉄・窯業・製塩に必要な燃料（薪炭）を里山に求めていた地域もあった（有岡，2004a, b）．こうした伝統的な**資源利用**のもとで成立した里山の景観は，アカマツ林をはじめ，コナラやクヌギなどブナ科樹木の萌芽林（6.4節）や薪炭林，そしてススキなどイネ科植物の採草地（7.5節）を主体に構成され，いずれも日常的な手入れによって維持されていた（養父，2009a, b）．

里山の手入れとは，植生の遷移すなわち森林の発達を人為的に抑制し，資源を循環利用するために行われていた**植生管理**のことである．例えば，アカマツ林では，幹・枝葉・根株・落ち葉のすべてが資源として利用できたため，それらが日常的に持ち出されたことで腐植の供給が減り土地が貧栄養化した（痩せた）が，そうした資源利用の徹底が結果的に痩せた土地を好むアカマツの更新を促すこととなった（有岡，2004b）．薪炭林では，区分けした小面積を15～30年周期で順繰りに伐採し萌芽再生させることで循環的な薪炭生産が行われていた．採草地では，火入れにより森林の成立を抑制することで秣や茅の育成が図られていた．また，18世紀後半以降は建築・土木用材生産を目的としたスギやヒノキの植林も各地でなされるようになった．これらの植生管理に加え，様々な土地所有形態の存在が里山の景観をかたちづくった（6.5節）．例えば，百姓持山などと呼ばれた私有地のほか，集落内ないし複数の集落で共同管理がなされた入会地，集落で分割された共有地を各戸が管理した割山など，細切れにされた所有権はそれぞれ面積も目的も様々であったため（有岡，2004b），こうした形態の違いが里山の植生景観にも反映された．

もっとも，時代が進むにつれて里山では資源枯渇の危機にたびたび直面していたと考えられる．全国的な人口の増加および都市への集中，そして度重なる戦争に伴う食料や燃料などの需要増大は，それらを生産する農山村において里山資源の過剰採取を招き，ときに禿山のような荒廃地を生み出した（有岡，2004b）．しかし，森林が成立しやすい日本の気候条件に加え，造林技術の進歩により植林が普及したり，資源の持ち出しや入山を禁止する留山などの規制強化が地域ごとになされたりしたことが奏功し，全国規模での植生荒廃や資源枯渇は免れた（タットマン，1998）．

こうして長く続いた伝統的な里山景観が劇的に変わったのは，第二次世界大戦が終わってからである．1950 年に勃発した朝鮮戦争の特需を契機に日本経済は高度成長を迎えたが，その礎となった**エネルギー革命**（原料・燃料が薪炭や石炭から石油に転換した産業界の変革）は里山の資源循環を急激に衰退させた．家庭用燃料は薪炭から灯油やプロパンガスに移行し，刈敷は化学肥料に替わることで里山の資源が使われなくなり植生の管理も途絶えたからである．経済成長が飛躍を遂げた 1970 年代までは，里山で放置されて大きく成長した広葉樹は一時的に製紙用パルプの原材料として農山村の収入源となり，その伐採跡地には，戦後復興などの木材需要で市場価格が高騰していたスギやヒノキが，国の**拡大造林政策**の後押しにより盛んに植林された（有岡，2004b）．しかし，木材貿易自由化政策が 1961 年に始まり外国産木材の輸入に依存するようになると，里山で残された広葉樹や植林された針葉樹の経済的価値は失われ，その放置はいっそう進むこととなった．同時に進行した農山村の過疎化や高齢化はさらに里山放置に拍車をかけ，このことは，今日におけるアカマツ林での松くい虫被害の流行，スギ人工林の高齢化による花粉症の蔓延，大径化した広葉樹林でのナラ枯れ被害の顕在化，耕作・採草放棄地の樹林化による生物多様性の劣化といった事象（生物多様性第 2 の危機）の大きな誘発要因となっている．

以上のような里山の歴史的変遷は代表的事例に基づく大まかな流れにすぎず，地域ごとに見れば様々な実態が浮かび上がるであろう．現在，里山景観を対象にした研究が各地で行われ，また，里山の保全活動や資源の再活用の動きも活発化してきているが，それらを行う前提として，対象とする里山の歴史的変遷を踏まえておくことは，取り組みの目的や意義を明確にするうえで重要となる．

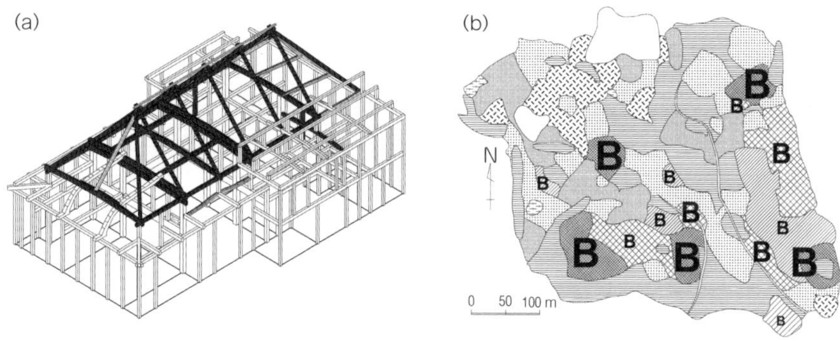

図 7.3 ブナが使用された長野県飯山市の古民家の骨組み（a）と，その古民家に近接する里山の 2005 年現在の植生図（b）

（a）黒塗り部分の部材にブナが使用されている．Ida（2017）より一部転載．（b）B を付した箇所はブナの小林分を指し，文字が大きいほど太いブナの林分であることを示す．井田ほか（2010）を一部改変．

7.4.3 里山の資源利用の例 ―古民家の使用木材

日本の農山村において江戸時代から昭和前期に建てられた伝統的な農家建築，いわゆる**古民家**は，里山の資源利用の伝統的知識を今に伝える重要な景観要素である（6.5 節）．例えば，雪国の古民家においては，雪に強く周りに豊富に存在するブナが建材として意図的に利用されていた．

日本有数の豪雪地である長野県飯山市に残る古民家の骨組みの木材には，主としてブナ，スギ，ナラ類（ミズナラないしコナラ）が使われ（Ida, 2017），それらは現在の里山の優占樹種とも一致していた（井田，2015）．特にブナは，積雪荷重を強く受けるような屋根を支える部位や横架材（梁や桁）に太く長い材が多用されていた（図 7.3a）．実際に古民家に使われていたブナはスギやナラ類よりも折れにくい（濱崎ほか，2016）．この特性は，積雪圧に対する靭性（じんせい）（粘り強さ）や直立性に優れ，豪雪地でも十分に大径に成長できるブナの性質に起因すると考えられる．また，古民家に近接するブナ二次林には，かつて木炭生産を行っていた炭焼き窯跡が複数あるほか，大径・中径・小径と発達段階の異なるブナ小林分がパッチ状に混在する様子が認められる（図 7.3b；口絵 11）．そのブナ二次林の分布域は明治時代の公図の中で「山林」に区分された箇所とほぼ一致しており，当時から森林が維持され，小面積での周期的な伐採と更新によってブナが持続的に利用されていたことが示唆される（井田ほか，2010）．住民への聞き取りでも，ブナやナラ類の木炭が1970年頃まで生産され，そのために順繰りに伐採したり，一斉更新したブナ幼木を適地に移植したりしていたという（Ida, 2017）.

里山のブナが古民家の横架材に用いられている例は京都府北部丹後地方においても認められている（6.5.2項）．一方で福島県只見町では，飯山市と同じく豪雪地でブナ林が優占するが，古民家の主要材はスギと集落近くの山地尾根上に生育するキタゴヨウであり，ブナは屋根部分への使用が一部に認められるのみであった（井田，2020）．これらが示すように，似た気候風土にあっても里山の資源利用形態には共通点もあれば相違点もあり，それぞれが地域ごとに当時の自然環境や社会的な状況に応じて多様に発達してきたと考えられる．そして，こうした地域土着の里山利用の実態は，まだ全国各地に多くが埋もれたままである．

7.5 半自然草原の成り立ちと管理

7.5.1 日本の半自然草原の成り立ち

日本は温暖湿潤な気候のため，草原を放置すれば遷移が進んで森林になる．そのため，人為的攪乱として，火入れ，採草，放牧などの管理を加え続けることで草原景観を維持している．例えば，熊本県阿蘇地域では毎年春の火入れや牛の放牧などを行うことで草原が維持されている（図7.4a）．このように人為的な攪乱によって遷移の進行を抑え維持されている草原は「**半自然草原**」と呼ばれる．半自然草原で得られる草資源は，かつては農耕や生活に欠かせないもので，緑肥として田畑に大量に漉(す)き込まれたほか，農耕で使役する牛馬の餌，さらには茅葺きとして屋根材に使用されるなど，生活の多くの場面で活用されていた．そのため，全国各地に草原景観が広がっており，その面積は20世紀初めには国土の11%を超えていたとされる（小椋，2006）.

7.5.2 草原面積の減少とその要因

高度成長期以降の化学肥料や耕運機の普及により，草資源を利用する必要性がなくなった結果，草原面積は国土の1%以下に減少した．例えば，鳥取県東部の草原では1950〜60年代にかけて半自然草原から植林地へと置き換わった（司馬・長澤，2009）．秋田県の寒風山では1970年代に草原管理が放棄され，その後に二次林が成立した（増井ほか，2017）．このような半自然草原の減少は日本だ

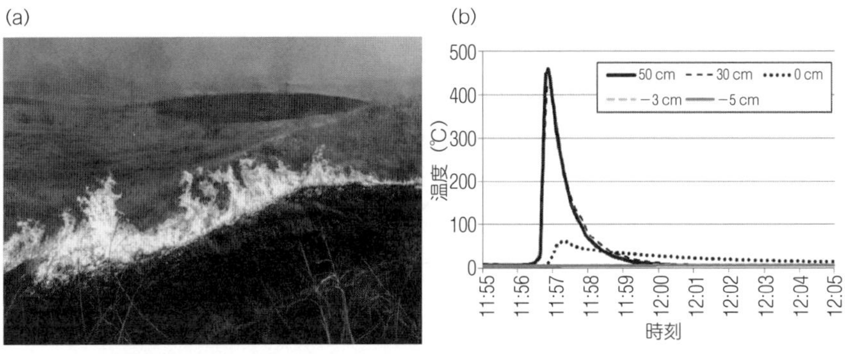

図 7.4　阿蘇地方で行われた火入れ（a）と，その時の温度の推移（b）
(a) 2016 年 3 月 13 日の火入れ時の様子．(b) 火入れ時には地上部は 500℃近くまで温度上昇するが，地上部も温度が高い時間は数分程度しか持続しないため，地下部まで高温が伝わらない．そのため，地下部の温度は上昇しない．口絵 12 参照．

けではなく同じ温帯地域に属するヨーロッパ地域でも同様に起きており，例えばイギリスのイングランドおよびウェールズ地方では，1934〜1984 年の 50 年間に 96% の半自然草原が消滅し，その原因は農業の集約化と植林であった（Hooftman & Bullock, 2012）．いずれの地域でも，伝統的管理の衰退によって半自然草原の面積が減少している点が共通している．このような管理放棄や農業形態の変化に伴う草原面積の減少によって，植物種の種多様性が低下した．現在残された半自然草原には森林や農地など他の生育環境に比べ比較的多くの絶滅危惧種が生育している（兼子ほか，2009）

7.5.3　半自然草原の管理

半自然草原の管理において，日本で最も広く用いられている手法が火入れである．**火入れ**は一度に広い面積を管理できるというメリットがある．熊本県の阿蘇地域では，約 12,000 ha が毎年の火入れにより管理されている．この火入れは一見，植物に対し壊滅的なダメージを与えそうな印象をもつが，火入れ時には地下部の温度はほとんど上昇しない（図 7.4b）．火入れは一般的には春に行われることが多く，草原に生育する植物の多くは地中もしくは地表部で休眠しているため，休眠している植物にはほとんど影響を与えない．一方，草刈りによる管理では開花結実期の草刈りが繁殖の妨げになることが知られており（Nakahama *et al.*, 2016），管理する草原における保全対象種や誘導したい植生に応じて草刈り時期を検討する必要がある．

引用文献

有岡利幸（2004a）里山 I, 262 pp.，法政大学出版局

有岡利幸（2004b）里山 II, 265 pp.，法政大学出版局

Bennett, A. F., Radford, J. Q. *et al.* (2006) Properties of land mosaics: implications for nature conservation in agricultural environments. *Biological Conservation*, **133**, 250–264

Bianchi, F. J. J. A., Booij, C. J. H. *et al.* (2006) Sustainable pest regulation in agricultural landscapes: a review on landscape composition, biodiversity and natural pest control. *Proceedings of the Royal Society B*, **273**, 1715–1727

Duflot, R., Aviron, S. *et al.* (2015) Reconsidering the role of 'semi-natural habitat' in agricultural landscape biodiversity: a case study. *Ecological Research*, **30**, 75–83

Fahrig, L., Baudry, J. *et al.* (2011) Functional landscape heterogeneity and animal biodiversity in agricultural landscapes. *Ecology Letters*, **14**, 101–112

濱崎賢・仲摩裕加 他（2016）豪雪地に建つ伝統的木造民家の古材の強度特性．日本建築学会技術報告集，**22**, 341–344

端憲二（1998）水田灌漑システムの魚類生息への影響と今後の展望．農業土木学会誌，**66**, 143–148

Hooftman, D. A. P. & Bullock, J. M. (2012) Mapping to inform conservation: A case study of changes in semi-natural habitats and their connectivity over 70 years. *Biological Conservation*, **145**, 30–38

井田秀行（2015）雪国の古民家にみる森と人の関わり：ブナの柱が物語ること．森林環境 2015 進行する気候変動と森林〜私たちはどう適応するか（松下和男・福山研二 編）pp. 59–69，公益財団法人 森林文化協会

Ida, H. (2017) Traditional ecological knowledge determined tree species choice in the construction of traditional folk houses in a snowy rural landscape in central Japan. *in* Landscape Ecology for Sustainable Society (eds. Hong, S. K. & Nakagoshi, N.), pp. 139–154, Springer

井田秀行（2020）只見の古民家は何の木でつくられているのか？—その建築様式と使用木材種（企画展解説シリーズ 14 只見ユネスコエコパーク関連事業 自然環境・社会文化基礎調査［古民家実態調査］成果報告），36 pp.，只見町ブナセンター

井田秀行・庄司貴弘 他（2010）豪雪地帯における伝統的民家と里山林の構成樹種にみられる対応関係．日本森林学会誌，**92**, 139–144

伊藤浩二・加藤和弘（2007）谷津田周辺に存在する各種半自然草地の植物種組成からみた相互関係．ランドスケープ研究，**70**, 449–452

兼子伸吾・太田陽子 他（2009）中国 5 県の RDB を用いた絶滅危惧植物における生育環境の重要性評価の試み．保全生態学研究，**14**, 119–123

桐谷圭治 編（2010）田んぼの生きもの全種リスト改訂版，427 pp.，生物多様性農業支援センター・農と自然の研究所

Klein, A. M., Vaissiere, B. E. *et al.* (2007) Importance of pollinators in changing landscapes for world crops. *Proceedings of the Royal Society B: biological sciences*, **274** (1608), 303–313

小路晋作・伊藤浩二 他（2015）省力型農法としての「不耕起 V 溝直播農法」が水田の節足動物と植物の多様性に及ぼす影響．日本生態学会誌，**65**, 279–290

小沼明弘・大久保悟（2015）日本における送粉サービスの価値評価．日本生態学会誌，**65**, 217–226

呉地正行（2007）水田の特性を活かした湿地環境と地域循環型社会の回復：宮城県・蕪栗沼周辺での水鳥と水田農業の共生をめざす取り組み．地球環境，**12**, 49–64

Losey, J.E. & Vaughan, M. (2006) The economic value of ecological services provided by insects. *BioScience*, **54**, 311–323

前田琢・吉田保志子（2009）水田の冬期湛水がもたらす鳥類への影響．日本鳥学会誌，**58**, 55–64

Margosian, M. L., Garrett, K. A, *et al.* (2009) Connectivity of the American agricultural landscape: Assessing the national risk of crop pest and disease spread. *Bioscience*, **59**, 141-151

増井太樹・澤田佳宏 他（2017）秋田県男鹿半島寒風山における草原植生の変化．景観園芸研究，**19**, 1-11

松村俊和（2002）整備方法の違いが水田畦畔法面植生に与える影響．ランドスケープ研究，**65**, 595-598

松村俊和・内田圭 他（2014）水田畦畔に成立する半自然植生の生物多様性の現状と保全．植生学会誌，**31**, 193-218

内藤和明・福島庸介 他（2020）豊岡盆地の水田におけるコウノトリ育む農法の生物多様性保全効果．日本生態学会誌，**70**, 217-230

Nakahama, N., Uchida, K., *et al.* (2016) Timing of mowing influences genetic diversity and reproductive success in endangered semi-natural grassland plants. *Agriculture, Ecosystems & Environment*, **221**, 20-17

日本学術会議（2001）地球環境・人間生活にかかわる農業及び森林の多面的な機能について．日本学術会議（http://www.scj.go.jp/ja/info/kohyo/pdf/shimon-18-1.pdf）

小椋純一（2006）日本の草地面積の変遷．京都精華大学紀要，**30**, 160-172

大澤啓志・島田正文 他（2005）平地水田地帯の畦畔利用におけるトウキョウダルマガエルの個体数密度を規定する要因．農村計画学会誌，**24**, 91-102

Power, A. G. (2010) Ecosystem services and agriculture: tradeoffs and synergies. *Philosophical Transactions of the Royal Society B: Biological Sciences*, **365**, 2959-2971

Sayer, J., Sunderland, T. *et al.* (2013) Ten principles for a landscape approach to reconciling agriculture, conservation, and other competing land uses. *Proceedings of the National Academy of Sciences*, **110**, 8349-8356

Schmidt, M. H., Roschewitz, I. *et al.* (2005) Differential effects of landscape and management on diversity and density of ground-dwelling farmland spiders. *Journal of Applied Ecology*, **42**, 281-287

司馬愛美子・長澤良太（2009）時系列地理情報を用いた鳥取県千代川流域における野草地景観の変遷．景観生態学，**14**, 153-161

田中茂穂（2006）魚のゆりかごプロジェクト．環境技術，**35**, 775-780

田中雄一・河村年広 他（2018）摩耗程度の異なるコンクリート壁面に対するカエル類 4 種類の脱出能力の比較．応用生態工学，**21**, 9-16

タットマン コンラッド（熊崎実 訳）（1998）日本人はどのように森をつくってきたのか．pp. 200，築地書館（Totman, C. (1989) The green archipelago: forestry in preindustrial Japan, University of California Press）

田和康太・佐川志朗 他（2016）兵庫県豊岡市の水田ビオトープにおける水生動物群集の越冬状況．野生復帰，**4**, 87-93

徳川林政史研究所 編（2012）森林の江戸学―徳川の歴史再発見，294 pp.，東京堂出版

養父志乃夫（2009a）里地里山文化論 上，215 pp.，社団法人 農山漁村文化協会

養父志乃夫（2009b）里地里山文化論 下，223 pp.，社団法人 農山漁村文化協会

山口裕文・梅本信也 他（1998）伝統的水田と基盤整備水田における畦畔植生．雑草研究，**43**, 249-257

吉尾政信・加藤倫之 他（2009）水田環境におけるバッタ目昆虫の分布と個体数を決定する環境要因～佐渡島におけるトキの採餌環境の管理にむけて．応用生態工学，**12**, 99-109

若杉晃介・嶺田拓也 他（2011）冬期湛水水田によるトンボ保全効果．農業農村工学会論文集，**271**, 43-44

渡邉一哉・加藤布美子（2014）カエルの跳躍能力からみた移動障害となる農業用水路規模．環境情報科学学術研究論文集，**28**, 13-18

第8章
水辺の景観生態

真鍋　徹（8.1，8.4）丹羽英之（8.2）比嘉基紀（8.3）深町加津枝（8.5）

▌この章のねらい▌「水辺」は，普段，何気なく使用している言葉であるが，それがどのような景観構成要素なのかを的確に定義することは難しい．そこで本書では，水辺を「水域と陸域およびそれらのエコトーンを含む，ある程度の広がりをもった空間」とし，本章では中小河川，湧水地およびため池を中心とした小規模な池といった我々の身近に存在する水辺を取り上げ（口絵13），水辺の成因，内包する様々な機能や多様な生態系サービス，人との関わりなどを解説する．また，水辺の機能は，水辺自体の構造に加え，水辺を取り巻く景観構造の影響をも受けており，それらの要因は，時間とともに移り変わり，往々にしてそこには，水辺と人との関わりの変化が関与している．本章での解説を参考に，今後，我々は水辺とどう関わるべきかを考えていただきたい．

▌キーワード▌　エコトーン，河川，流域，流程，湧水地，氾濫原，扇状地，火山体，地すべり，ため池，土地利用，空間スケール，河川伝統技術，生物文化多様性

8.1　水辺景観の機能と人との関わり

8.1.1　水辺の機能

水域と陸域からなる水辺は，多面的な機能をもつ景観構成要素である．例えばため池は，(1) 用水の供給機能，(2) 食糧供給機能，(3) 微気象緩和機能，(4) 水質浄化機能，(5) 親水機能，(6) レクリエーション機能などを有するため，(1) や (2) による供給サービス，(3) や (4) による調整サービス，(5) や (6) による文化的サービスを提供してくれる（角田，2017; 1.2.1 項）．さらに，**エコトーン**（ecotone; 3.1.3 項）が存在する水辺では（図8.1），これらの機能がより高くなる場合もある．また，都市に存在する庭園などの小サイズの池も，都市に暮らす多様な生物にとっての重要な**ハビタット**（habitat：生息・生育地）として機能している（Hassall, 2014）．

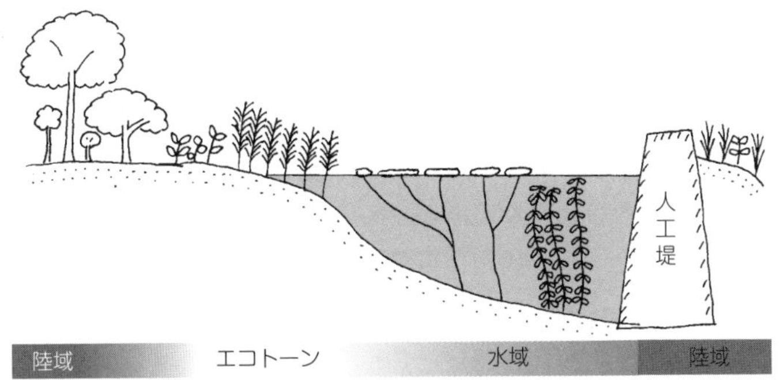

図 8.1 **自然地形と人工堤から成るため池における陸域・水域・エコトーン**
自然地形側（左側）には陸域と水域との間に両者の性質を併せ持ったエコトーンが存在するが，人工堤側（右側）は陸域と水域が堤で分断され，エコトーンが存在しない．

8.1.2 水辺と人々の暮らし

(1) 河川

河川（口絵 13a）は，内水面漁業などの生業の場であったほか，親水・環境学習など，様々な目的で利用されてきた．また，河川周辺には水辺特有の文化が形成され，時代とともに移り変わってきた．例えば京都の鴨川は，古来より不特定な流路が形成される暴れ川であるが，江戸中期以降，治水を基盤とした時間的・空間的変動を許容する建築設計思想が浸透・定着するに伴い，仮施設としての納涼床が発展し，特有の文化的景観が形成された（吉越，1997）．

河川は人の生命や財産に危害を及ぼす可能性もあるため，多様な治水技術が発達してきた．かつては信玄堤や霞堤（かすみてい）など，氾濫を許容する不連続な堤が日本各地に築かれていた．洪水によって氾濫原に形成される湿地は，生物にとっての高いハビタット機能を有するが，氾濫原の土地利用状況の変化などによってその面積減少が著しい．このようななか，降雨の際のピーク流量低減のために河道に隣接して整備される**遊水地**は，氾濫原環境が維持され得る治水施設であり，湿地特有の生物の重要なハビタットとしても注目されている．

明治以降，治水対策として河道の直線化やコンクリートなどの人工物による護岸化や，それに伴う周辺地域の集約的な**土地利用**が進められた．1990 年代になると，多自然型川づくりと呼ばれる川の生物に配慮した構造物の設置などによる河川管理が行われるようになった．当時の多自然型川づくりの多くは河岸の保全・復元，一部の河道形態の保全・復元などに限られ，生物に対する機能や効果は薄く，親水公園的なものにとどまっていたとの指摘もある．1990年代終盤には，川の構造そのものを生物の生息・生育に適した環境に復元・再生するための手法として，かつてのような川の蛇行を復元させる取り組みが行われるようになった．近年では，治水に配慮するとともに，連続的な堤や様々な河道内構造物で分断された河川の横断面および縦断面の連続性を取り戻すことで，河川を基軸として，田畑や干潟などの河川周辺に存在する景観構成要素を**ネットワーク化**し，生物多様性を高めるとともに，地域住民にも多彩な生態系サービスを提供しようとする取り組みも行われている（11.3節）．

(2) 湧水地

湧水（口絵13b）は，古来より様々に利用されてきたが，その利用様式は時代とともに変遷してきた．例えば長崎県島原市は湧水とともに歩んできた町でもあり，1792年の普賢岳の噴火以降に湧水が多出するようになった地域には，共同の洗い場が形成された．また，豊富な湧水を活用した染物屋や酒蔵などが栄えた地域も存在した．しかし，1960年代以降の水道整備や電気洗濯機の普及に伴い，共同の洗い場は減少した．さらに，1990年から1995年まで続いた雲仙普賢岳の噴火による水源の枯渇もあり，湧水は公園や観光資源として新たな活用法が模索されている．

鉱質土壌の卓越する場所で湧水によって形成された小面積の湿地を，**湧水湿地**と呼ぶ（口絵13c）．湧水湿地は東海・近畿・瀬戸内地方の平野縁辺や，そこから連続する丘陵地に集中して分布しており，人為的な影響によって維持されているものが多い．例えば，愛知県の矢並湿地は，砂防堤や水田の造成によって湧水が地表に拡散しやすい地形が形成されたことで成立し，その後，湿地内での採草や湿地周辺の斜面崩壊などによって植生遷移の進行が抑制されたことや，集水域の山林利用により蒸発散量が抑制されたことなどで維持されていると考えられている（富田，2012）．このような湧水湿地には湿地特有の植生が成立し，多様な湿性植物が生育している場合も多い．しかし，土地改変による消失や，里山利用の減少による樹林の発達で蒸発散量が増加し，同時に湿地を被陰したことなどによって，湧水湿地の面積縮小が進行している．このような状況を受け，湧水湿地を保全しようとする活動が各地で行われており，樹木の伐採など，かつての里山で行われていた日常生活のための営為と類似した行為を再度加えることが試行されている．

(3) ため池

里地里山の重要な構成要素であるため池（口絵 13d）は，人によって築造された水源地であり，その起源は国内では 4 世紀まで遡ることができる（内田，2008）．農耕地のため池や用水路（口絵 13e）などは，水源のみならず，生活用水の採取の場や，食糧，肥料，資材などの資源の採集の場としても利用されてきた．しかし，1950 年代後半以降の社会経済状況の変化や，農地整備，農業従事者の高齢化・後継不足などにより，多くのため池は改廃され，これら伝統的な機能が低下している．さらに，ため池でどのような生物をどのようにして採取し，どのように利用していたのかなどといった**伝統的生態学的知識**（Traditional Ecological Knowledge: TEK）も記録されずに消え去ろうとしている．

8.1.3　水辺の管理

身近な水辺は，生物多様性保全の場，自然との触れ合いの場，新たな形での自然や農山村とのつながりの場，地域性や風土性の保全伝承の場，防災・減災の場など，多面的な機能や生態系サービスを内包した景観構成要素である．我々は，水辺の機能やサービスを享受しつつ，持続的に管理していく必要がある．そのためには，水辺の機能や，それらに影響を及ぼす要因を，様々な時間・空間スケールで評価する必要がある．また，地域住民や利活用に関わる多様な主体が水辺に期待する機能やサービス，あるいは水辺に対する認識などを把握する必要もある．これらの情報をもとに，水辺活用のための具体的な目標像を設定し，目標像の達成に向けた具体的な管理方法などを検討することが望まれる．かつて我々は，自然の氾濫を許容あるいは活用する，地域性をもった伝統技術や伝統的生態学的知識を築いてきた．これらは，水辺をグリーンインフラや，生態系を基盤とした防災・減災（Eco-DRR）（15.2 節）として活用する際の有益な情報となり得る．

8.2　河川流域と景観生態学

降った雨がある河川に集まる範囲を流域（watershed）と呼ぶ．今日，流域治水（8.5.1 項）に象徴されるように，流域を軸に地域づくりを考えることの重要性が再認識されている．流域を**流程区分**という景観単位に区分することは流域を捉える重要な手段であり，景観生態学の重要な研究テーマの一つである．その際，様々なレイヤーやスケールで見ることが重要である．

8.2.1 河川流域と流程区分

流域は，任意の地点について，それより上流側の集水範囲として定義できるが，河川が海に流れ出る河口を地点とした流域（例えば，淀川流域，荒川流域など）は，景観を捉えるうえで基本的な空間単位となる．流域は地形により定義され，山地では流域界が尾根と一致することが多い．ある流域を流れる河川は一つにつながっており，河川生態系を理解するうえで重要な空間単位となる．流域の地形や地質は河川生態系に影響を及ぼし，流域を特徴づける環境要因の一つとなる．また，流域は人の移動や生活にも影響を及ぼし，文化的景観の理解や地域づくりを考えるうえでも重要な空間単位となる（8.5.1項）．このように，流域は景観生態学を学ぶ者はつねに念頭に置くべき空間単位だといえる．

河川の上流から下流への流れを，流程と呼ぶ．河床勾配や河床材料の粒径，水質，水温などは流程に沿って連続的に変化し，それに応じて生物の分布も変化する．一般に底生動物の種数は上流の方が多く，魚類の種数は下流の方が多くなる傾向がある．上流・中流・下流など流程をある区間で区切ったものを，流程区分と呼ぶ．区分するためには何らかの基準が必要で，上流・中流・下流を客観的に区分するのは簡単ではない．河床勾配を基準にしたセグメントや，瀬淵の構造を基準にした河川形態は基準が明確な流程区分であり，河川生態系の研究や川づくりの現場で古くから利用されてきた．

生物に着目した流程区分も川づくりにおいて重要である．その一つのアプローチとして，セグメントや河川形態など環境要因による流程区分に，生物の分布を直接当てはめる考え方もある．しかし，このアプローチでは生物から見た流域の特性を正確に捉えられないことがある．生物の分布情報をもとに調査地点を分類する場合，しばしばクラスター分析が使われる．情報量規準で最適なモデルを選択するクラスター分析に指標指数を組み込んだ方法（MBC-IndVal法）を使えば，統計に基づいて客観的にグループ分け（ここでは流程区分）することができる（丹羽ほか，2009）．図8.2は兵庫県を瀬戸内海に流下する市川水系の4つの基準による流程区分である．ここで重要なのは，河床勾配を基準にしたセグメントと瀬淵構造を基準にした河川形態，植生の流程区分，魚類の流程区分が一致しないことである．流域を特徴づける様々な環境要因があり，生物分類群によって環

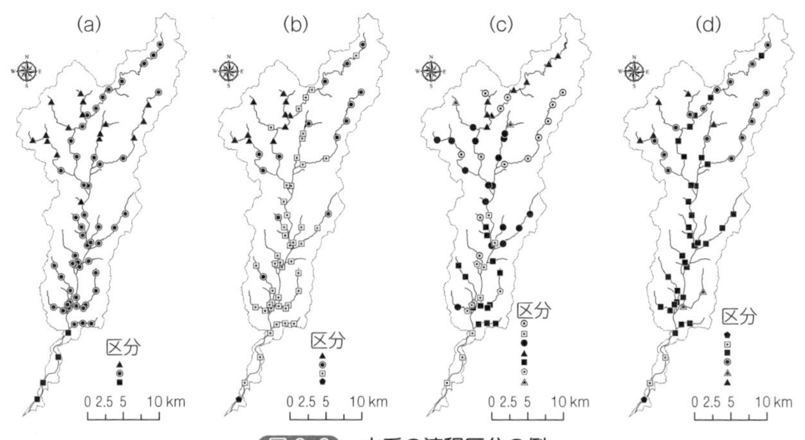

図 8.2 水系の流程区分の例

(a) セグメントによる区分,(b) 河川形態型による区分,(c) 植生タイプによる区分,(d) 魚類相による区分.各図版の凡例の違いは,それぞれの基準で区分された流程の違いを示している.河川の物理要因による区分(a と b)同士でも,生物要因よる区分(c と d)同士でも一致することはなく,単純に上流・中流・下流のように流程区分できないことがわかる.

境要因から受ける影響が異なることを考えれば当然の結果である.

8.2.2 河川の攪乱

河川生態系を特徴づけるものに攪乱(3.2 節)がある.河川は降雨時の増水による流水や流砂により攪乱される.河川には,この**自然攪乱**に適応した生物が生息・生育する.ところがこの自然攪乱は人間にとっては災害につながりかねないため,様々な治水対策により押さえ込まれてきた.その結果,河川の自然攪乱は減少し,河川の複断面化や河原の草地化・樹林化といった現象が起こっている.

河川の攪乱がつくりだす氾濫原に適応した春植物であるノウルシは,全国的に減少傾向にある.本来は自然攪乱によってハビタットが形成され続けることで個体群が維持される植物であるが,治水や土地利用の変化により氾濫原そのものが消失しておりノウルシの大きな減少要因となっている.京都府を流下する桂川の支川である本梅川には,ノウルシが生育する場所がある.その生育地を,UAV を使い 4 年間にわたり調査した.その結果本梅川では,河川の増水による自然攪乱に加え,草刈りや野焼きといった**人為攪乱**とその時期がノウルシの生育にとって重要であることが明らかとなっている(図 8.3)(丹羽・堀, 2020).このように,河川に生育・生息する生物の保全を検討する際は,自然攪乱と人為攪乱,

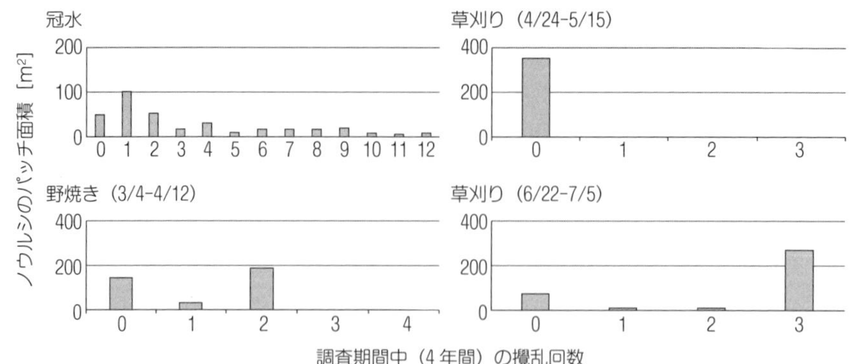

図8.3　ノウルシのパッチ面積と攪乱回数との関係（期間：2016〜2019年）
4年間で攪乱がある時期（（　）内）に生じた回数ごとのノウルシの合計パッチ面積を示している．同じ攪乱（例えば草刈り）でも時期によって影響が異なる．丹羽・堀（2020）を一部改変．

さらには人為攪乱を起こしている地域社会のあり方をも念頭に置く必要がある．このような景観のあり方を考えるうえで，景観の諸特性を，様々な空間・時間スケール，視点から階層的に解明していこうとする景観生態学の果たす役割は大きい．

8.3　湧水と地形，その利用

8.3.1　湧水とは

地下水が地表に流れ出た水を湧水と呼び，湧出する場所を**湧水地**（湧泉，泉）という．湧水地の分布は，地形・地質との関わりが深い（鈴木，1998）．例えば，崖となっている場所や崩壊地では，地下水脈が露出することによって湧水が見られる場合が多い．その他，河川の扇状地や，段丘崖，火山，地すべり地の周辺などで多くの湧水地を確認することができる．

8.3.2　河川縦断方向の地形と扇状地の湧水

河川の侵食・運搬・堆積作用は河川縦断方向で変化し，河川特有の地形を作り出す．河川の上流域では，河底を深める下刻（かこく）作用や，谷幅を広げる側刻（そっこく）作用（側方侵食），谷の長さを増大する谷頭（こくとう）侵食などの侵食作用によって，谷地形が発達する．また，侵食作用や斜面崩壊などによって，河川上流域では多量の土砂が生産される．山間部では，河道の幅や河川の氾濫する範囲が限られるために，河川の掃流力（運搬作用の一つ）が大きく，多量の土砂が流下方向に運搬される．山間部から平野あるいは盆地に出ると，氾濫域が急激に広がって掃流力が減少する．これにより，上流から運ばれてきた土砂のうち砂礫などの粗粒物が堆積して，**扇状地**（扇形に開いた半円錐状の地形）が形成される．扇状地の下流側には，蛇行する河川と自然堤防，後背湿地によって特徴づけられる**氾濫原**（自然堤防帯，蛇行帯）がひろがる．

扇状地の最上流部，すなわち扇のかなめにあたる部分を扇頂と呼び，扇状地の中央部を扇央，末端部分を扇端と呼ぶ．扇状地の堆積物は下流に比べて粗粒であるが，中でも扇頂部が粗粒で，扇端に向かって粒径が小さくなり，それに応じて，勾配も扇頂で大きく，扇端にいくほど緩やかになる．表流水は通常は扇頂部には見られるが，扇央部では地下に浸透して見られなくなることがある（伏流）．このような，上流では水流があるが下流では洪水時を除いて水流がない河川を末無川あるいは水無川と呼ぶ．扇端付近では伏流した地下水が泉となって湧出するため，日本各地の沖積扇状地の扇端部では，**湧水帯**を見ることができる．

8.3.3 火山体周辺の湧水

湧水は，大規模な河川をもたない**火山体**周辺でも見られる．火山体周辺での湧水は，地形的にいくつかの特徴があり，次の4つの湧出タイプに区分されている（安形，1999）：(1) 顕著な熔岩流あるいは火砕流の末端にあるかこれらの面上に湧出するタイプ（熔岩流末端型），(2) 熔岩流・火砕流が開析（かいせき）されて，その侵蝕谷の谷壁（こくへき）ないし谷頭に湧出するタイプ（熔岩流側壁型），(3) 山麓の扇状地面に湧出するタイプ（扇状地型），(4) 麓に露出する基盤岩から湧出するタイプ（山基盤型）．これらのタイプ別の湧出量は，火山体の侵食過程によって変化する．火山では，山体を刻む谷の谷口を扇頂として裾野に広がる火山麓扇状地が発達する．火山麓扇状地は，一般には火山の裾野と呼ばれる緩斜面で，火山の侵食で生じた岩屑（がんせつ）が土石流あるいは泥流によって山麓に運ばれることによって形成される．あまり侵食が進んでいない成層火山では，熔岩流末端型の湧出量が多く，侵食の進行に伴って，熔岩流末端型・側壁型の湧出量が減少し，扇状地型の湧出量が増加する．

8.3.4 地すべり地の湧水

地すべりとは，斜面の地下数メートルから数百メートルに存在するすべり面を境として，岩盤や斜面堆積物（岩屑）の土塊が，重力に従って下方に滑動する現象（鈴木，2000）で，降水や融雪，地震などを誘因として発生する．地すべりが発生した斜面では，特徴的な**地すべり地形**が見られる．すべり面上の土塊（地すべりブロック）は，下方に移動する過程で亀裂や変形が生じる．このため，地すべり地では，小崖，小丘，凹地，岩塊原，池などの微地形が階段状に分布し，最上部の滑落崖の直下からは地下水が湧出する（鈴木，2000）．岩屑が斜面の下方に移動する現象として，地すべり，土石流のほかに崩壊（山くずれ・崖崩れ）がある．地すべりの発生は地下水と地質の影響を強く受ける．このため，日本で地すべりの多発する地域は，粘土含量の高い第三紀層地帯，古期堆積岩類の破砕帯および温泉変質帯をもつ火山など，特定の地質条件をもつ山地に限られている．気候との対応では，融雪による地下水が多い多雪地域に地すべり地が多く分布する（高岡，2013）．

8.3.5 湧水の利用

湧水は，地形や地質学だけではなく，その利用の観点から社会科学的な関わりも深い．例えば，古多摩川扇状地扇端部の湧水に由来する武蔵野の三大湧水地（井の頭池，三宝寺池，善福寺池）は，江戸城下の人々の生活を300年にわたって支えてきた（武内，1994）．江戸幕府を開いた徳川家康は，江戸の飲料水を確保するために，井の頭池や善福寺池，妙正寺池を水源とする神田上水（現在の神田川）を造らせた．また，昭和の名水百選（「環境省名水百選ポータル」https://www.env.go.jp/water/meisui/）にも選ばれている北海道利尻山の甘露泉水（口絵13b），羊蹄山の京極湧水は，火山体周辺の湧水に相当する．甘露泉水は熔岩流側壁型に，京極湧水は熔岩流末端型に分類されている（安形，1999）．火山体周辺の湧水は，日常の用水利用だけではなく，観光地としても利用されている．地すべり地は，緩傾斜でかつ湧水に恵まれるため，山間部での集落や水田として利用されていることが多い（鈴木，2000）．例えば，日本有数の地すべり地帯である四国山地では，三波川帯・御荷鉾帯・秩父帯に破砕帯地すべり地が高密度で分布する．また，地形が急峻な四国山地では，そのほとんどがスギ・ヒノキの人工林や自然林に囲まれているものの，傾斜が緩やかで水が得やすい地すべり地帯は，**棚田**として利用されている場所が多い（海津，1995）．

湧水は，城下町や水田地帯を発達させてきたが，生物の分布にも影響している．地すべり地では，地表の安定性や土壌の水分状態が異なる立地が混在することによって，生物相も豊かである（高岡，2013）．四国の棚田が広がる地すべりでは，非地すべり地に比べて水生動物の個体数や，草原生植物の種数が多い．このほか，東海・近畿・瀬戸内地方の丘陵地に残存している湧水由来の湿地（**湧水湿地**）は，絶滅危惧種を含む保全上重要な野生生物のハビタットとしても機能している（富田，2017）．このように，景観生態学的な観点から，湧水（地）は，自然・防災科学から社会科学まで，幅広い分野の研究対象となる景観要素といえる．

8.4 ため池のハビタット機能と保全・管理

8.4.1 ハビタット機能

ため池は，人工的な構造物であるが，野生生物にとっての貴重なハビタットとしても機能する．ため池のハビタット機能に影響を及ぼす要因には，池面積と堤体長の比，コンクリート護岸の有無やその長さ，堤から池底へ至る垂直方向の形状などの構造的特性が挙げられる．さらに，ため池を取り巻く空間の**土地利用**状況も，複合的あるいは間接的な過程を通して，また**空間スケール依存的**に，ため池のハビタット機能に影響を及ぼす．例えば，兵庫県のため池では，抽水植物および浮葉植物の種多様性は，ため池を中心とする半径1,000 mおよび500 mの空間における土地利用状況と関連が強く，沈水植物の出現状況は100 m未満の土地利用状況に強く影響されていた（Akasaka *et al.*, 2010）．ベルギーの農村地帯でも，水生植物の種多様性は，当該池を中心とする半径200 m未満の空間における農耕地の存在と負の関係があった（Declerck *et al.*, 2006）．このように，ため池のハビタット機能に影響を及ぼす要因やその強度などは対象とするスケールによって異なるため，ため池のハビタット機能を評価する際は様々な空間スケールを考慮する必要がある．

一般に，生物の種数はハビタットの面積に対してべき関数的（種数＝a×面積^z）に増加する（3.2節）．この種数—面積関係が成り立つか否かは，同一地域でも水生生物の分類群によって異なる場合がある．また，イギリスの農村地帯では，個々の河川における水生植物および水生昆虫の種多様性（**α多様度**）は高いものの河川間の種組成の相違（**β多様度**）が低いため，地域スケールでの河川の種多様性（**γ多様度**）は高くなかった．これに対し，個々の池における水生植物のα多様度は高くないが，池間で環境要因の異質性が大きいことなどのためβ多様度は高く，その結果，γ多様度も高かった（Williams *et al.*, 2004）．さらに，小規模な池は希少な水生植物の生育地として機能していることが多く，ため池は面積の大小にかかわらず地域スケールでの種多様性の維持にとって重要である．

8.4.2　ため池の減少による影響

1950年代中頃には，国内に約29万箇所のため池が存在しており，当時の総水田面積の約37%がため池によって賄われていたと推定されている（高村，2007）．しかし，1950年代後半以降，農地整備や都市域の拡大などに伴い，小規模のため池を中心に，改廃が急激に進行した．また，農業従事者の減少や高齢化などによって放置されたため池も多数存在するようになった．このような管理放棄は，ため池の湿性遷移（hydrarch succession）を進行させ，生物の種多様性の低下をもたらす．さらに，富栄養化や化学物質による汚染，外来生物の影響などによっても，ため池の水生生物に対するハビタット機能が低下している．

これに対し，地域住民によって定期的に管理されているため池では，地域の生物の種多様性が維持されるケースもある．一方，ため池の管理放棄は，近年のゲリラ豪雨の発生やため池の老朽化とも相まって，ため池の決壊といった災害の一因にもなっている．すなわち，ため池の適切な保全・管理は，生物の保全のみならず防災面においても重要な課題である．

8.4.3　保全・管理

ため池を複数の価値や機能を有する地域の財産であると考えている管理者や地域住民は多いが，効果的な保全や管理が行われていない場合も多い．効果的なため池の保全や管理には，管理者の生物保全に対する意識を向上させることや，管理者や地域住民のため池に対する価値の共有，保全活動に直結する協働事業の実施などが有効である．例えば都市域では，ため池を農業用施設として活かしつつ地域住民に対するアメニティ機能提供の場としても活用するため，地域が一体となってため池の保全や管理を実施し，一定の効果が得られている事例がある．

しかし，人口減少や高齢化が著しい農村域では，灌漑用水確保などの農業用施設としての機能の保全のための管理の継続は難しい．そのような農村域において，管理低下あるいは管理放棄されたため池のハビタット機能を高めるための取り組みの一つに，かつての里地里山で行われていた水落しや池干しなどの再開がある．これらの行為によって，多様な水生植物群集が再生・維持・拡大した事例が存在する．これらの行為は，かつては日常生活のために不可欠であったが，現在の日常生活における必要性は極めて低い．このため，これらの行為に何らかの現代的な価値を付与しなければ，長期的に継続することは難しいであろう．

また，ため池での換金生物の飼育・栽培によって，ため池の灌漑機能や防災機能を維持しつつ，地域の活性化に寄与しようとする取り組みや，灌漑用から養鯉用に転換して収益を確保することでため池を存続させ，将来的な農業用利用の可能性を残しつつ，近隣住民や都市と農村との交流の場としても活用している取り組みがある．このように，人口減少や高齢化の進行した農村域では，ため池を地域の生物多様性保全機能やEco-DRRの機能をもった**グリーンインフラ**（15.2節）の一つとみなし，それらの機能を引き出し活用するための新たな保全・管理手法の検討が望まれる．

さらに，個々のため池の保全・管理手法の検討のみならず，地域スケールでのため池の保全・管理手法を検討することも重要である．8.4.1項で述べたとおり，個々のため池における種多様性は高くなくても，地域に存在するため池間の種構成の異質性が高ければ，ため池群の存在は地域全体の種多様性を高めることに寄与し得る．したがって，地域スケールでの生物の種多様性を維持・向上させるためには，多数の小サイズのため池の創出や復元・修復の方が，少数の大サイズの池の創出や復元・修復より効果的である．また，防災・減災の観点からも，老朽化した個々のため池の整備といった従来の手法のみならず，地域にあるため池を群として捉えた総合的な整備計画の策定が必要である．

8.5　流域文化の継承

8.5.1　流域文化と河川整備

人は河川，ため池，海岸などの多様な水辺と関わりながら地域社会，そして文化を形成してきた．大木（2014）は，地域固有の文化を共有する地理的空間を「**文化圏**」，河川に沿って文化を共有する地域を「**流域文化圏**」と捉え，近代以前の日本人の目線が川を中心に移動を考え，外部世界とのつながりをもってきたことを明らかにしている．川が地域間交流に大きな役割を果たしてきた長い歴史があり，流域全体を一つの文化圏と捉えるのである．また，流域レベルでの環境の保全に向けて，地域住民や市民組織などを主体とした取り組みが進展してきており，人が流域をどのように捉え，どのように行動しているのか，主体に焦点を当てた研究の蓄積もなされてきた（木平，2012）．

2021年，国土交通省では河川・下水道管理者などによる治水に加え，あらゆる関係者（行政，企業，住民など）により流域全体で行う「**流域治水**」の取り組みを開始した．流域治水には総合的かつ複合的な対策が求められており，**流域文化**に則した人々の自然観や**河川伝統技術**が礎になると考えられる．河川伝統技術には，（1）川の自然の力を利用した技術，（2）流域を含めて被害を抑える技術，（3）地域の特性，川の性格に応じた技術，（4）生活の中に維持管理を組み込んだ技術という特徴がある（2000年1月21日河川審議会答申「川における伝統技術の活用はいかにあるべきか」）．また，高橋（2008）は，技術とは手段であり，人が河川といかに付き合うかの作法に則るものである必要があり，その作法は流域の人々との共同作業によって，流域に培われてきた**風土**と歴史を重んじ，地域文化を育む精神によって錬磨されるものと説いている．これからの河川整備において，川を軸として地域社会と密接に関わってきた流域文化という視点が不可欠となっている．

8.5.2 桂川（京都府）の流域文化

流域文化の具体的な事例として，京都府を流れる桂川を紹介する．桂川は全長107 km，流域面積1,159 km^{2}であり，流域は丹波山地の東南部を占め，上流には渓流や渓谷があり京都府立自然公園となっており，中・下流には亀岡盆地，京都盆地が位置する．上流にはオオサンショウオ，中流域では国の天然記念物であるアユモドキ，下流にギンブナなど，場ごとに特徴をもった多様な生物が生息する．

桂川は，地域によっては大堰川，保津川とも呼ばれ，上流部から京都の嵐山まで，筏流（いかだなが）しなどの水運により木材などの物資が運ばれた歴史がある．江戸時代中期には角倉了以によって亀岡から嵐山の間が開削され，現在では保津川下りなどの遊船業が営まれている．嵐山は史跡・名勝に指定されるなど，日本を代表する景観があり，様々な歴史遺産も集中する．中流から下流には多くの井堰（いせき）があり，

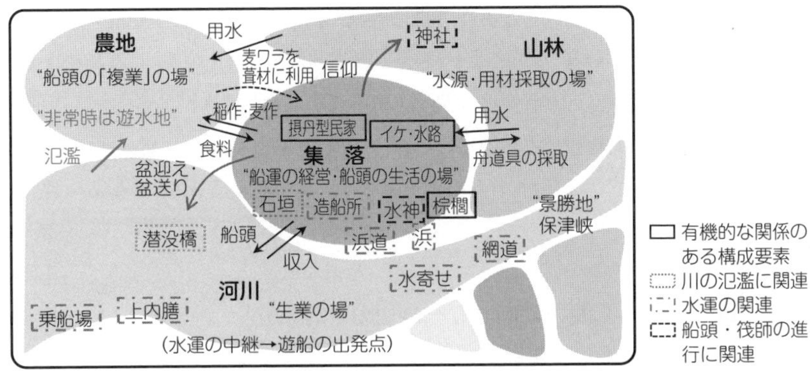

図 8.4　**保津川流域の文化的景観**

多様な水辺空間と農地，集落，森林が一体となり，農林水産業や河川技術と密接に関連した特有の景観が形成されている．亀岡市教育委員会（2016）より描く．

農業用水として周辺の農地で利用されてきた．中流の亀岡盆地や下流の京都市域では水害リスクを軽減するため，引き堤や河床掘削などの治水事業が進行している．

亀岡盆地では，水辺，農地，集落，森林が一体となり，農林水産業など人と自然とのつながりの中で形づくられた**文化的景観**が見られる（図 8.4）．川の恵みと脅威に向き合った暮らしがあり，多様な自然環境や資源を持続的に利用，管理する知識や技術が存在した．大きく蛇行しながら流れる保津川は，平瀬，早瀬，淵など多様な**水辺空間**が見られ，ワンドの存在や水田とのつながりによって多様な水辺環境が確保されてきた．アユモドキ，イチモンジタナゴなどの絶滅危惧種を含む全国でも有数の淡水魚の生息地であり，川魚漁ではビクやモンドリなどの漁具が用いられてきた．水害に対処するための霞堤や沈下橋（ちんかばし）（潜没橋），船の航路を維持するための石積みの水寄せ，航行中の危険を回避するための川作などの河川伝統技術も発達してきた．特徴的な地形や植生などの自然環境に加え，里山として利用されてきた森林や農地，水辺などがモザイク状に存在することで，生物多様性や希少種の保全上でも重要な地域となっている．

2000 年代になると，地域住民や市民組織による天然記念物アユモドキの保全活動，筏復活プロジェクトなど，地域の自然や文化的景観を保全・活用する活動が多数見られるようになった．また，保津峡などに漂着する大量のプラスチックごみの問題を解決するため保津川下りの船頭らが立ち上がり，地域住民や企業，行政など多様な主体の連携による取り組みへと発展した．こうした取り組みは，2021年の亀岡市による「プラスチック製レジ袋の提供禁止に関する条例」の施行につながった．現在，日本各地で豊かな川を取り戻す試みが多数進められているが，**河川管理**に市民参加をどのようにして実現させるのか，保津川と流域の人々が歩んできた歴史はこれからの河川のあり方を考える示唆となる（原田，2019）．

8.5.3　流域文化の継承に向けて ―桂川の事例から

保津川下りの船に乗って亀岡から桂川を下ると終点の嵐山に到着する．嵐山周辺でも治水は長年の課題となっており，5世紀後半には秦氏が罧原堤（ふしはらづつみ）を築いており，さらに下流に位置する桂離宮（かつらりきゅう）には生きた竹を寄せて編んだ桂垣（かつらがき）があり氾濫の流勢を緩和し土砂流入を防止する工夫がなされている．こうした治水上の課題を解決するうえでは，それぞれの場の自然，社会環境とともに，上下流バランスや流域特性を考慮する必要がある．また，豊かな生態系や固有の景観を継承するため，上下流を一体として捉えた計画の中で，川から山への連続性など歴史的景観に欠かせない要素や要素間の関係性を踏まえた**河川整備**が重要となる（深町，2015）．

桂川の事例に見られるような，長年にわたる人と自然との関わりの中で育まれてきた流域文化は各地に存在し，日本の**生物文化多様性**を支えてきた．各地にある河川伝統技術は，これからの流域治水において，多様な主体が参加し，**川の恵みと脅威**に対処するための共有財産となる．また，プラスチックごみの問題など流域に広がる課題の解決のため，水系を中心とした軸を再認識するとともに，新しい流域文化を創り出す技術や仕組みを模索し，地域づくりにつなげていく必要がある．

引用文献

Akasaka, M., Takamura, N. *et al.* (2010) Effects of land use on aquatic macrophyte diversity and water quality of ponds. *Freshwater Biology*, **55**, 909–922

安形康（1999）成層火山体の地形発達と湧水湧出プロセスの変化過程．東京大学大学院理学系研究科博士論文

Declerck, S., Bie, T.D. *et al.* (2006) Ecological characteristics of small farmland ponds: associations with land use practices at multiple spatial scales. *Biological Conservation*, **131**, 523–532

深町加津枝（2015）京都嵐山の河川整備計画における治水と景観保全．ランドスケープ研究，**79**, 127-128

原田禎夫（2019）河川環境保全と水運文化の伝承に見る市民協働の展開と課題 保津川（桂川）の環境保全活動におけるレジデント型研究によるアプローチ．景観生態学，**24**, 47-51

Hassall, C. (2014) The ecology and biodiversity of urban ponds. *Wiley Interdisciplinary Reviews: Water*, **1**, 187-206

角田裕志（2017）ため池管理放棄と改廃による水域生態系への影響：人口減少で何が起きるか？　野生生物と社会，**5**, 5-15

亀岡市教育委員会（2016）保津川舟下りの文化的景観保存調査報告書，224 pp.，亀岡市教育委員会

木平勇吉 編著（2012）流域環境の保全，133 pp.，朝倉書店

丹羽英之・堀正樹（2020）本梅川におけるノウルシ分布の経年変化と攪乱要素との関係．応用生態工学，**23**, 37-46

丹羽英之・三橋弘宗 他（2009）流域スケールでの環境類型区分と指標群落の抽出．保全生態学研究，**14**, 173-184

大木昌（2014）流域文化圏形成の私的考察―文献調査とフィールド調査から―．明治学院大学国際学研究，**45**, 55-64

鈴木隆介（1998）建設技術者のための地形図読図入門 2 低地，554 pp.，古今書院

鈴木隆介（2000）建設技術者のための地形図読図入門 3 低地，556 pp.，古今書院

高橋裕（2008）新版 河川工学，318 pp.，東京大学出版会

高村典子（2007）ため池の生物多様性評価．自然再生のための生物多様性モニタリング（鷲谷いづみ・鬼頭秀一 編）pp. 49-69，東京大学出版会

高岡貞夫（2013）地すべりが植生に与える影響：特に長期的な視点からの研究の意義について．植生学会誌，**30**, 133-144

武内和彦（1994）水が育てた豊かな大地 武蔵野の水と緑．日本の自然 地域編 3 関東（中村和郎 他編），96-104 pp.，岩波書店

富田啓介（2012）湧水湿地をめぐる人と自然の関係史―愛知県矢並湿地の事例―．地理学評論，**85**, 85-102

富田啓介（2017）湧水湿地．日本の湿地（日本湿地学会 監修）pp. 110-111，朝倉書店

内田和子（2008）ため池―その多面的機能と活用―，171 pp.，農林統計協会

海津正倫（1995）瀬戸内の南にそびえる険しい山々―四国の山地．日本の自然 地域編 6 中国四国（中村和郎 他編）pp. 146-160，岩波書店

Williams, P., Whitfield, M *et al.* (2004) Comparative biodiversity of rivers, streams, ditches and ponds in an agricultural landscape in Southern England. *Biological Conservation*, **115**, 329-341

吉越昭久（1997）近世の京都・鴨川における河川環境．歴史地理学，**39**, 72-84

第9章 海辺の景観生態

松島　肇（9.1）永松　大（9.2）平吹喜彦（9.3）藤原道郎（9.4）岡　浩平（9.5）

この章のねらい　海辺は「陸域と海域の境界」として，独特の環境を有する景観である．そのため，古くから豊かな恵みをもたらす場所として人々の生活に密接に結びつき，一方で自然環境の変化と人間活動の影響を強く受けてきた．本章では，砂浜海岸の発達した海辺に着目して，その景観特性を概観し，流砂系から見る総合的沿岸域管理の重要性について解説する．さらに海浜（砂丘などを含む広義の砂浜海岸）のエコトーンについて理解を深め，エコトーンを構成する海岸林や砂浜といった個々の景観ユニットの特性について解説する．

キーワード　生態系サービス，グリーンインフラ，総合的沿岸域管理，海岸砂丘，流砂系，エコトーン，レジリエンス，海岸林，海浜植物，多様性

9.1 海辺の総合的管理

9.1.1 海岸の生態系サービス

海岸は砂浜や岩礁などから構成され，つねに攪乱にさらされる不安定な環境である．本書では，海岸に隣接する干潟や河口，砂丘や潟湖，海岸林，後背湿地といった特有の生態系ユニットからなる景観を海辺と呼ぶ（図9.1）．海辺では，これらの生態系ユニットが相補的に機能することで環境変動に対する生態系の安定性が維持されてきた（9.3節）．この異なる生態系が連続的に推移する推移帯（エコトーン）の維持には変動幅を考慮した空間の確保（動的安定状態）が重要となる．この特有の景観はまた，様々な**生態系サービス**を提供してくれる（表9.1；Liquete *et al.*, 2013）．

9.1.2 海浜の危機

海浜が広がる沿岸低平地（沿岸域）は，その利用しやすさから世界の人口の28%，大都市の65% が集中する．埋め立てや護岸工による地盤の安定化が都市

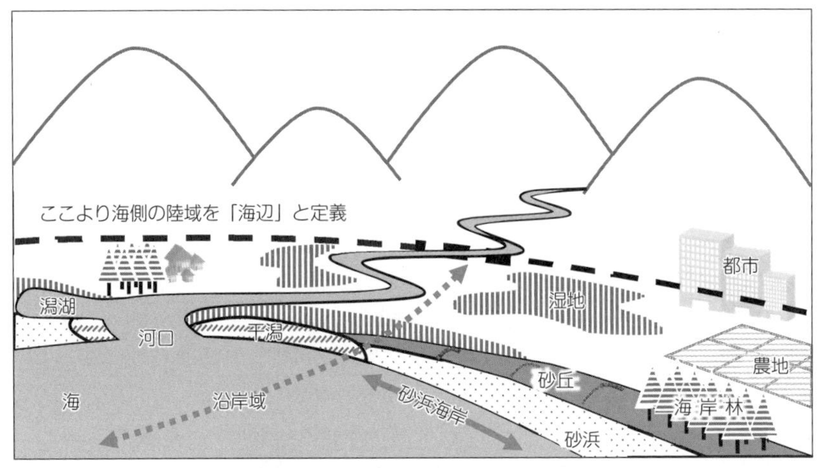

図 9.1　本章で扱う「海辺」の範囲

海辺：海と陸と川が出合う境界領域として，砂浜，砂丘，干潟，河口，潟湖，湿地などの陸域生態系ユニットを包含する範囲．海岸：海と陸の接する範囲で波の影響を強く受ける範囲．砂浜を主体とする海岸を砂浜海岸と呼ぶ．沿岸域：海岸を挟む海域および陸域の総体．海浜，砂丘などを含む，広義の砂浜海岸．

の海側への拡大を助長した結果，多くの海浜が消失し，緩衝帯としての機能も失われてきた．また，河川からの砂の供給量がダム建設などにより大きく減少したこともあり，世界的に海浜は侵食傾向にある．さらに気候変動の影響による海面上昇がこの傾向に追い打ちをかけ，IPCC の第五次評価報告書における最も悲観的な RCP 8.5 シナリオでは，2100 年における海面上昇は上限 0.82 m と試算され，これにより砂浜の 82% が消失すると予測されている（Udo & Takeda, 2017）．また，近年の激甚化した自然異変（natural hazard）は，沿岸域の都市や集落に津波や高潮などによる大規模な災害を引き起こしている．これに対し，多くの都市では消波ブロックや防潮堤などの人工構造物による対策が取られてきたが，その一方で自然海岸の消失（9.2 節）とエコトーンの断絶を招いている（9.3 節）．

9.1.3　グリーンインフラとしての海浜

このような海辺の開発に大きな警鐘を鳴らしたのが，2004 年にスマトラ島北西沖のインド洋で発生したスマトラ島沖地震，さらに 2011 年に宮城県東南東沖で発生した東北地方太平洋沖地震であった．巨大地震に伴う広域かつ大規模な津波災害はエコトーンを失った沿岸域の脆弱性を浮き彫りにし，これを期に防災に

表9.1　海岸の生態系サービス

生態系サービス		海岸に特化した要素
供給サービス	食料の供給	漁業，潮干狩り，養殖，山菜，木の実，キノコなど
	水の供給	淡水地下水，工業用水など
	生物資源や燃料	医薬品・化粧品の原料，観賞用（サンゴ，貝殻），商業・工業資源（魚粉，植物肥料，藻類など），木材，油（藻類脂質，鯨油など），バイオガス，など
調整サービス	水質浄化	濾過・吸着・分解，希釈，し尿処理（窒素固定），生物浄化（流出原油など）
	大気浄化	植生，土壌，水域による物理的・生物的浄化作用
	海岸防護	海面上昇・侵食に対する自然堤防，飛砂・堆積物の固定，緩衝帯
	微気象緩和	植生・湿地による防風・保湿など
基盤サービス	生態基盤	生息・生育地，光合成，受粉，遺伝子プール，連結性など
文化サービス	象徴的・審美的価値	伝統的・宗教的空間，祭り，名勝，入会地など
	レクリエーション・観光	海水浴，セーリング，シュノーケリング，ホエールウォッチングなど（海洋生態系の魅力）

出典：Liquete *et al.* (2013) を改変

おける海岸砂丘（9.2節），海岸林（9.4節），マングローブ林や砂浜（9.5節）といった生態系の重要性が再認識され，生態系を活用した防災・減災（Ecosystem-based Disaster Risk Reduction: **Eco-DRR**）が注目されるようになった．すなわち，海浜が有する生態系サービスが防災・減災に資する防災インフラとしても機能することが認められ，これらは従来のコンクリートを主体とした人工構造物（グレーインフラ：Gray Infrastructure）に対して，**グリーンインフラ**（Green Infrastructure: GI）と呼ばれている（詳細は15.2節）．

GIの優位性はその多機能性であり，防災という単一機能ではグレーインフラに及ばない面もあるが，計画規模を超えるような災害に対してもある程度の機能を発揮する点や，レジリエンス（3.2.4項，15.1.2項）を有するなど，前述の生態系サービスを考慮すると，経済的にも優れている点が指摘されている．また，GIは地域単位で伝統的に活用されてきた自然資源であることも多く，地域の生態系保全とともに歴史や文化の保全と活用を目指す地域再生とも親和性が高い．近年では，社会課題の解決にこのような生態系サービスを活用することを目指した，自然に根ざした社会課題の解決策（Nature-based Solutions: **NbS**; 15.1.3項）というより大きな概念もよく用いられ，GIもこれに包含される．

9.1.4 総合的沿岸域管理に向けて

GIとしての海浜への期待に反して，その保全状況は危機的である．それは前述の気候変動などの自然環境の変化だけでなく，河川改修工事やダム建設，防潮堤の整備や海岸林による土地の安定化などの人為的活動が複合的にもたらしたものでもある．そのため，1992年のリオ地球サミット以来，海洋・沿岸域の諸問題を解決するための総合的な管理計画の必要性が国際社会で求められてきた．2015年の気候変動枠組条約締約国会議（COP21）にて採択されたパリ協定では，海洋・沿岸域の総合的管理が具体的行動のためのツールとして取り上げられた．日本国内では，2007年に施行された海洋基本法に基づき，2008年より海洋基本計画が策定（2018年改定）され，自然的社会的条件から見て一体的に管理すべき海域・陸域について，制度・計画，管理主体，関係者，対象，科学的知見の総合性を考慮した総合的管理に取り組むことが位置づけられた．

2011年の東北地方太平洋沖地震による災害（東日本大震災）からの復旧・復興事業では，沿岸域のエコトーンで見られた生態系の再生プロセスを十分に活用できず，むしろ分断によって生態系の相補性が断たれた結果，環境変動に対する安定性が脆弱になりつつある．流域から海洋まで，あるいは自然環境から地域文化までを一体的に考慮する**総合的沿岸域管理**（Integrated Coastal Zone Management: **ICZM**）の早急な実質化が求められる．

9.2 海岸砂丘の形成と今日の危機

9.2.1 日本列島の海岸砂丘とその成立要因

河川や沿岸流によって海岸に運搬された大量の砂礫が波の働きで打ちあげられ，砂浜が形成される．強い風があれば，砂浜の砂は後背地に運ばれて「砂丘」となる（図9.2）．「沖浜」は海岸近くの水深が浅くなった砂礫の浅海で，波高の変化に応じて侵食・堆積が繰り返される．砂の供給が多ければ「汀線」と並行に砂がたまって「沿岸砂州」が形成され，砕け波が見られる砕波帯となる．沿岸砂州から干潮時の汀線までの部分を「外浜」と呼ぶ．干潮時には浜になるが満潮時には海中に没する部分は「前浜（潮間帯）」と呼ばれる．「後浜」は通常は満潮汀線より上にあり，高潮や防風時に波の働きで打ち上げられた砂が堆積した部分である．前浜から後浜には波によって運ばれた砂による平坦な微高地が見られ，「汀

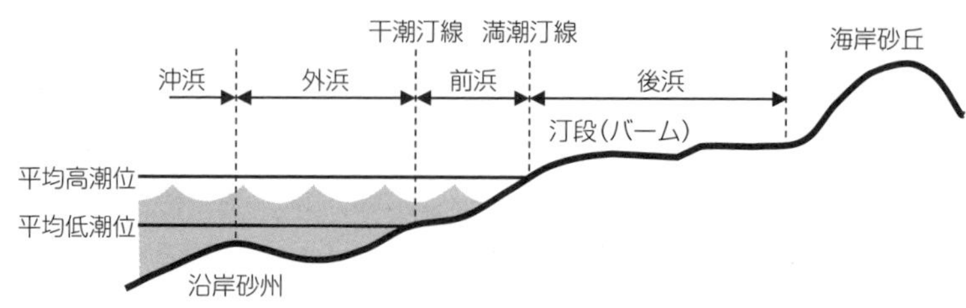

図 9.2　砂丘をもつ砂浜海岸の模式断面（赤木，1991 を改変）

段」（berm）と呼ばれる．汀段には塩分や乾燥に強い植物がまばらに生育するが，台風などの暴浪時に汀段は侵食され，容易に破壊される不安定な立地である．このように波の作用で堆積した砂浜の砂が風によってさらに内陸側に運搬され，堆積してつくられるのが「**海岸砂丘**」（coastal dune）である．

日本列島では海岸線全体の約 7%（1,900 km）に海岸砂丘が発達している．海岸砂丘が形成されるためには，(1) 海岸に継続的に砂が大量にもたらされること，(2) 遠浅の海岸であること，(3) 陸域に対して一定の方向から強い風が吹きつけること，(4) 海岸の背後に沖積（ちゅうせき）平野のような開けた土地があること，などの条件を満たす必要がある（星見，2012）．砂は乾燥しやすいことから，日本列島のように雨が多い地域であっても，海浜表面の砂が乾燥するタイミングで砂を後背地に動かす風が吹き，そこに開けた土地があれば砂丘をつくる条件は整う．特に日本海側では季節風や海流，海底地形の要因により海岸砂丘がよく発達する．各地に発達した海岸砂丘の背後には潟湖や沖積平野，蛇行河川が共通して見られる．

9.2.2　流砂系の視点

海岸砂丘に供給される海浜や浅海底の砂は，もともとは岩石海岸の侵食や近隣の山地から河川を通じて供給されたものである．河川は山地を侵食して砂を運搬し，河口近くの海底に大量に堆積する．沿岸流により河口から運ばれた砂は浅海底に沿岸砂州を形成する（赤木，1991）．海浜の景観を考えるにはこれら砂の動きを俯瞰的に捉える「**流砂系**」の視点が重要である．

流砂系の中で，暴浪時に侵食された砂浜の砂は沖浜の沿岸砂州に堆積し，波が穏やかになると再び浜に向かって移動し汀段をつくるなどして侵食前の状態に回復する（小玉ほか，2017）．これを「**ビーチ・サイクル**」と呼び，この作用により浜と浅海底の堆積物は頻繁に交換している．ビーチ・サイクルが安定するには沿岸砂州への持続的な砂供給が必要である．20世紀後半に各地で深刻となった海浜の海岸侵食は沿岸砂州の縮小傾向と同調していることが知られている．高度経済成長期に盛んに実施された川砂利採取が沿岸への砂流出を減少させ，ビーチ・サイクルの衰退を通じて**海岸侵食**を引き起こしたと考えられている．

砂浜の侵食・堆積量だけでなく，その粒度組成は後背地への**飛砂**量を変化させ，海岸砂丘の動態やそこに生育する植物に影響する．飛砂粒子を含んだ風は含まない風に比べて2000倍以上の物理的威力をもち，風下側での飛砂を引き起こす．一方，砂の中央粒径が1.0 mmに達する粗粒化が起こると，飛砂は抑制されることが知られており，風下になる砂丘内の飛砂が不活発となって植物の繁茂を引き起こす可能性がある．海浜の動態にはこのように流砂系が深く関わっている．

9.2.3 砂浜と海岸砂丘の減少

100年ほど前まで，日本には内陸に張り出した大きな砂丘のある海浜が至る所にあった．しかし現在の日本で見られる海浜は海岸沿いに細長く残る砂浜のみで砂丘はほとんどない．20世紀後半の40年間で全国の砂浜と砂丘の奥行き（汀線から砂浜の内陸側の境界までの距離）は4分の1に減少した（由良，2014）．この主な原因は，内陸側からの開発と海岸林の造成であった（9.4節）．地域住民にとって，砂浜や砂丘は河口部の利用しやすい場所に存在しながら，ほとんど使い道のない土地，あるいは飛砂害を受けるやっかいものであった．**飛砂**や潮風を抑え農地として利用するために古くから各地で海岸クロマツ林造成の努力が行われてきた．海岸クロマツ林が成立し背後の環境が穏やかになれば，その場所は農地や集落に改変され，砂丘は消滅する．20世紀半ばまでに海浜の造林技術が各地に行きわたり，本州以南では海岸クロマツ林がありふれた風景となった（小田，2003）．前述のように海側では海岸侵食が進み，防潮堤が造られた．こうした場所では，内陸側からのクロマツ植林とあわせ両側から海浜のエコトーンが失われてきた．海浜植生だけでなく砂浜そのものがなくなり，海岸が防潮堤と海岸クロマツ林だけで構成されているかつての「浜」もある．

このように，かつては比較的普通に見ることのできた広大な砂浜と海岸砂丘は，今やほぼ絶滅状態といえるほど減少してしまっている．日本では，堤防や道路といった人工物の見られない海浜はわずか13%という報告もあり（由良・開発，2008），砂浜や海岸砂丘の減少は人為的な要因がほとんどである．かろうじて残された海沿いの細長い砂浜も，今日，気候変動に伴う海水面の上昇に直面している．人為が引き起こした砂浜海岸エコトーンの危機は，今後ますます深刻化することが懸念される．

9.3 水圏と陸圏をつなぐ砂浜海岸エコトーン

9.3.1 水陸緩衝系としての海辺

元来，「海と陸と川が出合う境界領域」としての海辺は，水圏と陸圏が「空間・時間スケールを異にする，様々な揺らぎ」を内包しながら相接する，躍動的で，固有性の高い景観領域である（平吹ほか，2011）．その全体像を鳥の眼で俯瞰すると，一義的には，生態系の基盤を構成する地表と植生によって生み出される「成帯的（zonal）な景観」として認知できる（図9.3；口絵14，15）．生態学の分野では**エコトーン**，地理学の分野では「カテナ（catena）」という概念の下で，その構造や動態，機能が探究されてきた．

一方，平野・海岸域で発展してきた経済活動を受けて，今日では堤防や護岸の建造，埋め立て，地表改変といった人為が水際・浅水域まで及んでいる．その結果，海と陸と川の境界の多くは人工的な構造物や緑地で仕切られ，狭矮な砂浜や干潟が付帯する状態に変貌した（小野ほか，2004；須田，2017）．本来，多様な立地，生物種，生態系が大小の変動や推移を通して作用しあい，可塑性と多機能性を発現していた空間は，今や「堅固な壁面，厳格な直線」に成形され，原生の海辺を体感・認知することはもちろん，想起することさえ困難となっている．

図9.3　砂浜海岸エコトーンの成帯景観を構成する，海辺に固有な生態系
仙台湾岸の砂浜（前浜・後浜）―砂丘―潟湖―後背湿地の生態系を模式的に配列（写真は2005～2010年に撮影）．口絵15参照．

9.3.2 砂浜海岸エコトーンの形成と変遷

自然な砂浜に縁取られた海辺を構成する**地形ユニット**には，汀線付近に位置する前浜，後浜，潟湖，干潟，砂州や，内陸側に展開する砂丘，後背湿地などがある（図 9.1）．そして，こうした様々な地形ユニットの総体としての砂浜海岸エコトーンの形成には，地殻変動・海水準変動といった地史的イベントや，流砂系という地形形成プロセスによる日常的な地表変動が関与している（9.2 節）．例えば伊藤（2006）は，仙台湾南部海岸・仙台平野で調査を行い，現在の海岸線を形成する浜堤の陸地化はおよそ 1000 年前，平安時代中期に始まったと見積もっている．幅数百メートル，海抜 4 m に達し，微細な凹凸を有する陸水域の歴史は，意外なほど新しく，短い．

陸地化に伴って誕生し，発達・退行が繰り返される「揺らぎが顕著で，多様な地形ユニット」では，海辺に適応した先駆的な水生・湿生・砂浜・海岸植物が世代を重ね，また，おおむね江戸時代以降 400 年にわたって，海岸クロマツ林の創出・利活用もなされてきた（9.4 節）．裸地に侵入した植物は動物を呼び込み，多様な**遷移系列**と生態系機能を海辺に付加し，片や**生物資源**を求めた人間はそうした自然の摂理を身をもって学びながら，順応的な暮らしを育んできた．つまり，砂浜海岸エコトーンは，「海辺本来の生物種・生態系に対して，人間が調和的・持続的共存を追求してきた里浜」でもある．

9.3.3 海辺のレジリエンスの発現機構

砂浜海岸エコトーンを景観生態学の視点で探求する際，「立地，生物，環境変動」という枠組みを設定し，3 者を関連づけて解析してみることが有益である．すなわち，(1) 塩水・汽水・淡水や泥・砂・礫・岩といった基質の，水陸間における成帯的な分布パターン，および成帯内におけるモザイク的な配置様態，(2) そうした多様な立地のいずこかを**ハビタット（生息・生育地）**とする，**ニッチ**（niche）を異にする様々な水陸生物種の存在，そして (3) 干満や海流・河川流，波，風，水温・地温などの周期性のある変動と，津波や高潮，洪水，暴風といった予見が難しい高強度の攪乱の発生，である．

2011 年に発生した東北地方太平洋沖地震津波（東日本大震災）は，数百年から 1000 年に一度という低頻度で生じた大規模イベントとして，仙台湾南部海岸・仙台平野をも著しく攪乱したが，この極端事象が砂浜海岸エコトーンのもつ

レジリエンスの力強さと巧妙さを考究する機会となった．上述したアプローチによる諸調査から，基質の移動や変質，生物種の損傷や死亡，そして同所あるいは内陸側にシフトしての迅速な自律的再生に関する実態が把握された（平吹，2014；日本生態学会東北地区会，2016；岡・平吹，2021；口絵16）．そして，砂浜海岸エコトーンに入れ子細工のように組み込まれた**不均一性**（heterogeneity：多様な立地・生物種の存在），**連結性**（connectivity：複数の生態系をつなぐ基質・生物種の存在），**冗長性**（redundancy：緩衝・逃避・再生機能を担う余剰部分の存在）が生態系レジリエンスの発現にとって，核心的要件であることが明らかとなっている．

9.4　クロマツと海岸林

9.4.1　自然植生と海岸クロマツ林

日本の自然植生としての**海岸林**には，北海道から東北地方北部ではカシワ，エゾイタヤなどを主な構成種とした落葉広葉樹林が見られ，東北地方以南ではトベラ，マサキなど，伊豆半島から九州南部まではウバメガシなどを主な構成種とした常緑広葉樹林が，また南西諸島の汽水域にはマングローブ林が成立する．

一方，日本では12〜15世紀にかけて森林伐採による山地の荒廃が生じ，河川を通じて流出した土砂で海浜が拡大したと考えられている．そのため海岸域は風に加えて砂の影響が大きくなり，防風防砂林としてのクロマツ植林が各地で行われた（太田，2012）．海岸砂丘の砂防植栽は1500年代後半に始まり，各地の藩により進められたものも多い（小田，2003）．つまり，本来砂浜および砂浜植生が成立する立地に海岸クロマツ林が成立していることになる．

9.4.2　海岸クロマツ林の構造と機能

海岸クロマツ林は海岸線に沿って成立しており，海側に砂浜や海浜植生，内陸側に農地や居住地，さらには内陸や斜面の広葉樹林が分布している（図9.4）．海岸クロマツ林の構造は長さ，幅，高さに加え，構成するクロマツの単位面積当たりの密度や樹形などにより特徴づけられる．海岸林は細長い形状をしていることが多く，コリドー（corridor：生態的回廊）として，フィルター（filter），ソース（source），ハビタット（habitat），コンジット（conduit：導管），シンク

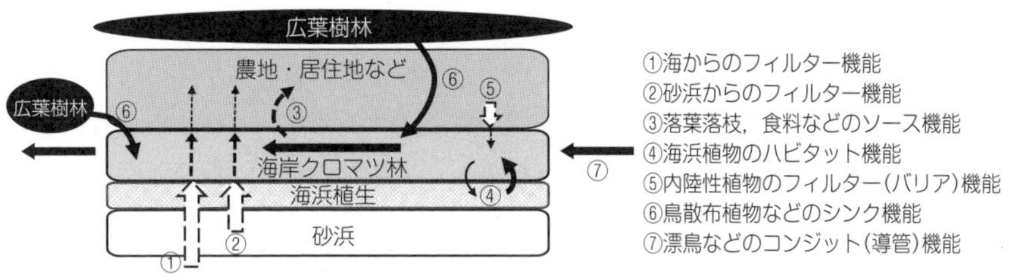

図 9.4 海岸クロマツ林の配置と機能

(sink) という5つの機能 (Forman, 1995) に整理できる．まず，海からの風，塩分，津波，漂着物などや砂浜からの砂の移動を減少させるフィルター効果がある（図 9.4 ①，②）．基本的には海岸林の長さ・幅・高さが大きいほど効果が大きいが，樹木の配置や形状などにも影響を受け，密閉度は高すぎると防風効果の範囲は狭くなる（中島，2012）．クロマツの落葉・落枝は燃料や肥料として，ショウロなどのキノコも食料として利用される．これは移出率が移入率を上回るソースとしての機能である（③）．基質が砂で密度が疎で林床への日射が十分であれば，海浜植物のハビタットとしても機能する（④）．密度が高く林床が暗い場合は，内陸性の植物や外来種などの海浜への侵入に対してバリアあるいはフィルターとして機能する（⑤）．内陸や斜面の広葉樹林からは主に鳥散布の種子が供給されており，移入率が移出率を上回るシンクともなる（⑥）．ヒヨドリが渡りの際に利用すること（林田，2011）などは，コンジットとしての機能といえる（⑦）．

海岸クロマツ林は汀線側で風の影響を受け樹高成長が制限される．一方地下部は，汀線側では地下水位が高くクロマツの垂下根（支持根）は発達せず水平根（側根）が発達するのに対し，内陸側では地下水位が低いので垂下根（支持根）が発達する．これにより内陸側の個体の樹高も高くなる．

燃料革命以降，落葉落枝の利用が減少したことに伴い，周辺広葉樹林からの種子供給により遷移が促進され，広葉樹林化が進みクロマツ林が消失しつつある海岸林も多い（吉﨑，2011）．また，マツ材線虫病によるマツ枯れで各地のクロマツの枯死が続いている．一方，海岸クロマツ林周辺の他のマツ林を樹種転換することによって，マツ枯れ被害が終息した例も見られることから，人の利用および広域での植生配置が海岸クロマツ林の維持管理に重要である．

地域住民が実感する機能は，海岸の方位や後背地の土地利用によっても異なり

(遠藤ほか, 2016), その機能に応じて求められる森林構造も異なる. 名勝に指定されている海岸クロマツ林は, 形状比が小さく枝下高や葉群高が低い樹形のクロマツが特徴である. 一方, 防風防砂機能のみを求めるのであれば, 広葉樹林への転換も考えられる. また, 本来の海浜植物などの生育地として機能させるのであれば, 砂質上に成立した林床の明るいクロマツ疎林にもその機能は期待できる. このように, 海岸林の機能を発揮させるには, 目的に応じた個体, 林分, 周辺土地利用・植生までのスケールを考慮した**目標植生**の設定と管理が重要である.

9.4.3　海岸クロマツ林の現状と今後

後背湿地を含む沿岸域は, 本来多様な機能を有する立地であったが (Fujihara *et al.*, 2011), これらの土地の多くが海岸林や農地となり, さらに第二次世界大戦後の集中的な植林により土地利用は大きく変容してきた (宇多, 1997；9.2節). 近年も, 防災林としての海岸林の拡大による海浜生態系の縮小・孤立化や非海浜植物の増加が生じ, 最前線の海岸域本来の生物多様性が低下している (岡ほか, 2009；永松, 2014). 海岸域の生物多様性の維持には, 基質としての砂が重要であるが, 東日本大震災復興後の海岸林では, 山土の導入により海浜植物の減少と外来種の増加が生じている (曲渕ほか, 2020).

かつて海岸林が有していた燃料などの供給サービスは, 現在はほぼその需要が消失している. 一方で, 東北地方太平洋沖地震などをきっかけに, 海岸林のEco-DRRへの期待が高まっている. 文化的景観でもある海岸林は, 一定の林帯幅と樹高が確保できれば防災インフラとして機能するとともに, 生物の生息・生育地や散策地としても機能する. 今後は, 海岸クロマツ林が有する**多機能性**を重視し, エコトーンとしての不均質な立地環境を活かした管理を行うことで, グリーンインフラとして維持していく必要がある.

9.5　砂浜の生物多様性

9.5.1　海浜植物

海浜植物は, 後浜から砂丘にかけて生育し, 飛砂による埋没や洗掘などの攪乱, 塩分や高温, 乾燥などの環境ストレスに耐性をもった植物であり, 海浜生態系の基盤となる存在である. 海浜植物は, 海からの環境勾配に応じて, 生育する植物種が帯状に変化する**成帯構造**（zonation）を形成することが知られている（大場, 1979）. 後浜では, 大潮や荒天時に打ち上げられた漂着物が帯状に堆積し, 漂着物が分解されることなどにより, 一時的に肥沃な立地が形成される. このような立地に, 流木や海藻などに混ざった種子が発芽・定着し, 1年草を主とする短命な群落が形成される. 後浜に続く砂丘では, 多年草を主とした群落→低木群落→高木群落へと一般に移り変わっていく（口絵14, 15）. 高木群落は, 我が国ではクロマツの植林が進んでおり, 北海道のカシワ林を除いて, 自然状態の高木群落が残っている場所はほとんどない.

海浜植物の成帯構造の形成には, **飛砂**の作用が強く影響していると考えられている（Maun, 2009）. 海浜植物の種類によって, 飛砂による埋没や洗掘(せんくつ)に対する耐性が異なるためである. 砂丘に生育する海浜植物は, 飛砂によって植物体が埋没したとしても, 地下茎を上向きに伸長させる種が多い. 例えばコウボウムギでは, 冬季に最大50 cmの堆砂があった立地からでも, 翌年の再成長が確認されている（笹木・根平, 1991）. 一方, 飛砂による洗掘には弱い種が多く, 根や地下茎がむき出しとなり, 風が吹き抜ける立地は裸地や低い植被になりやすい. 飛砂が植物体に衝突することで, 葉などを損傷させて, 植物体内に塩分が侵入しやすくなり, 枯死につながることもある（Ogura & Yura, 2008）. 海浜植物は, 葉のクチクラ層を厚くすることで, 高温や乾燥に加えて, このような飛砂による葉の損傷を回避していると考えられている.

海浜植物は, 地表付近の風を弱めることから, 飛砂から後背地を守るために, 海岸林の造成の際などに古くから砂丘に植栽されてきた. 現在でも, 日本海沿岸では, 砂丘に隣接する道路や線路への飛砂が問題となっている地域もあり, 海浜植物による飛砂の抑制が期待されている. 砂丘への植栽には, 砂の埋没に強いコウボウムギやテンキグサなど在来の海浜植物だけでなく, 外来植物のオオハマガヤが日本海や東北地方の沿岸では利用されてきた. オオハマガヤは, 砂丘の固定効果は高いが, 単一種からなる純群落を形成することも多く, 海浜植物の種の**多様性**を著しく低下させる危険性がある. 近年は, オオハマガヤの利用が問題視されるようになったが, すでに多くの海浜に定着してしまっている. 砂丘に植物を導入する際には, 既存の生態系への影響を十分考慮に入れたうえで, 在来種であることはもちろん, **地域性系統**の植物を利用する必要がある.

海浜生態系では, 海から陸に向かった環境や生物種の変化に加えて, 海を介した海浜間のつながりも重要である．海浜植物の種子は，海流を利用した種子の散布が知られており，散布距離が長いものでは，熱帯や亜熱帯植物の種子の日本本土への漂着が記録されている．日本本土に生育する海浜植物についても，海水での種子の長期間浮遊が可能であり，海水に種子が接触しても発芽能力を失わないことなどから，海を利用した長距離の**種子散布**が可能な種が多い（澤田・津田，2005）．そのため，生育地が孤立しているように見えたとしても，周辺の海浜との種子のやりとりによって，群落の消失と再生を繰り返している可能性もある．その実例として，東北地方太平洋沖地震による津波によって一度水没して，その後に回復した砂浜において，コウボウムギやハマヒルガオなどの種子から群落が再生した事例も観察されている．津波に耐えた周辺の群落から，海を介して，種子が漂着してきたのである．

9.5.2　海浜植物と小型動物のつながり

海浜生態系の動物相は，環境が厳しいため，豊富とはいえないが，通常は昆虫類，とくにハチ目，コウチュウ目やハエ目などが優勢となる．有剣ハチ類の中には，キヌゲハキリバチやシモフリチビコハナバチなど，海浜に特化して生息している種類も存在する（郷右近，2010）．これらの種は，海浜植物の花を主な吸蜜源としており，花粉媒介者として海浜植物の繁殖を支えている．また，種類によって訪花する海浜植物が異なり，キヌゲハキリバチはハマゴウに集中して訪花する．このように有剣ハチ類と海浜植物の間には多様な**送粉共生**関係が構築されていると考えられる．

海浜植物に訪花する有剣ハチ類は，海浜に依存した種だけでなく，周辺環境から一時的に移動してくる種も存在する．そのため，海浜植物の送受粉は，周辺環境にも影響を受ける可能性がある．ハマヒルガオの訪花昆虫を調べた事例では，都市化が進み，周辺の緑地面積が狭い海浜ほど，訪花昆虫の種数が減少し，養蜂由来のセイヨウミツバチの占める割合が高くなった（楠瀬ほか，2007）．採餌から営巣活動までの生活史すべてを海浜で行う種類は決して多くないことから，海浜植物の送受粉には，海浜の周辺環境も含めた訪花昆虫の保全が重要である．

先述のとおり植物の生育は少ないが，前浜や後浜に依存して生息する小型動物も存在する．海浜を主な生息地とするハンミョウ類は国内に6種知られているが，このうち，イカリモンハンミョウは前浜と後浜を主な生息地としている（上田ほか，2020）．成虫は汀線よりの前浜に，幼虫は汀線から離れた後浜上部に集中して分布する．イカリモンハンミョウの幼虫は巣穴に身を潜めて待機し，生きた小型動物を捕食する．餌資源となる小型動物は，海藻などの漂着物の下にハネカクシ類やハサミムシ類などが潜んでおり，その中でも甲殻類のハマトビムシの仲間が圧倒的に多い．後浜は，砂丘に比べて，海藻などが漂着しやすく，さらに表層の砂が湿っているため，掘った巣穴が崩れにくい．そのため，イカリモンハンミョウは，荒天時などに生息地が攪乱されやすいにもかかわらず，後浜を主な生息地にしていると考えられている．海浜植物の生育地の視点からは前浜や後浜は重要視されないかもしれないが，海浜生態系の視点からは，前浜と後浜，そして砂丘へと続く立地すべてが重要となる．さらに，海藻などの漂着物は，ゴミとして扱われることが多いが，海浜生態系の食物連鎖の開始を担う重要な要素である．海浜生態系の保全の際には，**砂浜海岸エコトーン**という生態系の連続性の視点に加えて，各生態系ユニットの中でも，環境が連続的に変化することで，動植物の種の多様性が維持されている点に配慮が必要である．

引用文献

赤木三郎（1991）地球の歴史をさぐる 9 砂丘のひみつ．170 pp.，青木書店

遠藤健彦・藤原道郎 他（2016）淡路島の海岸クロマツ林における地域住民の実感としての生態系サービス．日本海岸林学会誌，**15**, 1-7

Forman, R.T.T.（1995）*Land Mosaic*. 652 pp., Cambridge University Press

Fujihara, M., Ohnishi, M. *et al.*（2011）Conservation and management of the coastal pine forest as a cultural landscape. *in* Landscape Ecology in Asian Cultures（eds. Hong, S.K. *et al.*）pp. 235-248, Springer

郷右近勝夫（2010）砂浜の後退にともなう海浜性有剣ハチ類の衰退．日本の昆虫の衰亡と保護（石井実編）pp. 174-188，北隆館

林田光佑（2011）生物多様性保全機能．海岸林との共生（中島勇喜 他編）pp. 56-60，山形大学出版会

平吹喜彦（2014）特集にあたって：砂浜海岸エコトーンモニタリングがとらえ始めた植生の応答とレジリエンス．保全生態学研究，**19**, 159-161

平吹喜彦・富田瑞樹 他（2011）東日本大震災・大津波で被災した仙台湾砂浜海岸エコトーンとその植生状況．薬用植物研究，**33**, 45-57

星見清晴（2012）鳥取砂丘の概況．鳥取砂丘まるごとハンドブック（鳥取砂丘検定実行委員会 編）pp. 8-11，今井書店

伊藤晶文（2006）仙台平野における歴史時代の海岸線変化．鹿児島大学教育学部研究紀要（自然科学編），**57**, 1-8

小玉芳敬・永松大 他（2017）鳥取砂丘学，102 pp.，古今書院

楠瀬雄三・村上健太郎 他（2007）海浜周辺の緑地減少によるハマヒルガオ訪花昆虫の喪失．日本緑化

工学会誌，**33**, 243-246

Liquete, C. Piroddi, C., *et al.* (2013) Current status and future prospects for the assessment of marine and coastal ecosystem services: A systematic review. *PLoS ONE*, **8**, e67737

曲渕詩織・山ノ内崇志 他（2020）東日本大震災後の造成された海岸防災林生育基盤盛土上に出現した植物相及び植生．保全生態学研究，**10**, 1-10

Maun, M. A. (2009) The Biology of Coastal Sand Dunes. 265 pp., Oxford University Press

永松大（2014）鳥取砂丘における最近 60 年間の海浜植生変化と人為インパクト．景観生態学，**19**, 15-24

中島勇喜（2012）防風．日本の海岸林（村井宏 他編）pp. 249-264，ソフトサイエンス社

日本生態学会東北地区会 編（2016）生態学が語る東日本大震災，191 pp.，文一総合出版

大場達之（1979）日本の海岸植生類型①—砂浜海岸の植物群落．海洋と生物，**4**, 55-64

小田隆則（2003）海岸林をつくった人々，254 pp.，北斗出版

Ogura, A. & Yura, H. (2008) Effects of sandblasting and salt spray on inland plants transplanted to coastal sand dunes. *Ecological Research*, **23**, 107-112

岡浩平・平吹喜彦 編（2021）大津波と里浜の自然誌，118 pp.，蕃山房

岡浩平・吉﨑真司 他（2009）湘南海岸沿岸域における砂丘の開発が海浜植生に及ぼす影響．景観生態学，**14**, 119-128

太田猛彦（2012）海岸林形成の歴史．水利科学，**326**, 2-13

小野佐和子・宇野求 他編（2004）海辺の環境学，288 pp.，東京大学出版会

澤田佳宏・津田智（2005）日本の暖温帯に生育する海浜植物 14 種の海流散布の可能性．植生学会誌，**22**, 53-61

笹木義雄・根平邦人（1991）海岸砂丘地における飛砂が植生におよぼす影響，広島大学総合科学部紀要Ⅳ，基礎・環境科学研究，**17**, 59-71

須田有輔 編（2017）砂浜海岸の自然と保全，280 pp.，生物研究社

富田瑞樹・平吹喜彦 他（2013）海岸林の津波攪乱跡地における生物的遺産の分布と堆砂状況．自然環境復元研究，**6**, 51-60

宇多高明（1997）日本の海岸侵食，442 pp.，山海堂

Udo, K. & Takeda, Y. (2017) Projections of future beach loss in Japan due to sea-level rise and uncertainties in projected beach loss. *Coastal Engineering Journal*, **59**, 1740006-1-1740006-16

上田哲行・百瀬年彦 他（2020）能登半島のイカリモンハンミョウ—その生態と保全—．日本のハンミョウ（堀道雄 編）pp. 206-236，北隆館

吉﨑真司（2011）海岸林の遷移（雑木の侵入）．海岸林との共生（中島勇喜 他編）pp. 144-148，山形大学出版会

由良浩（2014）砂丘植生を取り巻く危機的状況とその要因．景観生態学，**19**, 5-14

由良浩・開発法子（2008）植物群落からみた海岸白書．14 pp.，（財）日本自然保護協会

第10章 都市の景観生態

日置佳之（10.1，10.5）森本幸裕（10.2）橋本啓史（10.3）石松一仁（10.4）

▍この章のねらい▍ 2017年現在，世界人口の約55%が都市に居住している．都市には，旺盛な人間活動を支えるために，膨大な量の物質やエネルギーの流入と流出があることから，都市が地球環境に与える影響は，その面積が小さいにもかかわらず非常に大きい．都市は，人工系の土地利用・被覆が優占する場所である．しかし，都市にも多かれ少なかれ自然地があって生物の生息環境を形成し，様々な環境問題を緩和する生態系サービスが発揮されている．本章では，都市を景観生態学的に捉え，都市生態系の多面的な機能を理解するとともに，都市の持続性を高める都市生態系の役割について学ぶ．

▍キーワード▍ 都市生態学，生物多様性，生物多様性地域戦略，都市鳥類，パッチ・コリドー・マトリックス，水循環，雨庭，生態系ネットワーク，緑道

10.1 景観生態学から見た都市景観の機能

10.1.1 景観生態学と都市生態学

景観生態学的に見ると，都市は様々な人工物と自然（生態系）がモザイクを織りなす景観である．人工系と自然系（緑被地：樹林・草地，農地，河川地，公園）の土地利用・被覆の割合は都市ごとに異なるが，自然系の被覆の割合はベルリン，モスクワなどの高い都市で40%前後あり，低い都市では5%以下しかない．

都市の景観生態を理解するためには**都市の生物多様性**に関わる略史について知っておく必要がある（表10.1）．我が国における**都市生態学**の嚆矢(こうし)は，沼田真が放った（『都市の生態学』；沼田，1987）．沼田らにより，1971年に「都市生態系の特性に関する基礎的研究」が開始され，1997年には『湾岸都市の生態系と自然保護』（沼田，1997）という大著にまとめられた．『都市の生態学』の目次からは，沼田らが都市生態系を（1）気候，（2）水環境，（3）地形・土壌，（4）植

表 10.1　都市の生物多様性をめぐる略史

年	日本における概念の普及	できごと・政策
1971	都市生態学	環境庁発足
1992	生物多様性	地球サミット
1995		生物多様性国家戦略
2001-2005	生態系サービス	ミレニアム生態系評価
2008	都市の生物多様性	都市の生物多様性とデザイン
2012	グリーン（生態系）インフラストラクチャー	生物多様性国家戦略 2012-2020
2015		国土形成計画

物相・植生，(5) 動物相，(6) 物質およびエネルギー代謝，(7) 人間意識から多面的に研究したうえで，(8) 生態系，としてまとめようとしていたことが読み取れる．また，同書の末尾では当時まだ日本ではあまり知られていなかった「景観生態学」が紹介され，異質な生態系間の関係を研究対象とする景観生態学が都市生態系の研究に不可欠との見解が示されている．都市生態系の実態解明に重点を置いていた都市生態学は，2010年代以降になると生態系サービスやそれを発揮する緑地などの**グリーンインフラ**（Green Infrastructure，以下 GI）（15.2.1項）としての機能評価にも踏み込むようになった．

10.1.2　都市環境の劣化と都市生態系の機能

都市には，(1) ヒートアイランド現象などの都市気候化，(2) 大気汚染物質や二酸化炭素の大量排出，(3) 水循環の異常（地下水位低下・都市型洪水），(4) 廃棄物の大量発生，(5) 生物の地域的絶滅と都市生物の増大による生物群集の歪み（表10.2）などの問題が生じている．また，過密な都市環境は人々の心身にも強いストレスをもたらす．これらの現象は互いに関連しあっており，根本的原因は都市における人口集中や物質とエネルギーの大量流入・排出，環境の極度な人工化である．

都市景観に内在する**緑地生態系**（**緑被地**：森林・草地・農地・河川・公園など≒自然的・半自然的空間）は，都市環境を向上させる複合的機能を有しており，緑地の面積拡大，質的向上，連続性の確保・回復が，都市の環境問題の対策として有効である．

表 10.2　都市生物

区分	生息理由	生物種の例
残留種	都市化した場所にもともと生息していた種のうち，都市環境に適応して生き残った種	シジュウカラ，アブラゼミ
廃棄物依存種	生ごみなど都市から廃棄される有機物に依存する種，雑食性・腐食性の種	カラス類，カモメ類，ゴキブリ類，ドブネズミ
外来種	もともと生息しておらず，外国などから来た種．造成地，乾燥地など在来種に適さないニッチ，都市化に適応できなくて消えた在来種の空いたニッチに定着	タイワンリス，大型インコ類，アオマツムシ
岸壁生息種	元来は，岸壁などに生息する種．ビルなどの構築物を岸壁に見立てて生息	ドバト，イワツバメ
暖地性種	気候変動・ヒートアイランド現象で生息が可能になった種	ボタンウキクサ，アロエ

10.2　都市の生物多様性と景観生態

生態系を活かした町づくりには，政策レベル，計画レベル，事業レベルの時空マルチスケールの景観生態学的アプローチ（森本，2012）が役立つ．

10.2.1　政策レベル

生物多様性条約第 10 回締約国会議（CBD-COP10）の議決事項の中で，「**都市の生物多様性指標**」が取り組みの進捗状況管理ツール（CBI **シンガポール指標**）として例示された．これは種多様性や緑地の規模，連結性など「景観生態学的特性」に加えて，気候調節や文化への貢献などの「生態系サービス」，生物多様性戦略策定状況などの「ガバナンスとマネジメント」の 3 側面から各種の取り組みの進捗を評価するものである．日本では国土交通省が簡易版を開発した．

その後，都市の生物多様性に関する世界最初の包括的なアセスメントである「**都市の生物多様性概況**」（Secretariat of the Convention on Biological Diversity, 2012）がまとめられた（図 10.1）．この報告書では，都市の課題とともに取り組みの意義など 10 個のキーメッセージが示されている．

10.2.2　計画レベル

広域の生物多様性計画の例として「近畿圏における都市環境インフラの将来像（国土交通省，2006）」がある．近畿圏の生物多様性と生態系サービスの分析を基

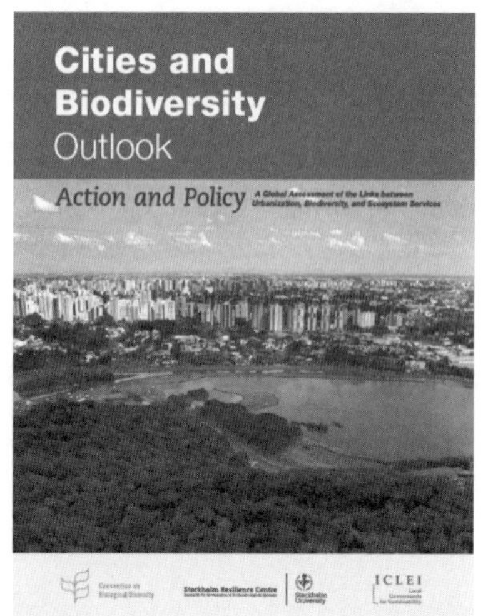

図 10.1　都市の生物多様性概況報告書の表紙

掲載されている写真は Eco-DRR の模範例であるバリグイ公園（ブラジル・クリチバ市）．湿地のスラム化を防止し，日常的には公園として，大雨時には遊水地として市街地を守るという，優れた自然立地的土地利用によって，環境，社会，経済の課題の同時解決（シナジー）を実現した．Secretariat of the Convention on Biological Diversity (2012) より転載 (https://www.cbd.int/authorities/doc/cbo-1/cbd-cbo1-book-f.pdf)．

に，29 の水と緑の拠点とそれらをつなぐ 13 の軸を社会基盤として位置づけた将来像が提示されている（口絵 17）．都市域の緑地計画については，市街化調整区域，建ぺい率，風致地区，近郊緑地，古都保存，生産緑地，工場立地法などの都市計画的な制度や指標がある．「**緑の基本計画**」や「**生物多様性地域戦略**」なども，市街地での生物生息・生育環境の確保に有効である．近年は，防災都市づくり計画や地域気候変動適応計画にも，NbS（Nature-based Solutions：自然に根ざした社会課題の解決策）（15.1.3 項）や Eco-DRR（生態系の機能を利用した減災）（15.2.2 項）の観点から景観生態学的配慮が盛り込まれている．

10.2.3　事業レベル

都市緑地の生物多様性のマネジメントでは，つぎの 3 つの景観生態学的な考え方が適切な事業立案・実施の手掛かりとなる．(a) 構成要素：本来の生物相の絶滅回避と侵略的外来種の制御，(b) パターン：自然立地を尊重した土地利用と自然景観をモチーフとしたデザイン，水辺などキーリソース（key resouce）と

1970 年

1975 年

2010 年

2015 年

図 10.2　大阪万博記念公園の森林再生（1970 年博覧会当時からの変遷）
大規模造成地に再生されたこの森では，モニタリングの結果に基づいて，基盤土壌の改良や，景観生態学的理論に基づいた順応的管理が現在も進行中である．2015 年の写真を除き提供：大阪府．

なる生態系とコリドーの確保，(c) プロセス：自然の中小規模攪乱の許容と自然の代替としての人為攪乱も含む管理方法．以下，示唆に富む結果が得られている先駆的な事例を紹介する．

(1) 大阪万博記念公園の森

1970 年万博跡地で，本来の生物多様性を有する自然林再生を意図した「自立した森」づくりが行われている（図 10.2）．約 300ha の大規模造成地の自然文化園地区（約 100ha）を中心に，気候的極相である照葉樹林（密生林）と里山二次林（疎生林）を目標として 60 万本の大苗植栽を行う，都市域では前例のない大規模自然再生の試みである．当初 10 年程度は，基盤土壌の不良による樹木の生育不良が多く発生したため，排水工や計画変更などの対応がとられた．その後は概ね成林したものの，モニタリングの結果，過密一斉林のために階層構造と種多様性に欠け，「自立した森」とは程遠いという課題が浮上した．そこで 2000 年からは，**ギャップダイナミクス**理論（3.2.3 項）を応用した**パッチ状間伐**（次世代の森づくり）と林縁エコトーンの創出など，景観生態学的な順応的管理が進行中である（森本・康，2020）．

(2) 平安神宮神苑

市街地の孤立緑地である平安神宮の神苑（国指定名勝）は，建設後 100 年余を経て顕花植物約 500 種をはじめ生物多様性に富む，市街地自然のキーリソースになっている．また琵琶湖と疏水（そすい）でつながっていたことにより，イチモンジタナゴ（絶滅危惧 IA 類）が生息していることが特筆される．これは，タナゴが産卵する大型二枚貝とその貝の幼生が寄生する底生小魚の生息を可能とした，多様な微小生息環境の存在が貢献している（森本・夏原，2005）．この多様性の背景には，

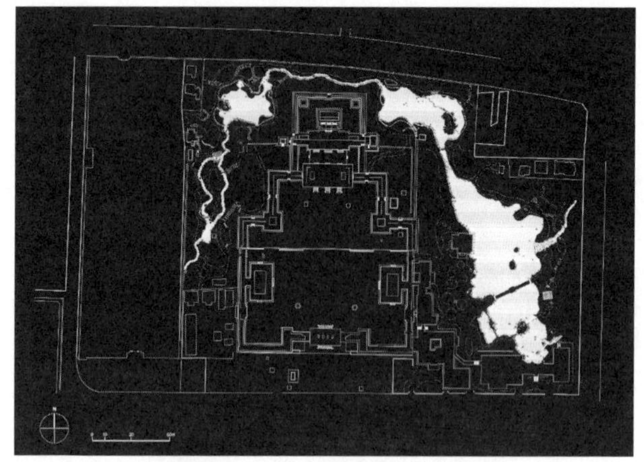

図 10.3　平安神宮神苑の池汀線

複雑な池汀線による微小生息環境の多様性が魚類の多様性を創出している（森本・夏原，2005を一部改変）.

自然界に普遍的に見られる入れ子状（**フラクタル**）パターンの縮景が日本庭園の特徴となっていることがある（図 10.3）．さらに，琵琶湖に淡水赤潮が発生した時代にその対策として設けられた砂濾過フィルタが，その後のブラックバスなどの外来魚の侵入を遮断していることも，希少種の**レフュージ**（避難場所）となっている背景にある．このように，コリドーはつながっていないことが希少種保全に有利の場合もある．さらに近年，池の汚泥の集積が大型二枚貝の生息環境劣化につながっていることが判明し，大規模浚渫（しゅんせつ）が行われた．これは自然の洪水攪乱プロセスを人為に置き換える代替措置といえる．

10.2.4　保護区としての民有緑地

3 大都市圏の約 50% が民有地であり，都市の生物多様性に対して民間参画のもつ意味は大きい．CBD-COP8 の民間参画促進決議を受け，「企業と生物多様性イニシアティブ（JBIB）」をはじめ，SDGs や ESG 投資の近年の社会動向に対応して，土地利用・都市開発での生物多様性配慮とその認証制度（ABINC，J-HEP，SEGES，LEED，SITES など）が関心を呼んでいる（海老原ほか，2018）．在来種や自生種，地域性種苗という要素に加えて，周囲との連結性や階層構造などもこうした認証評価に組み込まれるようになってきている．さらに近年，保全の実効性の観点から新たな保護区 OECM（Other Effective Area-Based Conservation Measures, 保護地域以外の地域をベースとする生物多様性保全手段；14.2.4 項）に期待が集まっている．里地里山に加えて都市緑地も，その景観生態学的評価次第ではこの要件を満たし得ると思われる．

10.3 鳥類を指標とした都市の景観生態

10.3.1 景観生態の研究対象としての鳥類

都市の鳥類といえばせいぜいスズメとカラス，ツバメくらいと思われるかもしれない．しかし都市の中でも少しまとまった樹林があれば，キジバト，ヒヨドリ，シジュウカラなどの樹林性鳥類の声を聴くことができる．近年はキツツキの仲間のコゲラのような種も都会に進出してきており，街路樹や庭木などの緑が点在する住宅地で暮らせるものもいる．冬には高緯度地方や高標高地から渡ってくる他の種類も加わってさらに賑やかになる．都市でも鳥類はそれなりにいて，しかし種類が多過ぎず，手頃な研究対象なのである．また鳥類は，種ごとの生態の基礎情報がある程度蓄積されていること（高川ほか，2011）や景観パターンに応じた分布に比較的早く近づくことから，都市の景観生態の研究対象として適している．

10.3.2 都市の鳥類にとってのパッチ・コリドー・マトリックス

(1) パッチ

都市内にあるパッチ状の樹林に生息する樹林性鳥類の，種類数や種組成を決める最も重要な要因は，パッチの面積である．種数とパッチ面積には正の相関があり，べき乗則や対数関数，あるいはロジスティック関数に従うことが多い（図 10.4）．また鳥類では種組成に面積に応じた**入れ子構造**（ある面積の生息地にはそれよりも小さな面積の生息地に生息する種のほぼすべてが生息している状態，これは一定面積以上の大きな生息地にしか出現しない種がいることをも意味する）が見られることが多く，**SLOSS 問題**（3.3.2 項）では大きなパッチ（SL: Single Large）を優先して保全することが好ましい場合が多い．これは，鳥類は移動性が高く景観パターンに応じた分布になりやすいことや，採食のために広い行動圏をもつ種がいることなどが理由と考えられる（橋本ほか，2006）．なお，

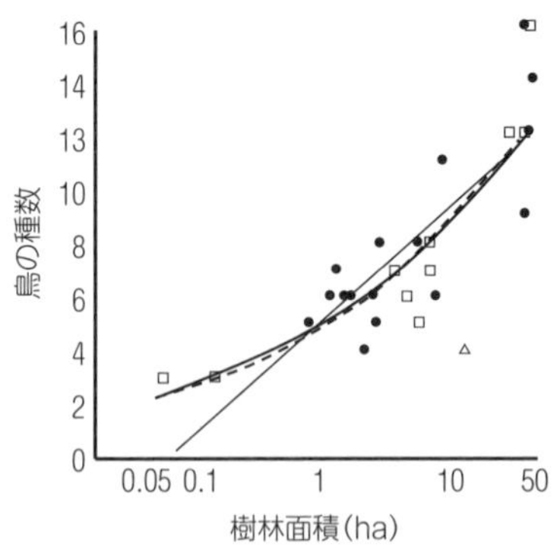

図 10.4　種数と樹林面積の関係

直線は対数関数，曲線はべき乗則，破線はロジスティック関数．(□) 50年以上の公園，(●) 10〜50年の公園，(△) 10年未満の公園 (Natuhara & Imai, 1999).

鳥類は季節移動（渡り）をするので，繁殖期（初夏）と非繁殖期（冬季）は分けて考えるべきである．パッチの質には面積の他に形状（特にエッジ効果に関わる）や植生とその階層構造（村井・樋口，1988：加藤，2005)，枯死木や樹洞の存在，孤立度などが関わる．鳥類にとってのエッジ効果とは，主に巣内の卵やヒナの捕食者や托卵者が林縁部で多いことによる影響であるが（日野，2004)，植生に対するエッジ効果を反映した食物の分布やエッジ効果の及ばない部分の面積も鳥類の分布に影響する（6.2 節).

島の生物地理学理論では山林と都市内パッチとの距離が孤立度の指標となるが，山地と市街地との距離が異なると，同じ種であっても同じパッチ面積に対する生息確率が異なる（橋本ほか，2006)．一方，メタ個体群理論では都市内のパッチ間を個体が移動できることが個体群の維持につながると考えられ，大阪のシジュウカラでは周囲 1 km 内に別の生息地があることが生息確率を上げていた（橋本，2012).

(2)　コリドー

緑道や街路樹帯，河川沿いの緑地帯のような線状の景観構造は樹林性鳥類にとって移動路となり得るが，河川や大通りは鳥類が横断しようとする際の障壁となる．翼をもった鳥類に対しては，必ずしも樹冠の連続したコリドーでなくても，飛び石状のコリドーでも移動路として機能することがある．飛び石をどのルートで利用するのが最適であるかは，電気回路上の電流を生物の移動に見立てるサーキット理論で説明することが試みられている（Shimazaki *et al.*, 2016）.

(3) マトリックス

多くの場合，樹林性鳥類にとって市街地は生息に不適な空間であるが，島の生物地理学における海とはやや異なり，マトリックスの質（特に緑被率）によっては飛び石状コリドーや，生息地の一部にもなる．マトリックスの高層建築物は，見晴らしの良い止まり場として積極的に利用される場合もあれば，パッチ間の移動やなわばり監視の妨げにもなる（橋本，2012）.

鳥類は，一つのパッチの中に行動圏が留まる**アイランド型種**，食物を求めてパッチ間を移動する**モザイク型種**，マトリックス内に点在する餌場を廻って生活を成り立たせることのできる**ドット型種**に分けることができる（小河原，1996）．都市から郊外にかけてのマトリックス内では，樹林性鳥類は樹木率の高い郊外ほど種数が増える傾向にある．樹林性鳥類にはアイランド型種も多く，また必要とする採食場所の面積が広いものもいるため，このような傾向になる．近年，生物保全のためには利用と保護の場所を分離する**“土地の節約”（land sparing）**と**“土地の共用”（land sharing）**のどちらがよいかという議論があるが（Soga *et al.*, 2014；6.3.1 項），樹林性の鳥類の場合は土地節約によってまとまった緑が確保されるほうが好ましい場合が多い．都市化と景観の分断が鳥類に与える影響とその緩和策について詳しくは，Marzluff & Ewing（2001）を参照されたい．

10.3.3　都市化に対する鳥類の適応

近年はパターンだけでなくプロセス（個体群維持機構や都市環境への適応）に関する研究が盛んになってきている（Marzluff, 2017）．都市環境への依存度や忌避に応じて**都市鳥・都市適応種・都市忌避種**に分類され，積極的な人工物の利用など，都市適応種の興味深い生態が明らかにされつつある（Schilthuizen, 2018）.

10.4　都市の水循環

10.4.1　水循環の概況

地球上に存在する水はおよそ 14 億 km^3 で，そのうちの淡水は約 2.5% といわれている．淡水の大部分は北極・南極の氷や氷河であり，地下水や河川，湖沼などの水として存在する淡水の量は地球上の水の約0.8%である．さらに淡水の大半は深層地下水であり，陸上の人類と動植物が直接利用できる河川水・湖沼水・浅層地下水は，地球上の水のわずか約0.01%にすぎない（丹保，2012）．しかも淡水は，他の天然資源の多くと同様に「偏在する資源」である．大気中の水蒸気量は気温や気候による影響を受けやすいため，降水は地球全体で見ると大変偏っている（益田，2011）．我が国の年平均降水量は1,690 mmであり，世界の年平均降水量810 mmの約2倍もあるが，1人当たりの降水量に換算すると約5,000 m^3/人/年となり，世界平均の1/3以下にすぎない（伊藤，2013）．

気候変動による極端な降水現象，産業構造の変化，棚田の放置または畑地化，森林荒廃による水源涵養機能の低下，都市域における不透水層の増加などが水循環に変化を生じさせ，豪雨による土砂災害と外水・内水氾濫，渇水頻度の増加，汽水・海岸域における水質汚濁など，生命の源である水によって人々が脅かされている（石松，2020）．そのため，健全な水循環を維持し，または回復させ，我が国の経済社会の健全な発展および国民生活の安定向上に寄与することを目的とした**水循環基本法**が2014年に施行され，2015年に水循環基本計画が策定された．

10.4.2　人工的水循環システムの限界

高度経済成長期の人口増加に伴い，土砂災害や水害などの自然災害に対して脆弱な土地にまで都市域が拡大し，生態系が内包する水循環システムと戦前に建設されたプリミティブな土木構造物だけでは，水需要の増大や自然災害に十分に対応できなくなった．そのため，コンクリートと鋼材を主材とした土木構造物の積極的建設を主軸とする人工的水循環システムの整備が都市域で展開され，それに伴い生物の生息環境も大きく変化し，生態系サービスの質が劣化した（浅枝，2011）（図10.5a）．言い換えると，都市域では，自然流域を超えた人工的な水の流れをもった流域が形成されている．さらに，非浸透面（コンクリート・アスファルト）の増加による地下水涵養量の低下など自然状態とは異なる水循環の変化も見られる．水の使用量は降水量と比較して非常に多い場合があり，水資源確保の観点からも大きな問題となっている．また，流入量とほぼ等しい水量が人間活動によって利用された水の排水として排出されており，従来の自然流域の水収支とはまったく異なった視点で捉えることが重要である（小倉ほか，2014）．

近年，高度経済成長期に一気に整備が進められた社会資本全般の老朽化問題が

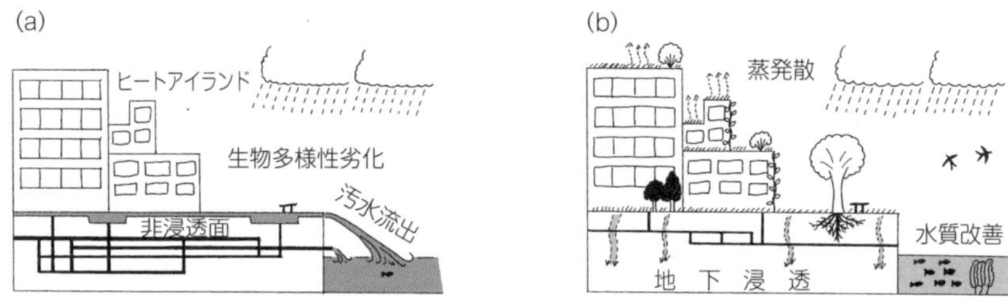

図10.5　グレーシティ（a）とグリーンシティ（b）

（a）緑地がなく，非浸透型の地表面と従来型下水暗渠に依存したシステムでは，都市型洪水や汚水流出などの問題が多発し，生物多様性の劣化も著しい．（b）積極的な緑地の導入と下水暗渠のハイブリッドシステムでは，地下浸透による都市型洪水の緩和や，蒸発散によるヒートアイランド現象の緩和，水質改善等で健全な都市型水循環が実現され，さらに生物多様性の向上にも寄与する．

顕在化し始めている．今後，少子高齢化が進展し，自治体の財政はさらに厳しい状況になるため，既存の社会資本をすべて更新することは難しい．人工的水循環システムも例外ではない．谷戸（2011）は，**合流式下水道**において数ミリリットルの降水で未処理汚水が流出する問題と，**分流式下水道**において降水直後に雨水管路内の堆積物や路面のゴミなどの汚れを含む高濃度排水（ファーストフラッシュ）が流出する問題を指摘している．そして，その抜本対策として，下水管渠(かんきょ)に流入する雨水を削減するために，各家庭・事業所などで雨水のオンサイト貯留・浸透の推進を提言している．緑化や都市緑地の再生は，その一翼を担う重要な空間になると期待されている．

10.4.3　水循環系の回復に向けた都市緑化

都市では，以前に緑地であった空間に，商業ビルや公共施設，住宅などが建設されている．これらの建造物を直ちに取り壊して，雨水の貯留・浸透機能を内包した緑地（森本・小林，2007）を再生することは極めて困難である．そのため，以前は緑化空間と見なされていなかった建物の屋上に注目が集まり，**屋上緑化技術**が発展した．Ishimatsu & Ito（2013）は，日本と英国で屋上緑化が内包する機能について調査し，生態系サービスの修復を目的とした屋上緑化手法としてブラウンルーフ（brown roof）を提案している．それと同時に，屋上緑化の限界として，(1) 建物の耐荷重制限により十分な土壌厚を確保することが難しいため，地上の緑地よりも雨水貯留量が劣ること，(2) 施工費や維持管理費が障害となり

図 10.6　世界の雨庭
(a) ポートランド（アメリカ），(b) ナント（フランス）(c) コペンハーゲン（デンマーク），(d) 京都（日本）．口絵 18 参照．

都市域の一部の屋上しか緑化されていないこと，(3) 屋上に到達できない生物種が存在すること，の 3 点を指摘している．屋上緑化技術だけで水循環系の回復を図ることは困難であり，他の緑化技術と組み合わせた方策が必要である（図 10.5b）．

西欧諸国，オーストラリア，アメリカ，シンガポールなどでは，屋上緑化に加えて，都市の限られたオープンスペースに植栽のある窪地を設けて，屋根や歩道，駐車場などの不透水面を流出する雨水を引き込み貯留させ，大気や地下に還す**雨庭**（図 10.6）が積極的に社会実装されている（Ishimatsu *et al.*, 2017）．地方自治体でも，従来型の人工的水循環システムよりも生態系と組み合わせた方が経済的に優位で，生態系の保全と活用が地域社会に経済的便益をもたらすと理解されており，自治体主導で積極的に雨庭が地域社会に実装されている．雨庭は，(1) 都市型洪水の軽減，(2) 健全な水循環系の再生，(3) 植物や土壌による雨水浄化，(4) ヒートアイランド現象の緩和，(5) 生物の生息・生育地の再生，(6) 都市景観の修復などの緑地の機能を凝縮させた空間である．また，雨水集水面積が狭い小規模な雨庭は，専門的な造園技術を持ち合わせていない一般人でも建設することが可能であるため，ガーデニングの一環として一般住宅の庭にも建設されている．このように，都市緑化は，水循環基本法に従って持続可能な都市づくりを展開する際に不可欠な雨水処理技術として存在感が増すと考えられている．

10.5　都市の生態系ネットワークと緑道網

10.5.1　都市の生態系ネットワーク

生態系ネットワーク（ecological network，以下**生態系 NW**；3.1.4 項）とは，生態系相互の水平的なつながりのことであり，これを意図的に保全したり形成し

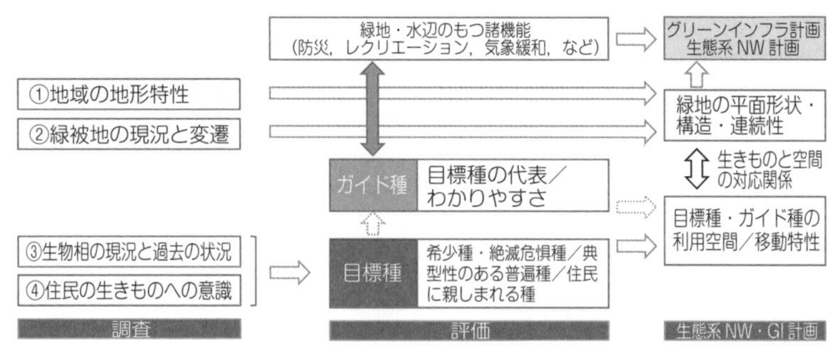

図 10.7　生態系 NW とグリーンインフラを統合した計画の手順（日置，2018a を改変）

たりする計画のことを生態系 NW 計画（ecological network planning；14.4.2 項）という．生態系 NW 計画は，動植物の生息・生育地の分断化（3.1.4 項，6.1 節）を予防し，すでに分断された生息地間のつながりを回復させて，生物多様性の保全を図るための景観生態学的計画である（日置，1999）．人工化された景観が卓越する都市域では，生態系のつながりを確保することが，生物の生存を保障するうえでとりわけ重要である．

都市の生態系 NW の標準的な計画手順を，図 10.7 に示す（日置，2018a）．まず，地域の（1）地形特性，（2）緑被地の現況と変遷（多くの場合は減少の歴史とその要因），（3）生物相の現況と過去の状況，（4）住民の生きものへの意識，などを把握し，次に，それをもとに目標種（target species）を選択する．目標種は，現在生息・生育しているが緑地の減少などによって将来の生息・生育が危ぶまれる種や，過去に生息・生育していたもののうち自然再生などにより回復が見込める種を選ぶ．生きものは，樹林地，草地，湿地，水辺などの緑地の質と規模によって生息・生育の可否が規定される．そこで，目標種とこれら緑地の対応関係を明らかにし，生息・生育可能となるよう緑地などの保全と再生を図る計画とする．平面計画は，核（core area）となる緑地の確保とそれを連絡する生態的回廊（コリドー；3.1.3 項）の配置が主な内容で，それぞれの緑地の生息・生育環境としての質的向上も重要である．目標種が多い場合には，その代表として少数の**ガイド種**（**guide species**）が選ぶことがある．ガイド種は，必然的に生息・生育地となる緑地などの質や規模を指標することとなり，さらに，生態系 NW 計画の考え方やモニタリングの際の指標を簡便に示す役割も果たす．

表10.3　生態的回廊（コリドー）と緑道の比較

ネットワーク全体	生態系NW	緑道網
帯状部分	生態的回廊（コリドー）	緑道
機能	生物の移動路 生物の生息・生育地	低環境負荷型交通網，安全快適な交通路，生物の生息・生育地・移動路，防災（避難路・防火帯），健康・レクリエーション，地域活性化
平面形状	帯状／飛び石状	帯状／線状
構成要素	樹林，草地，湿地，止水域，流水域などの緑地	通行帯 緑地帯

都市域では，様々な土地利用が競合しているため，生態系NW計画の実現にはGIとしての明確な位置づけが不可欠である．生態系NWは都市域に張り巡らす総合的なGIであり，平常時および災害時における多様な機能発揮が期待される．その際，生物の生息・生育と緑地が有する諸機能の関係を明らかにしていく必要がある．一般に，「生きものがいる」ということと，人間生活の安全，健康，快適性などとは結びつけて考えられていない．しかし，生きものは緑地の面積や構造に強く依存して生息しているので，緑地の質や量の指標になり得る．ガイド種を具体的なGI施設と対応させることで，個々のGIが果たす機能（生態系サービス）を示すことができ，特定のガイド種の存在から緑地などの機能を知ることができるようになる．その詳細情報は，日置（2018a）を参照されたい．

生態系NW計画は，GIの配置計画にほかならない．それを具体化する直接的な行政計画は，**生物多様性地域戦略**と**緑の基本計画**であるが，この2つも強く関連していることから，一本化して策定することが望ましい．神奈川県相模原市，茅ヶ崎市では両計画の一体的な位置づけが進められている（日置，2018b）．

10.5.2　緑道網

緑道（**greenway**）は，「歩行者と自転車のための緑の多い道」で，(1) 低環境負荷型交通網，(2) コリドー（生態的回廊），(3) 安全な交通路，(4) 避難路・防火帯，(5) 健康的レクリエーションの場，(6) 地域活性化，などの機能を併せ持つ（日置，2017）．緑道は通行帯と緑地帯から構成される帯状の施設であり，緑道の諸機能はこの2つの帯によって発揮される．表10.3に，コリドーと緑道の比較を示した．両者は，帯状の平面形状をしている点が共通している．緑道は，コリドーと比べて多機能であるが，一定以上の幅の緑地帯を有するものは

図 10.8 緑道の事例
(a) オランダ，アムステルダム近郊の生態系 NW と緑道．(b) 東京都世田谷区の北沢川緑道．下水の再生水を用いて流水生態系が創出された．

コリドーとしての機能も有していると考えてよい．歴史的に，生態系 NW は欧州で，**緑道網**（**greenway network**）は北米でそれぞれ発展したが，今日では，両者が実態的に一体のものとして整備されることも多い．オランダの国土生態系 NW には，自転車・歩行者専用路網と重ねて整備されている箇所が多々見られる（図 10.8a）．

市街地における生態系の保全や創出は，緑道整備として行われるものがある．東京都目黒区・世田谷区の目黒川緑道では，下水の再生水を用いた流水生態系の創出が行われた（図 10.8b）．これらは，人々が日常的に利用する空間であり，道々，野草やトンボを楽しむことができる．コリドーと緑道が重なっていることは，人と自然のふれあいを促進するうえでも大きな効果がある．

引用文献

浅枝隆（2011）生態系の環境，164 pp.，朝倉書店

海老原学・森田紘圭 他（2018）日本の生物多様性を保全するための都市開発における緑化認証制度の比較に関する研究．ランドスケープ研究，**81**, 709-714

橋本啓史（2012）都市にうまく棲みついた鳥たち．景観の生態史観―攪乱が再生する豊かな大地（森本幸裕 編），pp. 123-125，京都通信社

橋本啓史・夏原由博 他（2006）都市の景観構造と鳥類の生態．景観生態学，**10**, 65-70

日野輝明（2004）鳥たちの森，260 pp.，東海大学出版会

日置佳之（1999）オランダの生態系ネットワーク．ランドスケープエコロジー（社団法人日本造園学会 編）pp. 211-237，技報堂出版

日置佳之（2017）緑道―低環境負荷型多機能交通網―．決定版！　グリーンインフラ（グリーンインフラ研究会 他編）pp. 155-163，日経 BP 社

日置佳之（2018a）ガイド種を用いた都市域における生態系ネットワークとグリーンインフラの統合的

計画論，グリーン・エージ，**536**, 4-8
日置佳之（2018b）都市の生物多様性指標は緑地計画に寄与するか？　ランドスケープ研究，**81**, 356-359
石松一仁（2020）雨庭の社会実装化に向けた実践的シナリオの検討．景観生態学，**25**, 33-41
Ishimatsu, K. & Ito, K.（2013）Brown/biodiverse roofs: a conservation action for threatened brownfields to support urban biodiversity. *Landscape and Ecological Engineering,* **9**, 299-304
Ishimatsu, K., Ito, K. *et al.*（2017）Use of rain gardens for stormwater management in urban design and planning. *Landscape and Ecological Engineering,* **13**, 205-212
伊藤雅喜（2013）水循環システムのしくみ，224 pp.，ナツメ社
加藤和弘（2005）都市のみどりと鳥，132 pp.，朝倉書店
国土交通省（2006）近畿圏の都市環境インフラのグランドデザイン（近畿圏における自然環境の総点検等に関する検討会議），79 pp.
Marzluff, J.M.（2017）A decadal review of urban ornithology and a prospectus for the future. *Ibis*, **159**, 1-13
Marzluff, J.M. & Ewing, K.（2001）Restoration of fragmented landscapes for the conservation of birds: A general framework and specific recommendations for urbanizing landscapes. *Restoration Ecology*, **9**, 280-292.
益田晴恵（2011）都市の水資源と地下水の未来，264 pp.，京都大学学術出版会
森本幸裕 編（2012）景観の生態史観—攪乱が再生する豊かな大地，223 pp.，京都通信社
森本幸裕・康宁（2020）日本城市生境营造前沿性案例研究．风景园林，**27**，25-35
森本幸裕・小林達明（2007）最新環境緑化工学，161 pp.，朝倉書店
森本幸裕・夏原由博 編著（2005）いのちの森—生物親和都市の理論と実践，397 pp.，京都大学学術出版会
村井英紀・樋口広芳（1988）森林性鳥類の多様性に影響する諸要因．*Strix*, **7**, 83-100
Natuhara, Y. & Imai, C.（1999）Prediction of species richness of breeding birds by landscape-level factors of urban woods in Osaka Prefecture, Japan. *Biodiversity and Conservation*, **8**, 239-253
沼田眞（1987）都市の生態学，225 pp.，岩波書店
沼田眞 監修，中村俊彦 他編（1997）湾岸都市の生態系と自然保護，1059 pp.，信山社サイテック
小河原孝生（1996）都市の森：生きものの生息環境づくり．緑の読本，**38**, 557-563.
小倉紀雄・竹村公太郎 他編（2014）水辺と人の環境学（中）—人々の生活と水辺，160 pp.，朝倉書店
Schilthuizen, M.（2018）Darwin comes to town: How the urban jungle drives evolution. 352 pp., Quercus. メノ・スヒルトハウゼン 著，岸由二・小宮繁 訳（2020）都市で進化する生物たち—“ダーウィン”が街にやってくる，335 pp.，草思社
Secretariat of the Convention on Biological Diversity（2012）Cities and Biodiversity Outlook. Montreal, 64 pp.
Shimazaki, A., Yamaura, Y. *et al.*（2016）Urban permeability for birds: An approach combining mobbing-call experiments and circuit theory. *Urban Forestry & Urban Greening*, **19**, 167-175
Soga, M., Yamaura, Y., *et al.*（2014）Land sharing vs. land sparing: Does the compact city reconcile urban development and biodiversity conservation? *Journal of Applied Ecology*, **51**, 1378-1386
高川晋一・植田睦之 他（2011）日本に生息する鳥類の生活史・生態・形態的特性に関するデータベース「JAVIAN Database」．*Bird Research*, **7**, R9-R12
丹保憲仁（2012）都市・地域水代謝システムの歴史と技術，478 pp.，鹿島出版会
谷戸善彦（2011）21 世紀の水インフラ戦略 —『スマート下水道』20 の提言，270 pp.，理工図書

第Ⅲ部

地域社会への展開

景観生態学の理論や成果を現実の社会に実装していくためには，具体的なプランニング・デザインの手法に加えて，制度も含めた社会の仕組みが必要である．第Ⅲ部では，景観生態学に基づく景観のプランニングとデザインの方法論（第11章），景観に関する課題解決のための地域との協働（第12章），景観生態学の知見を活かした生態系保全や復元による地域づくり（第13章），自然環境政策と生物多様性戦略における景観生態学の位置づけ（第14章）について紹介し，「適応」と「変革」による持続可能な社会の構築に向けた景観生態学の役割（第15章）を解説する．

第11章 景観のプランニングとデザイン

上原三知（11.1）廣瀬俊介（11.2）伊東啓太郎（11.3）須藤朋美（11.4）

▌この章のねらい▌ 景観のプランニングとデザインの役割は，人が暮らす空間の過去から現在までの歴史，文化，環境の姿を翻訳し，より豊かな空間をもつ未来につないでいくことである．景観生態学は，「風景を構成する自然的要素である景観」の成立・維持の過程やその機構を探り，自然の側から人の暮らしを見ながら，そうした過程に無理なく寄り添う形で地域社会を維持していくための考え方や，手法・技術を提示していこうとする．本章では，造園や建築，土木における“ランドスケープ”のプランニングとデザインについて，その歴史と課題を概観する．そして，景観生態学に基づくプランニングとデザインのプロセスについて，都市域や水辺で社会実装された事例を参照しながら解説する．

▌キーワード▌ 土地利用計画，ランドスケープ，合意形成，住民参加，地域課題，風土，生物多様性，プロセスプランニング，順応的管理，MFLP

11.1 生態学的プランニングと景観生態学

11.1.1 景観を対象としたプランニングとデザインの課題

造園，建築，土木などの実践においては，景観の概念の扱いが景観生態学と一部異なり，実用・精神的価値の創出・向上を目的として空間や構造物を計画・設計する景観の操作が志向される．その上に，米国や欧州では，生態的な景観の計画・設計の方法も実用化されてきた．それらの我が国への導入後，外来語としてのカタカナ表記と日本語訳が混在し，混乱が見られるが，本章ではカタカナ表記「ランドスケーププランニング」，「ランドスケープデザイン」に統一する．

森林，農地，住宅などの土地利用が複合的に混じり合う景観を対象とし，総合的な視点でランドスケーププランニングやデザインを行っていくうえで，2つの課題がある．一つは造園，建築，土木といった専門技術領域の間における視点や考え方の相違によるものであり，もう一つは総合的な計画の必要性について社会的な理解や合意を得ることの難しさによるものである．異なった領域で進められてきた計画プロセスの融合には，McHarg（1969）の**生態学的プランニング**（Ecological Planning；EP）と Forman & Godron（1986）の景観生態学（Landscape Ecology；LE）が極めて大きな役割を果たした（上原，2017）．Botequilha Leitão & Ahern（2002）は，EP とそれを基礎としたランドスケーププランニングの意義を「計画の成功に不可欠な計画への市民参加プロセスの提示」，LE の意義を「計画への自然のダイナミズムを誘発する空間的目標（パッチ，コリドー，マトリックス）の導入」と要約している．次項では，社会実装された事例をもとに，それぞれの独自性や意義を解説する．

11.1.2 McHarg の生態学的プランニング（EP）

1969 年に McHarg が『Design with Nature』の中で紹介した EP は，土地の価値（生態保全機能，浸透能）と制限（災害リスク）など，異なる視点からの自然科学的な空間評価を相対ランクという同じ形式で可視化することで，オーバーレイ（重ね合わせ）を実現する計画論である．特に，開発適地や保護区の選定において，重層的に可視化された土地利用適性・不適性の地図を選択肢として住民に提示する手法は，その後の GIS を活用したプランニングの基礎となり，Steinitz らの多くの研究者やプランナーにより実践されてきた．McHarg はその後，EP に犯罪率やある病気の発生エリアなどの社会・人文科学的評価を統合し，Human Ecological Planning（McHarg, 1981）へと発展させた．

1969 年に公開された EP によるニューヨーク州スタテン島の土地利用適性評価の結果は，2005 年に襲来したハリケーン・カトリーナの被害を予見できていたこと，1970 年代に策定されたテキサス州ウッドランドの住宅開発の計画案が，近年の激甚化する局地的な大雨に対する流域全体の排出流量削減に効果的であることなどが検証され，EP の計画論としての有効性が再評価されている（Wagner *et al.*, 2016; Yang & Li, 2011）．EP は，土壌や地質の透水機能を活かすことで防災・減災の効果を高め，激甚化する自然災害を軽減するためのプランニング手法にもなり得る．

日本では，1980 年代に，国土庁が EP を国土計画に適用するために環境目録を整備していた．2011 年の東日本大震災からの復興過程において，福島県新地町では，国土庁の目録を用いた複合災害リスク評価が実施された．そして，大規模な水田や湿地の埋め立てを伴わず，複数の復興住宅建設適地が速やかに選定され，復興事業が短期間で実現した（上原，2021）．EPプロセスによる迅速な計画策定と事業の実施により，新地町は震災後に人口を回復させた数少ない地域の一つとなった．

以上のようにEPは，「色の濃淡で表現した**科学の翻訳と統合**」といえるものであり，複合的な情報を市民に理解しやすい形で提示できる点が特徴といえる．

11.1.3　Formanらによる景観生態学（LE）の考え方とデザイン

FormanらのLEで提案された，景観を**パッチ**，**コリドー**，**マトリックス**（3.1.3項）というパターンで一体的に把握する考え方は，ランドスケープのデザインにおける自然の生態系の保全や，新たな創造を誘発する**空間的目標**の導入に大きな役割を果たした．意匠的な観点から見ると，McHargのEPと比べて，LEの環境評価は簡単に認識できる「緑地のかたち」として表現されているため，より空間のデザインにつながりやすい（宮城，2001）．また，保全対象地と周辺地域とのモザイク構造のデザインにおいては，緑地と周辺環境も含めた空間をパッチ，コリドー，マトリックスの**パターン**として一体的に扱える点に意義がある．

近年では建築・都市計画の分野でも，LEの形態論ともとれる生息・生育地としてのパッチの指標や，Susannah Haganの植物の土塁や建物の形状による生態系機能の定量化を意識したデザイン事例が注目されている（Duany & Talen, 2013）．また，ランドスケープアーバニズムと呼ばれる都市計画理論では，LEの再解釈により新たな生態系を構築しようとする挑戦的な試みも行われてきた．これらのWest 8's Shells（https://www.west8.com/projects/landscape_design_eastern_scheldt_storm_surge_barrier/）やThe High Line（https://www.thehighline.org/）などの事例は，必ずしも本来の自然生態系の復元ではないが，世界的に注目される作品となり，社会の関心や宣伝効果を高めることで，社会的な合意の獲得に成功している．

以上のようにLEは，新たな生態系を構築する，より挑戦的なデザインにも影響を与えてきた．こうしたLEに基づく新しいデザインは，特にブラウンフィールド（汚染地や都市内の利用放棄地など）における再開発のように，元の自然が破壊され新たな秩序が必要なエリア，あるいは人口減少で維持管理が難しい農林地において，景観単位での社会的なニーズや合意を獲得するうえで，有用である．

11.2　環境形成技術としてのランドスケープデザイン

11.2.1　土地利用と環境形成技術

ランドスケープデザインは，アメリカでの近代工業化，市民社会の成立を背景に，19世紀中期，都市の衛生環境悪化予防や，社会階級を問わずすべての市民が平等に利用できる共有の緑地の創出を目的として考案された技法である（石川，1991）．その際，それ以前からあった土木，建築，造園などの**土地利用・環境形成技術**群が，新たな社会的・市民的要求に対応するために統合された．そして，統合された新しい考え方は，ランドスケープアーキテクチャー（landscape architecture）と名づけられた（Beveridge & Rocheleau, 1995）．工業化の展開と共に20世紀前期からデザインが普及し，それにあわせてランドスケープデザインの名称も併用されるようになった．

ランドスケープアーキテクチャーは，大正期に「造園」と翻訳されて日本に導入された（粟野，2018）．建設業法で認められている造園工事の内容から，日本で認知されている「造園」の定義を考えると，「整地，樹木の植栽，景石のすえ付けなどにより庭園，公園，緑地などの苑地を築造し，道路，建築物の屋上などを緑化し，または植生を復元する」ことになる（国土交通省，2014）．しかし，本来，ランドスケープデザインは「苑地」の築造のみならず，周辺の土地利用や環境形成に対しても検討し，ランドスケープのあり方を総合的に提案する役割をもつものである．

第二次世界大戦で荒廃した欧州では，戦後，急激な復興が遂げられる一方で，景観と環境に関した問題が持ち上がり，その解決のために，景観生態学の知見がランドスケープデザインに用いられるようになった．そして，人間による土地利用のためのプランニングやデザインに浸透した（2.2節）．日本でも，景観生態学を基軸として，ランドスケープのあり方を総合的に提案していけるようにならなければならない．

11.2.2　住民参加の意義

一般に，ランドスケープデザインによる土地利用・環境形成は，計画対象地および周辺地域の調査，構想，設計，施工，運営・維持管理の段階に分けられる（廣瀬，2016）．公共事業においては，計画対象地の利用者や周辺の生活者などの

(a)
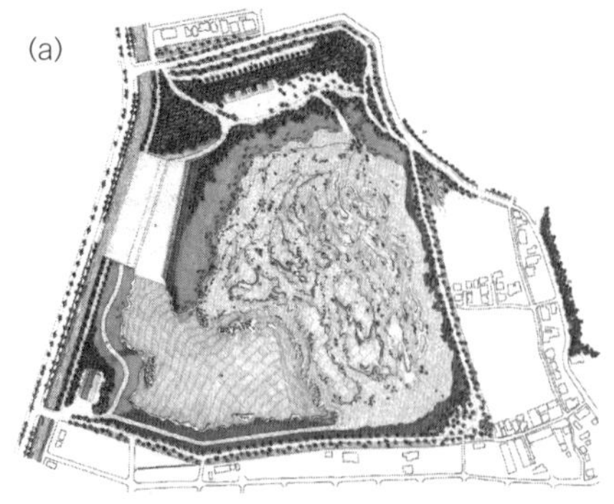

(b)

図 11.1 住民が作成したランドスケープデザイン案をもとに洪水調節池が整備された事例（大柏川第一調節池，千葉県市川市）
(a) 基本設計平面図（廣瀬俊介作成，1999．市川緑の市民フォーラム，市川市自然環境研究グループ，真間川の桜並木を守る市民の会，千葉県野鳥の会，都市鳥研究会が 1993 年 3 月より共同で実施した同調節池の将来像検討に基づく），(b) 2007 年 6 月の竣工から約 9 年を経た 2016 年 5 月の状況．

ステークホルダーからの意見聴取や，関係者間の**合意形成**が重要となる．民間事業においても，公共性の程度に応じて関係者間の意見調整を図ることが望ましい．

公共空間の運営・維持管理に関しては，維持管理への**住民参加**による地域共同体内の人間関係の保持や地域学習への効果，植物の成長や植生の変容による景観の変化に対する関係者の許容度などと，公金の支出の規模を総合的に判断して計画し，設計に反映させる必要がある（図 11.1）．同時に，竣工後の生態系モニタリングに基づいて順応的に維持管理に臨むことも前提となる．こうした住民参加による維持管理は，公共空間の運営の一環として企画が可能な，地域と住民を親密に結びつけ得るデザインの一段階と位置づけられる（11.3 節）．

11.2.3 地域課題とランドスケープデザイン

土地利用に関したステークホルダーの合意形成にとって，確かな調査結果に基づく議論は欠かせない．McHarg（1969）の『Design with Nature』（11.1 節）のように調査，構想，設計に一貫性を与え得る手法を基本として，自然・社会・人文科学の各側面から地域の景観の全体像を把握しようとする景観生態学を媒介に，諸領域の研究成果の総合を図ることで，有意義な議論が可能となろう．

地域の景観，ひいては**風土**（5.2 節）の成り立ちを，日常生活を通して風土を形成している生活者が研究者と共に読み解くことは，生活者が地域に対していっ

湿性林をよく構成するハンノキ。
Alnus japonica
※実(ヤシャ)を染料にする.
← 瀧尾神社
水辺に生える常緑の多年草.
セキショウ・根茎を薬用にする。
Acorus gramineus
※(健胃、腹痛に効果がある)
雨水の表流
水神として一般に信仰される
弁才天を祀った祠.
地下の水の動き
七井の「七つの井」の一つ、瀧の井。
(「井」は水がしみ出て池をなす場所)
七井里西田中にて.
池の周囲の土や石は場所によって湿り,
植生に影響を与えている。
石は、亜角礫と亜円礫の中間的な
形状をなす.河川堆積物で.
この層から水がしみ出ている。

図 11.2 地域で「井」と呼ぶ湧水池の水を農業に用い，弁才天を祀って信仰する栃木県益子町の事例

当地域には，こうした井が 7 ヶ所あり，同町への合併以前，七井村と称した．この絵は，地域の持続の方途を町民と探る同町の事業「益子の風土・風景を読み解くプロジェクト」における調査の一環として作成された（廣瀬ほか，2015）．

そう本質的な問いをもつきっかけになり得る．生活者が改めて抱いた地域への思いや考え，自らも継承する伝統的知識などを聴いて検証や考察を加え構想，設計に反映することが，ランドスケープデザインにおいて重要である（図 11.2）．

このように，景観生態学に基づくランドスケープデザインは，当初用いられた造園設計に比べ，その過程で考慮する事項を増やすことで科学的・論理的基盤を強化し，より多くの**地域課題**に対応する．また，環境，景観の自然な変化に対する人々の許容の幅を広げ，デザインに関連した経済活動に伴う環境負荷（経済学でいう外部性とそれにより社会に負担がかけられる社会的費用）を削減，解消に向かわせ得る（宇沢，1974）．

11.3　ランドスケープデザインの社会実装と実践

11.3.1　実践上の課題

この節では，地域課題を解決するために実施されてきた実際の水辺の生態系復元のプロジェクト事例から，景観生態学に基づくランドスケープデザインの実践について解説する．水辺は景観の中でも機能的に非常に重視される空間であり（第8章），社会実装を進めていくうえでは，水辺生態系の復元・維持に加えて，人間生活の安全の両方を考慮したデザインや，**グリーンインフラ**（GI；15.2.1項）としてのデザインも要求される．都市域のように生態系の破壊や著しい劣化が起きた景観では，その復元を含めた景観の再構築が必要である．そのためには，都市景観における**生物多様性**を景観生態学の視点で適切に評価する必要があり（Natuhara, 2006），これに基づいて都市の生態系復元を適切に計画し，実行することが要求される（日置，2002）．つまりプランニングとデザインで景観生態学の知見が活用されることとなる．

都市域の河川を例に，**生態系復元**の理念を考えてみる．Forman（2014）は，「水が涸（か）れてしまうまで，人々はその大切さに気づかない（Kelly, 1721）」ということわざを引用しながら，都市の水辺の重要性やその課題について総合的に論じている．その中でFormanは，都市の水辺を「人の暮らしと密接に関係し，居住者や観光・商業を含めて魅力的で重要な空間」と位置づけている．関（1994）は，川が山から海までを結ぶ「回廊」（3.1.3項）であることを認識し，その回廊（**生態系ネットワーク**，以下，生態系NW；3.1.4項）の確保が重要であると指摘している．さらに，中村（1999）は，川づくりにおいて景観生態学の視点が重要かつ有用であることに言及し，流域の川づくりや森づくりは，その対象生態系の復元だけなく地域づくりを通してはじめて実現できるものであると述べている．

これらはいずれも，再生・復元対象の生態系のみならず，より広域な系としての景観や，人間活動との関係を重視する視点，すなわち景観生態学の視点と知見が，都市の生態系復元において極めて重要であることを示唆している．次項では，北部九州を流れる一級河川遠賀川における魚道整備事業（Ito *et al.*, 2021）を，社会実装の事例として紹介し，水辺のデザインにおけるポイントと課題を解説する．

図 11.3 遠賀川多自然魚道
(a) 設計前の対象地 (2008 年), (b) 自然再生設計・施工後の遠賀川多自然魚道 (2016 年).

11.3.2 水辺のデザインの実際 —遠賀川魚道の事例

(1) プロジェクトの目的

遠賀川魚道は, 国・大学・地域住民が共同でレクリエーションや自然環境学習の機会の提供など, 多様な生態系機能を導入し「**リハビリテーション**」を試みた例である (図 11.3). このプロジェクトでは, 河口堰周辺を, 多自然魚道とともに, 生物多様性の保全や環境学習, レクリエーションの場として複数の機能をもつ空間として再生した. このプロジェクトの最も重要な目標は, 河口堰建設によって消失した多様な水棲生物の生息地の再生と, それらを含む海と川の**エコトーン**一帯の河川生態系のネットワークを再構築することである (Ito *et al.*, 2021). また, 同時に地域の人々が利用できる公園に準ずる機能を有することが空間設計に際しての重要な与件となった.

(2) 生態系 NW の再構築

遠賀川では, 2010 年から流域全体の生態系 NW 再生事業を推進してきた. 本計画は, 自然再生事業として位置づけられ, 国, 自治体, 大学, 専門家, コンサルタント, 地域の方たちからなる「エコロジカルネットワーク検討委員会)」によって, 継続的に議論と実践がなされてきた (伊東ほか, 2020 ; 大野・原田, 2020). 生態系 NW の概念は,「21 世紀の国土のグランドデザイン (1998 年 3 月)」で位置づけられ,「生物多様性国家戦略 2012-2020 (2012 年 9 月)」や「国土形成計画 (全国計画) 2015 年 8 月」において, その重要性が認識され関係機関における連携の推進がはかられている.

計画対象地は海と川が接続する場所であり, 流域全体の生態系の観点からも非常に重要な環境であることから，河口堰によって分断された河川の生態系 NW を再構築することが重要な目標であった．自然再生の評価にあたっては，今後さらに詳細なデータ分析が必要となるが，現在までに得られた魚類調査の結果で，河口特有の汽水域の環境が再生され，遠賀川流域の生態系 NW に寄与していることが確認された．

(3)　モニタリング

島谷（2001）は，河川の自然再生に際して，健全な生態系の保全・復元には，地域個体群の個体数，あるいは個体数の変動が指標になると述べている．このため，本プロジェクトでは，事前モニタリングと設計・施工後のモニタリングが継続して実施されている．設計に際しては，小型魚と甲殻類などの遡上が可能になるよう流れが緩やかになること，また魚道周辺には公園としての機能と同時に地域の在来植生による再生が求められた．ダムや堰などの人工物によって川が分断されると，回遊魚が遡上できず，上流の生態系に影響を及ぼすため，特に中流や河口においてはミティゲーションが必要である（Yoshimura *et al.*, 2005）．既設魚道と多自然魚道における 2012〜2018 年の魚類のモニタリング調査の結果では，既設魚道で計 46 種，多自然魚道では計 68 種（特に小型魚種や甲殻類の増加）が確認された．

(4)　地域との協働と人材育成への貢献

流域の生態系 NW の再生と同時に，地域住民が河川やその生態系機能について直接観察・体験して学んでいくことは，持続可能な社会を形成する人材を育てていく観点からも重要である．鎌田（2001）は，河川管理に必要な調査や研究の諸過程をなるべく多くの異なった立場の人が共有できるようにすることが重要であると述べている．また，生態系 NW 計画の実現には GI としての明確な位置づけが不可欠である（10.5 節）．GI としての機能について地域住民とともにモニタリングをしていくことで，計画・設計における重要な知見を地域住民と共有でき，同時に人材の育成にもつながる．特に，都市において自然との接触が少なくなっている子どもたちにとっては，遠賀川多自然魚道は自然の仕組みや自然環境と人とのつながりについて学ぶ重要な環境となっている．都市における GI のデザインでは，できる限り健全な生態系の再生と同時に，子どもたちや地域の人々に，多様で質の高い生態系の機能を提供することが重要である．

11.4　景観生態学に基づく設計手法と設計後の活用

11.4.1　プロセスプランニングと MFLP

ここでは，都市における自然再生の設計手法とその後の継続的な活用事例として壱岐南小学校ビオトープを紹介する．このプロジェクトでは，大学と小学校が2002年から現在まで20年にわたって協働し，地域の自然再生と生物多様性保全の試行と，子どもたちの五感を使った様々な学習や遊びの生まれる環境づくりを実践している（Ito *et al.*, 2010; 2016）（図 11.4a, b）．

計画・設計にあたり，「**プロセスプランニング**」が用いられた．プロセスプランニングは，建築家・磯崎新が提案した計画・設計手法の一つで，始めから完成形を計画・設計するのではなく，対象物が発展・変化するものと捉える手法である（磯崎，1971）．ここで磯崎は次の3つの手法について述べている．通常の建物は計画時に完成形が決まるため，「クローズドプランニング」で計画される．「オープンプランニング」は，将来の増築など人々が将来何らかの機能を追加する可能性を考えた計画手法である．プロセスプランニングは，計画のプロセス自体を考え，建築や空間の予測できない将来の変化までを許容した，より柔軟なデザインを可能にする手法である．これは**順応的管理**の考え方に近く，景観生態学の手法と親和性が高い．このため，壱岐南小学校ビオトープの設計では，将来的に植生の遷移や動植物の生息・生育，学校教育での活用や子どもの遊びの中での利用などの状況により対象地がつねに変化していくとの考え方に基づいて，プロセスプランニングを取り入れた（Ito *et al.*, 2010; 2016）．

また，空間の多様な機能を発揮させるために，Multi-Functional Landscape Planning（**MFLP**; Ito *et al.*, 2010; 2016）を採用した．MFLP では，空間をゾーニング（異なる機能の領域として明確に分割）するのではなく，自然環境復元，遊び空間，水辺，環境学習といった，互いに重複する部分のあるレイヤーを設定し，その重ね合わせによって，複数の機能が出現する空間を設計する（図 11.4c）．McHarg（1969）は，地形や地質，自然環境，また，人による利用をレイヤーにより評価し，それらを重ね合わせて空間を総合的に分析・評価した．MFLP では，自然資源と，想定される利用者の行動や身体性を含む複数のレイヤーが重ね合わさり全体像が現れる．レイヤーが重なり合うことで，例えば水遊びをしながら同時に生態系について学べるなどの多機能な空間が生まれ，多様なアクティヴ

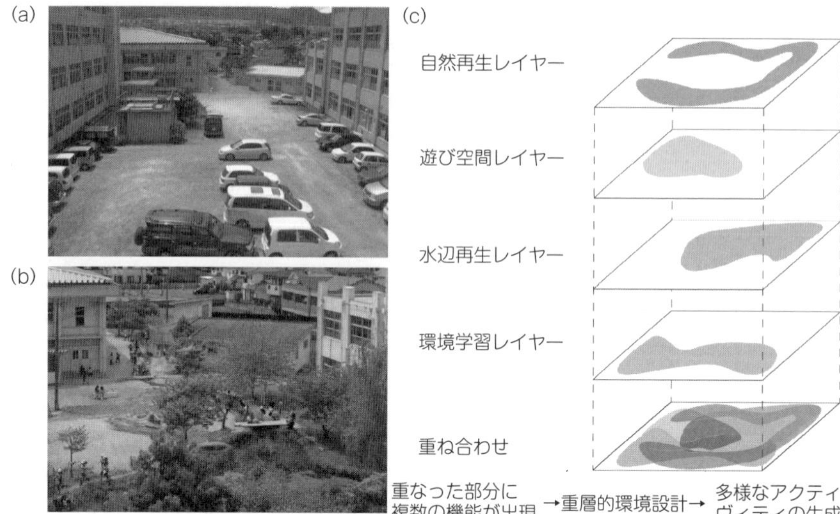

図 11.4　壱岐南小学校ビオトープと MFLP の概念図

(a) 設計前の敷地 (2002 年), (b) 施工後 15 年の様子 (2017 年), (c) MFLP の概念図 (Ito *et al.* 2010; 2016 を一部改変). 口絵 19 参照.

ィティが生まれる空間が生成することを考えた計画設計手法である.

11.4.2　直接的自然体験を提供する自然環境の再生

日本の都市部では, 自然の遊び空間が 1950〜2000 年代にかけて 80〜90% 減少しており (Senda, 2015), 身近な自然環境が減少している中で, かつて誰もが体験できた遊びや体験型の環境学習を実践していくことは難しいのが現状である (Ito *et al.*, 2010). 飯田ほか (2020) は, 自然と関わる「機会」と「意欲」の減少が, 世代をまたいだ経験の消失の負のスパイラルを招いていると指摘し,「経験の再生産」を都市で実践していく重要性を述べている. また, Miller (2005) は多くの人が暮らす都市において, 人と自然との意味ある相互関係を築き, 人と自然のつながりを再生することが, 生物多様性保全を進めるためには重要であると強調している.

子どもは生態系を遊びと学びの資源として様々に活用する (図 11.5). 例えば, 木の枝や落ち葉, 木の実などは, 収集遊びや工作, 食べるという体験を提供する. 昆虫などの生物は, 捕まえる, 観察する, 音を聞くなどのアクティヴィティを誘

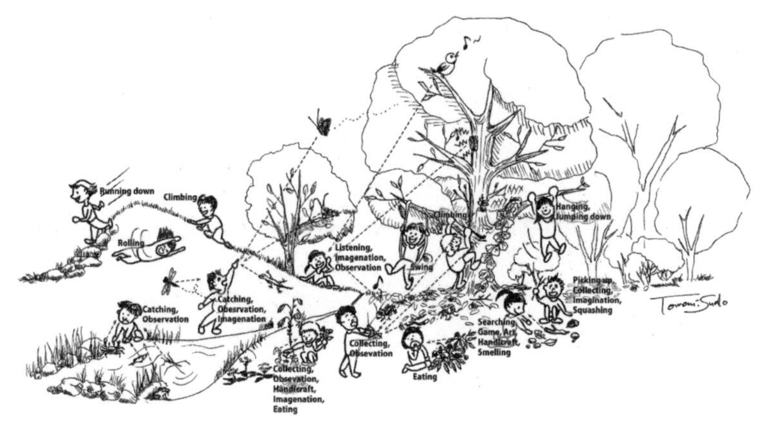

図 11.5　自然環境と子どものアクティヴィティ（Sudo *et al*., 2021）

発する．同じ種類でも色や形が少しずつ違うことが遊びにつながることもある．このように，自然の素材や多様な動植物，地形などの自然環境は，人工物では提供し得ない様々な遊びの機会を子どもに提供する（Fjørtoft & Sageie, 2000；Ito *et al*., 2016）．壱岐南小学校でも，運動場と比べてビオトープで多くの種類の遊びが観測されており，地域の動植物の生息・生育地として再生した遊び場が，多様な**直接的自然体験**の機会を提供している．これからの都市の自然環境はそこにあるだけの「緑」ではなく，生態的機能と利用者の体験の観点から，その活用を考えていく必要がある（Sudo *et al*., 2021）．

11.4.3　設計後の活用と維持管理

学校ビオトープには，自然再生の手法や継続のあり方など様々な課題がある（Ito *et al*., 2010, 2016）．このため，壱岐南小学校では，計画から設計・運営を大学と小学校の協働で行ってきた．協働のプロセスの中で，ビオトープを活用した学習がカリキュラム上に明記され，様々な教科で活用されている．例えば，6 年生の子どもたちは自ら維持管理の方法を考え，実行している．都市におけるビオトープは，自然要因による攪乱が起こりにくい．このため，壱岐南小学校では，3 年に 1 度池干しを行い（図 11.6），攪乱を人間が「代行」することにより，新しい種が侵入する機会を作っている．このように，人工的に創造した環境において生物多様性を保全し，計画の主体である子どもたちや地域の人々が多様な生物

図 11.6　子どもたちと大学生の協働によるビオトープの池干し（2018 年）
攪乱を人間が「代行」することにより，新しい種が侵入する機会を作っている.

と接触できる環境を維持していくためには，人為的な攪乱を継続する必要がある.地域生態系の復元に際しては，予測に限界があるため，プロセスプランニングのようにフレキシブルな環境デザインの手法を計画段階から検討しておく必要がある.

引用文献

粟野隆（2018）近代造園史，120 pp.，建築資料研究社

Beveridge, C. E. & Rocheleau, P. (1995) Frederick Law Olmsted: Designing The American Landscape, 276 pp., Rizzoli

Botequilha Leitão, A. & Ahern, J. (2002) Applying landscape ecological concepts and metrics in sustainable landscape planning. *Landscape and Urban Planning*, **59**, 65–93

Duany, A. & Talen, E. eds. (2013) Landscape Urbanism and its Discontents: Dissimulating the Sustainable City, 336 pp., New Society Publishers

Fjørtoft, I. & Sageie, J. (2000) The natural environment as a playground for children Landscape description and analyses of a natural playscape. *Landscape and Urban Planning*, **48**, 83–97

Forman, R. T.T. (2014) Urban Ecology, 462 pp., Cambridge University Press

Forman, R. T. T. & Godron, M. (1986) Landscape Ecology, 619 pp., John Wiley

日置佳之（2002）生態系復元における目標設定の考え方．ランドスケープ研究，**65**, 278–281

廣瀬俊介（2016）福島県浪江町における風土を考慮した道路環境デザイン．景観生態学，**21**, 23–28

廣瀬俊介・簑田理香 他（2015）地理学を生かした地域文化振興：栃木県益子町「土祭」における住民との風土研究を例として．2015 年度日本地理学会秋季学術大会発表要旨集，**97**, 100019

飯田明子・曽我昌史 他（2002）人と生態系のダイナミクス 3 都市生態系の歴史と未来，171 pp.，朝倉書店

石川幹子（1991）ニューヨークにおけるセントラル・パークの成立とその歴史的展開に関する研究．土木史研究，**11**, 37–48

磯崎新（1971）空間へ，504 pp.，美術出版社

Ito, K., Fjortoft, I. *et al.* (2010) Landscape design and children's participation in a Japanese primary school - Planning process of school biotope for 5 years -. *in* Conservation Science and Practice Series (eds. Muller, N. *et al.*) pp. 441-453, Wiley-Blackwell

Ito, K., Sudo, T. *et al.* (2016) Ecological design: Collaborative landscape design with school children. *in* Children, Nature, Cities (eds. Murnaghan, A. & Shillington, L.) pp. 195-209, Routledge

伊東啓太郎・須藤朋美 他（2020）河川におけるグリーンインフラの計画と設計―遠賀川多自然魚道公園の設計プロセス―，景観生態学，**25**, 5-12

Ito, K., Sudo, T. *et al.* (2021) Landscape design and ecological management process of fishway and surrounding. *in* Urban Biodiversity and Ecological Design for Sustainable Cities (ed. Ito, K.) pp. 105-121, Springer

鎌田磨人（2001）「学際研究」が持つ意味―河川工学との共同研究を通して．日本生態学会誌，**51**, 261-267

Kelly, J. (1721) A complete Collection of Scottish Proverbs, 432 pp., Kessinger Publishing

国土交通省（1971. 2014 改正）建設業法第二条第一項の別表に掲げる建設工事の内容を定める告示（昭和 47 年建設省告示第 350 号）https://www.mlit.go.jp/notice/noticedata/sgml/1972/26219000/26219000.html（2022. 1. 12 閲覧）.

McHarg, I. L. (1969) Design with Nature, 197 pp., Wiley

McHarg, I. L. (1981) Human ecological planning at Pennsylvania. *Landscape Planning*, **8**, 109-120

Miller, R. J. (2005) Biodiversity conservation and the extinction of experience. *TRENDS in Ecology and Evolution*, **20**, 430-434

宮城俊作（2001）ランドスケープデザインの視座，206 pp.，学芸出版社

中村太士（1999）流域一貫―森と川と人のつながりを求めて，138 pp.，築地書館

Natuhara, Y. (2006) Landscape evaluation for ecosystem planning. *Landscape Ecological Engineering*, **2**, 3-11

大野良徳・原田佐良子（2020）遠賀川流域生態系ネットワークに向けた取り組み．景観生態学，**25**, 13-18

関正和（1994）大地の川，247 pp.，草思社

Senda, M. (2015) Safety in public spaces for children's play and learning. *IATSS Research*, **38**, 103-115

島谷幸宏（2001）健全な生態系とは何か？　その評価と復元．応用生態工学，**4**, 19-25

Sudo, T., Lin, S. Y. *et al.* (2021) Natural environment and management for children's play and learning in kindergarten in an urban forest in Kyoto, Japan. *in* Urban Biodiversity and Ecological Design for Sustainable Cities (ed. Ito, K.) pp. 175-198, Springer

上原三知（2017）Landscape ecology と Ecological planning の共通性―科学を統合するプリンシプル，開発に対する代替案の提示―．景観生態学，**21**, 103-110

上原三知（2021）東日本大震災の復興と生態系減災の実装．生態系減災 Eco-DRR（一ノ瀬友博 編著）pp. 117-134，慶応義塾大学出版会

宇沢弘文（1974）自動車の社会的費用，180 pp.，岩波書店

Wagner, M., Merson, J. *et al.* (2016) Design with Nature: Key lessons from McHarg's intrinsic suitability in the wake of Hurricane Sandy. *Landscape and Urban Planning*, **155**, 33-46

Yang, B. & Li, M. H. (2011) Assessing planning approaches by watershed streamflow modeling: Case study of The Woodlands; Texas. *Landscape and Urban Planning*, **99**, 9-22

Yoshimura, C., Omura, T. *et al.* (2005) Present state of rivers and streams in Japan. *River Research and Applications,* **21**, 93-112

第12章 景観管理と協働

鎌田磨人（12.1）望月翔太（12.2）鈴木重雄（12.3）
日置佳之（12.4）朝波史香（12.5）

▌この章のねらい▌ 自然資源の過少利用（アンダーユース）による生態系や景観の劣化に対する課題解決には，地域社会をはじめとする関係者間での協働が必須となる．本章では，シカやイノシシなどの野生動物による農作物や林地の被害に対する対策，里山で拡大する竹林の管理，湿地再生といった具体的事例から，地域での協働による景観管理の進め方について紹介する，そして，管理活動を進めていくうえで協議会のもつ意味や，ガバナンスのあり方について解説する．

▌キーワード▌ 自然資源の過少利用，順応的管理，協働，野生動物，鳥獣害，竹林の拡大，自然再生，地域自治，ローカルガバナンス

12.1 ボトムアップによる景観管理

12.1.1 地域・社会の変化と里山景観の変化

20世紀半ば以降，日本の景観は地域・社会の変化とともに大きく変化してきた（鎌田，2014）．1945年の終戦後，日本は荒廃した国土をめざましい勢いで復興し，1955年からは年平均経済成長率が10%を超える高度経済成長期に突入した．急速に発展した鉄鋼，造船，自動車，電気機械，石油化学，合成繊維などの産業部門を支えたのは，農村から都市圏へと移り住んだ人々であった．1960～1975年の15年間に，東京・大阪・名古屋の三大都市圏に1533万人が流入し，里山が切り開かれて団地（ニュータウン）が作られた．

一方，地方では人口が減少し，農林業の担い手が激減した．1950年に300万戸あった専業農家は1970年には85万戸になった．労働力であった牛や馬はトラクターやコンバインに代わり，肥料は緑肥・厩肥（きゅうひ）から化学肥料になった．家庭燃料は，薪や炭からガスや石油や電気にとって替わった．肥料・飼料などの供給源であった草地，燃料木の供給源であったアカマツ林やカシ・ナラ林では，植物体

の刈り取り・利用が行われなくなり遷移が進行して，多くの二次的自然の状態が大きく変化した（7.4 節）．

戦後の復興・経済発展によって増加する木材需要に応えるために推し進められた拡大造林は，多くの広葉樹林をスギ・ヒノキ人工林に転換し，森林景観を大きく変化させた（6.3 節）．しかし，その後の貿易自由化によって，木材も海外から日本に流れこむようになった．経済発展に伴う人件費の高騰，人口流出による中山間地域での働き手の減少もあいまって，1955 年には 95% であった木材の自給率は 2002 年には 18.8% になった．また，竹竿（たけざお）は鉄やステンレスの竿に代わり，たけのこは中国から輸入されるようになった．そのため，古くから利用・管理されてきた竹林も放置された．そして，管理放棄された竹林は，地下茎による旺盛な繁殖力で拡大して周辺の森林をのみこみ，里山景観を変容させている．

かつて人の利用下にあった里山は，野生動物との緩衝帯であった．人が頻繁に里山に入り，刈り取りや伐採を行ってきたことで，野生動物は警戒して人里に近づいてこなかった．里山の利用がなくなった今，シカ，イノシシ，サルなどが人の居住地周辺に現れるようになり，軋轢を生み出している．林床の草本，ササ，低木がシカに食べ尽くされ，林内の植生を失った里山の森林も少なくない．

このように，地域外から供給される資源の利用に依存するようになったことで，地域の人々により地域の中で循環的に利用されてきた自然資源が利用されなくなった．これにより，里山の景観は大きく変容し，里山生態系を支える生物の多様性が損なわれ，また里山から得てきていた生態系サービスの質・量も著しく低下してきている．また，未利用地の拡大は，竹林を拡大させ，野生動物の行動範囲を広げた．これが，**自然資源の過少利用（アンダーユース）**の問題である．

12.1.2 生態系・景観管理のための協働とガバナンス

開発による土地改変については，法による規制や誘導といったトップダウン的な手法でコントロールすることが有効である．しかし，アンダーユースによって生じた生態系や景観に関する課題は法のみでは解決できず，市民が単独で解決することも不可能である．

アンダーユースに由来する景観の課題を解決するためには，価値が低下し未利用となっている景観構成要素である生態系の新たな価値や利用のあり方，すなわち，生態系が発揮すべき機能について関係者の間で合意が形成され，目標が共有されなければならない．そして，機能を発揮できる生態系を創出・維持するための管理方法が検討されなければならない．そこでは，地域の暮らしの中で蓄積された資源管理の知恵（伝統知；6.5節，7.4節）を，管理の方法や仕組みに活かしていくことが求められる．実際の具体的な管理活動と役割分担が，関係者間で合意・共有される必要もある．このように，行政や市民，NPOなど複数の主体が目標を共有し，協力して課題解決に取り組む「**協働**（collaboration）」が必須となる．

生態系は状態が変化する変動系であるため，関係者で合意された目標に到達するためには，管理活動を行いながら状態をモニタリングし，その結果を管理方法にフィードバックさせることが必要である．場合によっては，最初に定めた目標の見直しも必要となる．こうした手順を踏む管理手法は，**順応的管理**（adaptive management）と呼ばれる（鷲谷，1999）．

ある土地に成立している生態系を順応的に管理していくためには，生態系や生物多様性の維持向上に関する国や自治体の方針に加え，土地の取り扱いに関する法的な制限，土地所有者の考え方，周辺の地域住民や利用者が望む方向を整理し，それぞれが果たし得る役割・力を結集していくためのルールや仕組みが必要である．価値観や役割が異なる人や組織が集まり，互いの力を活かしあえるようルールや仕組みを整え，意思決定し，役割分担して協働していけるようにすることを**ガバナンス**（governance）という（松下，2007）．

管理対象としての生態系も，管理者もしくは受益者としての地域社会の人々，行政，事業者といった関与者も固定されたものではなく，どのように変化するかわからないという不確実性をもつ．そのため，ルール，仕組み，担い手などを状況に応じて柔軟に変えていくことのできる「**順応的ガバナンス**（adaptive governance）」が必要である（Folke *et al.*, 2005）．順応的ガバナンスでは，地域社会，行政組織，NGOやNPO，事業者などが平等な立場で参加・連携することで，ボトムアップによる政策統合が行われる（宮内，2013）．

順応的ガバナンスには次の4つが必要とされる（Folke *et al.*, 2005）．(1) 生態系のモニタリングに社会的に取り組みながら生態学的な知識を積み上げ，モニタリングで検出する生態系変化のシグナルを，社会システムの検討のためのシグナルとして活用できるようにしておくこと，(2) その知識を順応的管理の実践手法に取り込んでいくこと，そのために“学ぶ環境”を管理組織の中に整えておくこと，(3) 生態系を活用しようとする地域社会やグループ，関係する行政組織，NGOやNPOといった組織が互いに結びつき，社会関係資本（ソーシャル・キャピタル）を増大させることで，それぞれがもつ仕組みを活用し合える多層的なガバナンスを構築すること，(4) 生態系も社会も不確実な系であるということを認め，不意の変化に柔軟に対応できる許容力を培っておくこと，である．

12.2 野生動物の管理

12.2.1 野生動物による被害の現状

現在，日本国内の**野生動物**による農作物被害の金額は約150億円にものぼる．その7割がニホンジカ，イノシシ，ニホンザルによるものであり，特にニホンジカとイノシシによる被害の増加が顕著である．これら動物による被害は，人口減少社会において営農意欲の減退，ひいては**耕作放棄地**の増加をもたらすことから，被害の金額以上に深刻な影響を与えている．これらの被害が深刻化している要因として，耕作放棄地の増加によって生息環境が好転し，野生動物の生息域を拡大させたこと，狩猟者の高齢化と捕獲従事者の減少によって捕獲圧が低下したことなどが挙げられる．

2014年に**鳥獣保護法**が改正され，保護を中心とした対策から，積極的な捕獲も含めた管理への転換が図られた．中長期的な対策としての個体数管理は，野生動物の数や生息環境のバランスを調整することが目的とされている．直接的に被害を減らすためには，同時並行で地域が主体となって対策を推進する必要がある．近年では，地域住民が被害対策を学び，個人単位ではなく，組織的（共助）に被害対策を実施する「集落ぐるみ」の取り組み事例が増えている．集落営農を含めた，被害が起きにくい営農管理や，野生動物の種類に合わせた防護柵など，地域が主体となって取り組んでいける技術が開発され，また，地域おこし協力隊や**鳥獣害対策**の専門員など，新しい担い手も登場している．しかし，過疎・高齢化などに悩む農山村集落では，有効な方法がわかっていても，それを実施する余力がなく，撤退を余儀なくさせられる例もある．

近年は，ツキノワグマやイノシシの市街地出没が増加しており，市街地での人身事故も増加している．都市内の問題としても顕在化してきており，都市住民や行政，企業，大学など多様な主体が協働し，問題解決を図る仕組みづくりが求められている.

12.2.2 集落地図を用いた対策の立案

野生動物の被害に悩む現場からは，なかなか問題が解決しないという声が多く聞かれる．その中には，行政や専門家と住民，あるいは行政部署同士でのコミュニケーションが不足し，対策や予算の必要性が理解されないまま，悪循環に陥っている場合がある．この課題を解決するには，情報，意思決定，対策効果などを関係者全員が理解できる状態にすることが必要である．そのためには，**集落環境診断**など（集落点検）を用いて地域の現状を「見える化」することが効果的である．集落環境診断とは，「集落を単位として，地域（広域を含む）の総合的な対策戦略づくりを住民と行政などが協働して行う手法」である（山本，2017）．「見える化」によって得た知識をもとに関係者が話し合い，その地域に最もふさわしい対策を選択することが可能となる．

情報の「見える化」には，地図化が最もわかりやすい（口絵20）．地域の現状を表した地図が，関係者全体での「共通言語」となり，全員が状況を把握することができる．また，対策を実施した後で，その効果検証にも利用できる．野生動物に狙われているポイントを調べ，住民参加のワークショップ（以下，WS）で対策を決定する．WSでは参加者同士の対話を重視し，住民ぐるみの対策を進める．WSで決まった対策を実施した翌年には，検証のためのWSで効果を検討・共有し，より良い対策へと改善していくことが重要である．検証WSを複数年繰り返し，PDCAサイクルを回し続けることで対策の効果が上がっていく．

12.2.3 野生動物被害の対策を切り口とした地域再生

情報の地図化は，地域再生にも大きく貢献する．今後ますますの人口減少・高齢化が予想される中，野生動物による被害への対策目標やアプローチの位置づけを明確にする必要がある．従来の野生動物対策では，被害の減少のみが目標とされてきた．しかしそれは，地域が抱える問題の一側面でしかない．これからは，地域再生を目標とする，持続的な取り組みについて考えていく必要がある．野生動物による被害への対策を地域全員で考えることを通して，地域の魅力を再発見することや，地域の資源を掘り起こすことにつなげていくことが重要である．野生動物被害対策は緊急，かつ必要性の高い課題であるため，地域住民は共通目標として受け入れやすい．一方で，地域再生は，地域にとって不明瞭であり，共有されにくい目標である．活性化を目標にすることもあれば，地域継承を目標にする場合もある．鳥獣害対策を入り口とし，その先の地域再生を地域住民の目線で掘り下げ，地域の景観管理へとつなげることが必要である．

12.2.4 協働を促す中間支援

今後さらに担い手の不足が予想される中で，農山村を維持するための活動を誰が支援するのかという大きな課題が残る．野生動物による被害という負の課題を解消するだけでなく，持続可能な地域づくりへの道筋を見通しながら，地域内の多様な価値観をまとめていく**中間支援**が必要である．支援を担おうとする者には，鳥獣害対策の基本的な知識だけでなく，地域づくりの視野と地域の想いに寄り添える気持ち，様々な関係者を活かして支えあうネットワークづくりや，ビジネスとしての展開力が求められるだろう．いくつかの地域では，「合同会社 AMAC」や「株式会社うぃるこ」のように，中間支援を担う組織が誕生している．地域おこし協力隊や，各自治体の鳥獣害対策専門員にも，そのような活動が期待されている．今後，人と野生動物が共存できる豊かな農村の創生に向けて，地域での協働を促すソーシャル・ビジネスへの期待はますます高まっていくだろう．

12.3 拡大する竹林とその管理

12.3.1 里山における竹林の拡大

タケは，春の食材としてのたけのこ，茶道で用いられる茶筅（ちゃせん）や茶さじ，剣道の竹刀など日本の文化に深く根付いている．また，農作物を干すための竿や漁具としても広く利用されてきた．日本の**竹林**で大きな面積を占めるモウソウチクは，江戸時代に移入された種であり（小椋，1988），作物として各地に広まった．

燃料革命や農業の衰退によって利用されなくなった雑木林，耕作地，果樹園などは，地下茎の伸長により水平的に占有面積を広げるタケにとって，格好の進出地となる（図 12.1）．この結果，モウソウチクを中心とするタケは瞬く間に農村景観の中で広がった（Okutomi *et al*., 1996；鳥居・井鷺，1997）．周囲の竹林からタケが侵入した場所では，タケの常緑の葉が林冠を密に覆って林内に光が十分に届かなくなる．そして，強い被陰環境でも生育できる種以外は生き残ること

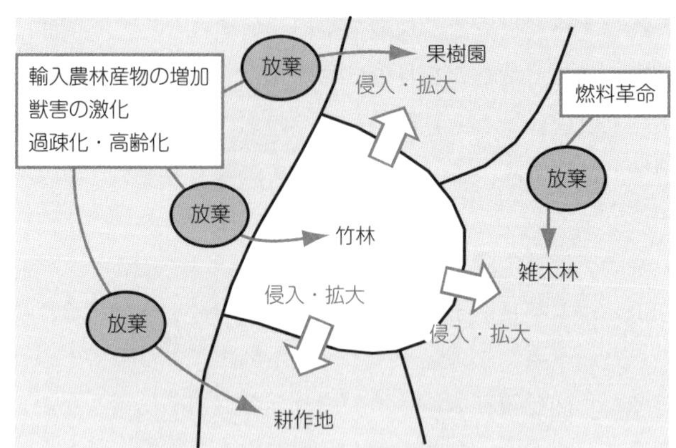

図12.1 里山における竹林の拡大の要因
利用されなくなった雑木林，耕作地，果樹園などは，地下茎の伸長により水平的に広がるタケにとって，格好の進出地となる．この結果，モウソウチクを中心とするタケは瞬く間に農村の景観の中で広がった．

ができないため植物種の多様性は低下し，階層構造も単純になる（鈴木，2010）．

12.3.2 所有者と住民の認識の相違

竹林は所有者の植栽によって作られた植生であるが，現状では，たけのこ価格の相対的な下落や，イノシシによる獣害の深刻化によって営農意欲が下がり続け，高齢化が進み，後継者も十分には育っていない．そのような状況であっても，竹林は農家自身の財産という意識が強いため，竹林の質が下がるのを懸念して，知識をもたないボランティアの手伝いではなく，専門的な知識・技能をもつ者による支援を欲している．しかし実際には，資金面やそのような要望に応える担い手が存在しないことから何も進まず，竹林の荒廃を招くことが多い．一方で，農家以外の住民は，竹林の放棄・拡大は所有者の責任の下で進んでいる現象であると考え，地域社会の問題として捉えていない（鈴木ほか，2010）．この所有者と非所有者での認識の相違が地域社会で放棄竹林の整備が進まない要因の一つである．

都市住民にとっては，自然を体験し，作物生産に関わる場を竹林に求める意思もある（鈴木ほか，2010）．地域の竹林の置かれた状況を広く地域社会で共有し，合意形成を図る中で管理の担い手を増やすことが重要である．

12.3.3 地域協働による竹林整備

竹林の生産物の一つであるたけのこは，長時間の運搬に不向きな青果であるため，京都西山地域や横浜市北部などの都市近郊で生産されていた（鈴木，2018）．このような地域には，戦後，ニュータウンが建設され，多くの都市住民が居住することになった．残存した竹林とニュータウンが隣接することで，都市住民の余暇活動として竹林の整備ボランティアが運営され（湯本・倉本，2005），たけのこ収穫や竹稈の間伐といった伝統的な作業にとどまらず，竹灯籠やバンブードームの作製といった「遊び」の要素も加えた活動が続いている事例が多い．

産地でたけのこを水煮に加工し，缶詰などで長時間の運搬が可能になったことにより，市場から離れた地域にもたけのこ生産地が形成された（鈴木，2018）．しかし，1980年代後半から水煮たけのこの輸入が増加すると，たけのこ生産林の放棄が進んだ．中山間地域では，過疎化・高齢化が進行しており，竹林を適切に管理する担い手の確保も容易でない．このような地域にこそ竹林景観の管理に大きな課題があり，地域協働による竹林整備が必要である（鈴木，2011）．

タケを使用した伝統工芸品の製造においても，適切に管理された竹林の減少は大きな問題を生んでいる．国内最大の茶筌の生産地である奈良県生駒市高山町では，材料となる良質のハチクの確保が課題となっている．これまで，茶筌製造は，材料である竹材の生産流通とは分業されていたが，近年，持続的な茶筌製造をするために，製造組合と市，市内の小中学校が連携して，優良なハチク林を確保しようとしている（春日ほか，2018）．これまで竹林に直接関わりのなかった人々の竹林整備への参入がなければ，竹林の適切な管理も立ち行かなくなっている．

里山の竹林の適切な管理は，タケを植栽した土地所有者が解決すべき問題かもしれない．しかし，地域の生態系を豊かに保ち，文化を継承していくことは，地域に住む人々との目的の共有につながる．所有者だけでは解決が難しくなった竹林管理に，地域がどのように協働して取り組むかが課題であるといえる．

12.4 協働による自然再生

12.4.1 協働が基本の自然再生

自然再生推進法（2003年施行）において，**自然再生**は「過去に損なわれた生態系その他の自然環境を取り戻すことを目的として，関係行政機関，関係地方公

表12.1　自然再生の必須要素とその確保の方法

要素	内容	確保方法など	岡山県真庭市津黒高原湿原の事例
0　熱意	生物多様性の回復，エコツーリズムによる地域起こし	—	2012年に地元のエコツアー団体が発案し，真庭市，生きものふれあいの里，県自然保護センター，大学などが賛同して始まる
1　組織と指導力	合意形成（事業目的，生態系などの具体的目標，推進体制，役割分担，費用調達，年次計画など）	自然再生協議会	2013年に自然再生協議会発足．事務は市，地元の調整などは生きものふれあいの里，技術は大学が分担
2　土地	事業用地取得，使用承諾など	用地買収，遊休地活用，企業用地提供など	真庭市有地の提供．元々リゾート開発のために買収された土地が市に寄付された
3　費用と労力	用地費，調査・計画・設計費，工事費，管理費・モニタリング費	公共事業費，各種助成金，ボランティア	労力はボランティア，自然再生士研修．費用（材料費，機材費など）は民間助成金，県森づくり基金，市予算
4　技術	生態工学的技術	大学など専門家，コンサルタント	大学が卒業論文研究・修士論文研究を通して技術提供
5　時間	事業期間（数年以上），遷移期間（数十年以上）	推進体制の維持，順応的管理	2013年：調査・再生計画立案，2014年：生態系再生工事，2015年：モニタリング・維持管理，2016-21年：維持管理，環境学習施設整備

共団体，地域住民，特定非営利活動法人，自然環境に関し専門的知識を有する者等の地域の多様な主体が参加して，河川，湿原，干潟，藻場，里山，里地，森林その他の自然環境を保全し，再生し，若しくは創出し，又はその状態を維持管理すること」と定義されている．同法では，自然再生の実施者が協議会を設けて事業を進めることが規定されている．同法に基づく，いわゆる法定協議会によって事業が行われているのは，2021年現在26事業であるが，この他にも各地で数多くの小規模な自然再生事業が行われている．規模の大小を問わず，自然再生は「関係者が話し合って取り組む」という「協働」が，事業推進の基本的な形態である．

12.4.2　自然再生の必須要素と協働によるその確保

自然再生の推進には，いくつかの社会的・技術的な必須要素がある（表12.1）．以下，必須要素をどのように確保するかについて「岡山県真庭市津黒高原湿原」の再生事業の具体例（図12.2）（日置，2019）を示しながら解説する．

(0)　熱意

自然再生に最も必要なものは，地域の自然の再生や再生した自然をエコツーリ

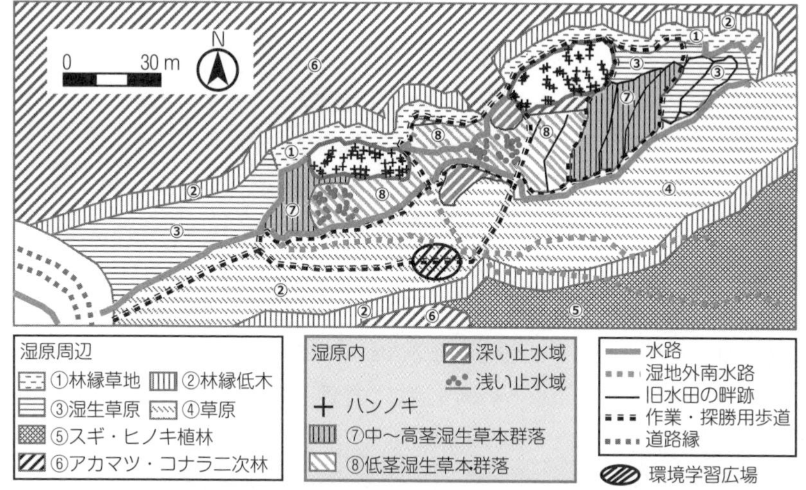

低茎湿生草本群落の再生	現存しない環境の創出による生物多様性の向上
ノハナショウブ・クサレダマなどの低茎草本群落の拡大 ⇒光環境の改善：湿原内の低木，一部ハンノキ，南側樹林の伐採 ⇒土壌の貧栄養化：植物遺体や水田土壌の除去 ⇒ツルヨシなどの高茎湿生草本の刈取り	水生昆虫類・モリアオガエルの繁殖環境の創出 ⇒水深や光環境などの条件の異なる止水域を複数造成 オカトラノオなどが生育する二次草原の再生 ⇒湿原周辺のササ群落や樹林伐採跡を草原化

図 12.2　津黒高原湿原再生計画

約 50 年前に耕作放棄された谷間で，生物多様性の高い湿原の再生を目標として 2013 年に再生計画が立案された．計画はその後実行されモニタリングが継続されている（日置，2019 を改変）．

ズムなどを通して地域起こしに活用しようとする思いである．こうした思いをもつ人々が現れることが自然再生の起点となる．

(1) 組織と指導力

ステークホルダーが自然再生に合意することが事業の始まりとなる．**自然再生協議会**が作成する自然再生全体構想の項目は，「①自然再生の対象となる区域，②自然再生の目標，③協議会に参加する者の名称又は氏名及びその役割分担，④その他自然再生の推進に必要な事項」，とされている．より具体的計画は，**自然再生事業実施計画**の中で決めることとされ，その内容として，自然再生の計画・設計，施工計画，費用調達（予算），年次計画，などが挙げられる．しかし，すべてを詳細に検討してから事業を始めようとすると，なかなか始まらないおそれがある．とくに小さな自然再生の場合には，概ねの合意ができたら，協議会で役割分担を決め，できるだけ一緒に実行し，実行したことを皆で振り返るという形で進めるのが現実的である．事業では，自然再生の指導者（project leader）が明確なことも重要である．指導者は，シナリオを描き，メガホンをもつ映画監督にたとえることができる．また，指導者は，自然再生の規範（日本生態学会生態系管理専門委員会，2005）を深く理解し，事業全体を見渡しながら導いていく姿勢が求められる．

(2) 土地

あらゆる自然再生事業は何らかの土地の上で行われる．土地（水域を含む場合もある）は，自然再生にとって絶対的必須要素である．用地は，公共事業用地としての買収，遊休地の無償あるいは安価での提供，企業用地の提供など様々な形で確保される．

(3) 費用と労力

自然再生事業の費用は，用地費，調査設計費（調査・解析・計画・設計），工事費，管理費（維持管理・モニタリング）などに分けることができる．費用は，事業の形態や条件によって大きく左右される．都市部では用地費が大きな割合を占めるのに対し，中山間地では土地の無償提供もあり得る．調査設計費は，人件費が大半を占める．工事費は，事業内容によって大きく異なる．植栽などを伴う**能動的自然再生**では高額となり，地形造成だけのような**受動的自然再生**であれば比較的安価で済む．管理費は，10年程度で工事費を上回ることが多い．全般に，受委託，請負であれば高額になり，直営やボランティア仕事では，安価になる．無償の労力が得られれば，工事費などは抑えられるが，専門性が高い工種も含まれるため，事業全体がすべてボランティア仕事という形態は難しい．そのため，やはりできる限りの予算確保は必要である．

(4) 技術

自然再生に用いられる技術は，**生態工学的技術**である．これには，測量や生物調査，データ解析，計画・設計，施工，維持管理，モニタリングなどに関する多様な技術が含まれる．そのため，実際にはチームをつくって，得意分野を分担しながら取り組むことが多い．技術者は，コンサルタント会社，施工会社に所属することが多く，大学などの研究教育機関が技術を提供できる場合もある．こうした専門家を自然再生の実働部隊に取り入れる必要がある．

(5) 時間

自然再生には時間がかかる．まず，調査，計画・設計，工事という事業そのものに，最短でも数年程度を要する．工事終了後は，遷移が進み，次第に自然が再生していく．これにはより長い年月を要し，例えば森林の再生には最低でも30年程度が必要である．したがって長期間にわたって，モニタリングを行いながら，順応的に管理を継続する意思が求められる．そのような意味では，自然再生には終わりがないともいえる．時間の確保とは，意思の継続のことである．

12.5 ローカルガバナンスに基づく景観管理

12.5.1 地域自治

「地域」とは人々が生活している空間の広がりと，そこにおける社会関係を示す概念である（藤井，2019）．そして，「自治」とは自分たちで決めて自分たちで担うことであり（川北，2017），住民が自分の生活を他者との関わりの中で捉え，お互いに助けあいながら安心して過ごせる「地元」をつくること，そしてそれを自らが住民として他者とともに経営することである（牧野，2019）．「**地域自治**」は，住民の身近な生活エリアにおける自治を指す（田中，2019）．基礎自治体としての市町村は自治の器であり（羽貝，2014），そこで暮らす人々の思いや課題に寄り添い，支援・サービスを提供していく窓口となる．

気候変動や生物多様性の損失という課題に対して，国際社会，国，都道府県，市町村が，条約，法律，条例などを策定し，解決を目指している．一方，耕作地に入ってくるシカ，イノシシ，サルを何とかしたい，子どもたちのために川に魚を取り戻したいといった思いは，個々の暮らしの問題であり，個々が暮らす地域をどのようにしていくのかという自治の問題である．国や県など広域レベルの施策だけでは，その地域の実情に沿ったきめ細かな意思決定や活動が期待できない．自治の器である市役所・町村役場や自治会などの地元のコミュニティ，そして，NPO，企業・商店，研究機関，地域の環境について学ぶ機会を提供する学校など，地域に愛着をもつ組織や個人が自立的に集まり，地域の生態系を管理するための目標と具体の活動を作り上げていく，その地域独自の「**ローカルガバナンス**」が必要となる（鳥越，2014）.

12.5.2 地域での景観管理活動事例

福岡県福津市では，地域住民の自治組織である「郷づくり推進協議会」が核となり，劣化した海岸マツ林の再生保全活動が始められた．福間地域では，年間2000人が参加する活動になり，白砂青松の景観が取り戻されている．協議会は福津市の地域自治政策として誘導され，形成されてきた．8つの地域で策定・提案された「郷づくり計画」を，市は総合戦略の中に位置づけ，「郷づくり支援課」や「地域担当制」を作り，また，地域予算制度を創設して協議会に権限と予算を委譲することで地域の自治活動を支援している．協議会には事務局員が常駐し，運営を支える人々をつないでいる（朝波ほか，2020）．

広島県北広島町では，地域のNPOの呼びかけに応じて集まった地元の林家，森林組合，商店，行政などからなる「芸北せどやま再生会議」が主体となって，地域内の山林から切り出された材を地域通貨と組み合わせて循環させることで山林管理を促進し，経済の活性化を図りながら生物多様性保全を実現しようとしている（鎌田，2014）．町の支援を得つつ地域内の温泉宿泊施設や民家に薪ボイラーや薪ストーブの導入を進め，それまで地域外から調達していた重油や灯油を地域内から得られる薪に転換することで，地域外に流出していた資金を地域内に還流させている（白川，2018）．その過程に地域の教育機関を巻き込むことで，環境学習の場としても活用している．

石垣島白保では，WWFジャパンが創設したサンゴ礁保護研究センター「しらほサンゴ村」が，サンゴ礁の調査，サンゴ礁を脅かす赤土の流出防止対策とその影響把握のためのモニタリング，白保小学校や中学校との学習会，日曜市の開催を通した地域との交流を進め，信頼に基づく緩やかなネットワークを創出してきた（清水，2013）．それを基礎に「白保魚湧く海保全協議会」が立ち上げられ，地域の取り組みが展開されてきた．白保公民館はこうした活動と連携しつつ，「白保村ゆらてぃく憲章」を制定し，地域として文化やサンゴ礁を守っていくためのビジョンを示した．2021年4月から「しらほサンゴ村」は公民館に引き継がれ，地域自治の中で保全活動が継続されていくこととなった．

12.5.3 ローカルガバナンスがうまく機能するために

ローカルガバナンスを機能させるためには，**協議会（ネットワーク組織）**が次のような状態にあることが重要とされる（Rhodes, 1997）．(1) ネットワークに

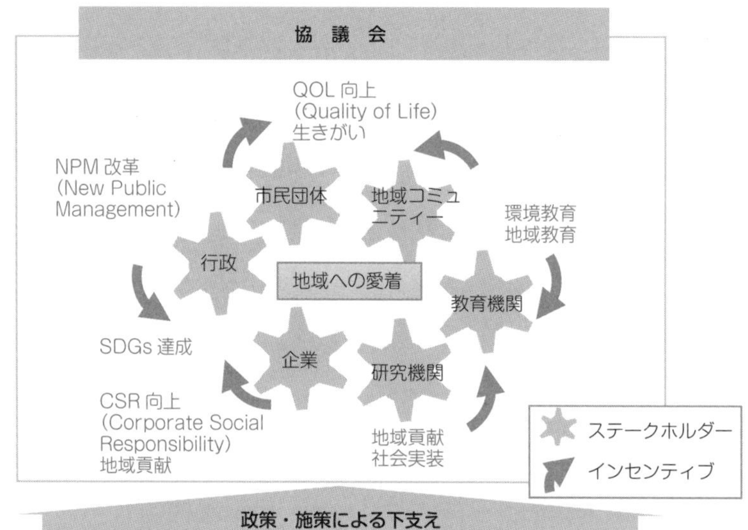

図 12.3　ローカルガバナンスを支えるネットワーク

協議会は地域の人々，ボランティア，企業，研究機関，行政などが集うプラットフォームである．それぞれの参加団体は，異なったインセンティブにより集まり，活動の担い手となる．継続的な活動を維持するためには，協議会で継続的に話し合っていける仕組みや地域の人の思いを支える制度を構築しなければならない．

参加している人や組織の間に上下関係はなく，水平的で相互依存的な関係であること，(2) それぞれの組織・人の間で資源の交換や，目的を共有するための話し合いが，継続的に行われていること，(3) 構成員の間で話し合って決めたルールのもと，信頼に基づき，楽しみながらやり取りできる状況があること，(4) 行政的な権力からの独立性が担保されていて，ネットワークは自己組織化できること，である．

多様な構成員がバラバラにならないよう，行政が「緩やかな舵取り」を行うことも大事である．そして協議会が，行政との間に適切な緊張を伴った関係を形成し，維持していることも重要であり（羽貝，2014），行政の素案に対する代案の提示，あるいは自主的な政策提案をする**アドボカシー（政策提言）**機能をもつことも必要である．協議会の持続的な活動は，ネットワーク間の信頼と地域への愛着といった，数字では表せない「関係」や「つながり」によって維持される（図 12.3）．そうした「関係」や「つながり」は状況に応じて流動するため，担い手を固定せず（宮内，2013），つねに対流関係を形成し変化し続ける中で，動的な平衡状態を作り出すことを目指さなければならない（牧野，2019）．

引用文献

朝波史香・伊東啓太郎他（2020）福岡県福津市の地域自治政策と海岸マツ林の自治管理活動の相互補完性．景観生態学，**25**, 53-68

Folke, C., Hahn, T. *et al.*（2005）Adaptive governance of social-ecological systems. *Annual Review of Environment and Resources*, **30**, 441-473

藤井正（2019）「地域」という考え方．新版地域政策入門（家中茂・藤井正 他編著）pp. 5-9，ミネルヴァ書房

羽貝正美（2014）住民参加の手づくり公園が風景に変わるとき—二つの「きょうどう」から生まれるもの．風景とローカル・ガバナンス（中村良夫・鳥越皓之 他編者）pp. 93-136，早稲田大学出版部

鎌田磨人（2014）里山の今とこれから．エコロジー講座7里山のこれまでとこれから（日本生態学会編）pp. 6-17，日本生態学会

春日千鶴葉・栗谷正樹他（2018）奈良県生駒市高山町における茶筌製造業の現状と展望．奈良教育大学紀要，**67**，77-89

川北秀人（2017）定義も，しくみも，進め方も，すべて進化して，協働から「総働」へ．月間ガバナンス，2017年12月号，pp. 32-34

日置佳之（2019）小さな自然再生の進め方—岡山県真庭市・津黒高原湿原の事例にみる段階的展開．グリーン・エイジ，**548**, 4-8

牧野篤（2019）公民館をどう実践してゆくのか，266 pp.，東京大学出版会

松下和夫編著（2007）環境ガバナンス論，317 pp.，京都大学学術出版会

宮内泰介編著（2013）なぜ環境保全はうまくいかないのか，352 pp.，新泉社

日本生態学会生態系管理専門委員会（2005）自然再生事業指針．保全生態学研究，**10**, 63-75

小椋純一（1988）近世以降の京都周辺竹林の変遷—都市周辺の自然景観に関する一考察—．京都精華大学紀要木野評論，**19**, 25-41

Okutomi, K., Shinoda, S. *et al.*（1996）Causal analysis of invasion of broad-leaved forest by bamboo in Japan. *Journal of Vegetation Science*, **7**, 723-728

Rhodes R.A.W.（1997）Understanding Governance -Policy Networks, Governance, Reflexivity and Accountability. 235 pp., Open University Press

清水万由子（2013）まなびのコミュニティをつくる—石垣島白保のサンゴ礁保護研究センターの活動と地域社会．なぜ環境保全はうまくいかないのか（宮内泰介 編著），pp. 247-271，新泉社

白川勝信（2018）芸北せどやま再生事業がもたらすエネルギー流通と地域経済の変化．森林環境2018（森林環境研究会 編）pp. 99-108，（公財）森林文化協会

鈴木重雄（2010）竹林は植物の多様性が低いのか？　森林科学，**58**, 11-14

鈴木重雄（2011）二次的自然の保全からの地域づくり—島根県大田市三瓶山・徳島県阿南市—．地理，**56**(9), 12-21

鈴木重雄（2018）竹林からの産品の生産動向と地域性．地理，**63**(5), 30-38

鈴木重雄・正本英紀他（2010）徳島県阿南市における竹林所有者と住民の竹林拡大に対する課題認識の差異．景観生態学，**15**, 1-10

田中義岳（2019）地域のガバナンスと自治—平等参加・伝統主義をめぐる宝塚市民活動の葛藤，288 pp.，東信堂

鳥居厚志・井鷺裕司（1997）京都府南部地域における竹林の分布拡大．日本生態学会誌，**47**, 31-41

鳥越皓之（2014）現代社会にとって風景とは．風景とローカル・ガバナンス（中村良夫・鳥越皓之 他編者），pp. 287-302，早稲田大学出版部

鷲谷いづみ（1999）生物保全の生態学，182 pp.，共立出版

山本麻希（2017）絶対に効く獣害対策を練るための集落環境診断のすすめ．現代農業，**96**, 346-352

湯本裕之・倉本宣（2005）都市部ニュータウンにおける竹林の環境保全機能に対する住民の意識．ランドスケープ研究，**68**, 773-778

第13章 景観生態学と地域づくり・地域再生

深町加津枝（13.1）河本大地（13.2）比嘉基紀（13.3）
平吹喜彦（13.4）島田直明（13.5）

この章のねらい 景観とは，地域の生態系やそこに関わる人々の活動の表象である．古くから定住が見られる地域では，伝統という経験則に基づき様々な土地利用や持続的資源利用の手法が維持されてきた．景観生態学では，このような「伝統知」と呼ばれる経験則を科学的に解明するとともに，得られた知見を生態系の保全や復元に活用し，さらには地域の活性化や再生にまで拡張してきた．本章では景観生態学の知見を地域の生態系保全や復元に活用している事例を紹介し，また，その保全・再生により，あるいはそのプロセス自体が地域づくり・地域再生にどのように貢献できるのかについて解説する．

キーワード 伝統知，ジオパーク，ユネスコエコパーク，海浜植物，環境教育，震災復興，地域づくり

13.1 伝統の継承と活用・土地利用

13.1.1 伝統的な土地利用の意義

日本の各地域には，長年にわたる自然との関わりの中で培われてきた生活様式や生業があり，森（森林，草地など）—里（集落，耕作地など）—水辺（海，湖，河川など）の連関に基づく伝統的な土地利用が形づくられてきた（第5章，6.5節，7.4節，8.5節）．伝統的な土地利用を読み解くことにより，過去から現在，そして未来につながる「自然の恵みと災いに向き合う地域の知恵と技術」が見えてくる（総合地球環境学研究所 Eco-DRR プロジェクト，2019）．

伝統的な土地利用の意義は，**自然共生社会**の実現を目指す国際的な取り組みにおいても認知されている．2010年の生物多様性条約第10回締約国会議（COP10）を契機に「SATOYAMA イニシアティブ」が提唱され，里山などの二次的自然地域の持続可能な維持・再構築を通じて自然共生社会の実現を目指す

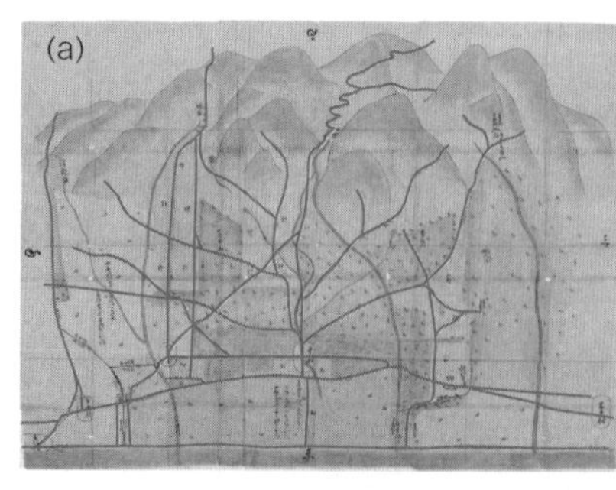

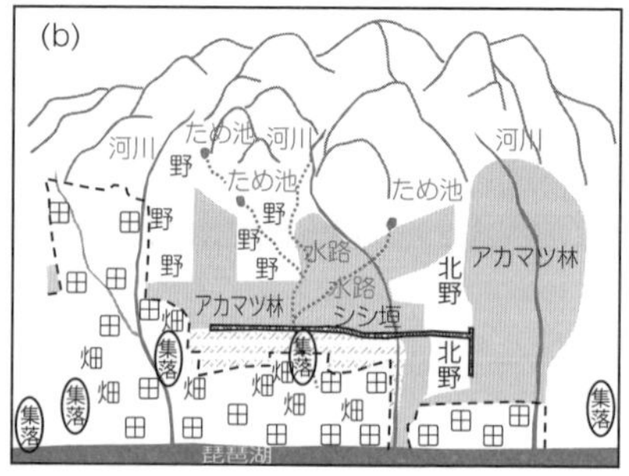

図 13.1　江戸期の比良山麓における土地利用

(a) 江戸期に記された絵図（大津市守山財産区所蔵）．青い線（原図では赤い線で描かれている）は道を示す．(b) 絵図から読み取った当時の土地利用と施設．口絵 21 参照．

国際的な取り組みが始まった（Watanabe *et al*, 2012）．伝統的な地域の土地所有・管理形態を尊重し，新たな共同管理のあり方を探求することが自然共生社会の実現のための行動指針の一つとなっている．

13.1.2　伝統的な土地利用の事例 ―琵琶湖西岸

滋賀県琵琶湖西岸の比良山麓を事例に，伝統的な土地利用の特徴を見ていく．図 13.1 は，江戸期における比良山麓の土地利用に関する絵図であり，湖岸付近に集落，田畑があり，背後には野（草地）やアカマツ林などの森林が広がっている．ため池，河川，道，シシ垣など地域の生活や生業と密接に結びついた自然や構造物も描かれている．比良山麓では集落ごとに古文書や絵図が多数保存されており，**自然資源**を利用，管理する仕組み，北国海道や琵琶湖を利用した物資の流れなどを理解することができる．砂防林や防風林を配置したり，石堤や水路により土砂や水の動きを制御するなど，土石流や洪水，風害などの自然災害に備えるための工夫も記録されている．周辺の山や河川から産出される花崗岩やチャートなどの石材は，**災害対応**のための堤や水路，波除石のほか，シシ垣，屋敷や棚田の石積み，灯籠，鳥居など多様に利用されていた．

明治期から昭和初期の比良山麓においても，住民の**空間認識**に基づく土地の呼称や空間の使い分けがあり，自然の恵みを利用し，災害に対処するための土地利用が継承されていた（深町，2014）．利用する自然資源に応じた場所や量，頻度があり，資源の枯渇や災害を防ぐための技術や所有形態，組織運営も見られた．日常生活や生産活動の中で利用する拠点や動線上には，共同管理を行う共有林，道，水路，浜などが位置した．境界や水源などの要所には，神社や地蔵，愛宕講の灯籠などの大小様々な祭祀空間があり，共同管理が行われた．共同管理の内容や規模に応じ，集落全戸の参加が義務づけられているもの，数戸からなる組織が順番に行う輪番などがあった．管理作業は，道や水路の草刈りや石組みの補修，他集落との境界の確認，災害に備えた水や土砂の制御などであった．

13.1.3 伝統の継承と活用に向けて

以上の琵琶湖西岸の事例に見るように，伝統的な土地利用には自然資源を利用，管理するための知恵が包含されている．昭和後期以降，各地域の土地利用は生活様式や生業などの変化に伴い大きく変化し，自然資源の利用や管理，自然災害への対応などの面での多くの課題を抱えている．地域の自然や文化に即した伝統的な土地利用の知恵を顕在化し，その普遍性と固有性を見極めながら課題解決につなげていく必要がある．伝統に根差した知恵を活用した地域固有の土地利用は，生態系サービスや地域のレジリエンスを高めるうえでも重要となる．

13.2 ジオパークと地域づくり

13.2.1 ジオパークの定義・特徴と地域資源の捉え方

私たち人間を含む生きものは，**ジオ**（geo）を暮らしの基盤にしている．ジオは，地理学（geography），地質学（geology），地形学（geomorphology）などに用いられている接頭語で，大地や地球，土地，地面などを表す．**ジオパーク**は，地形や地質，岩石，土壌，水や雪氷，気象・気候といった地学的基盤を指すジオについて，楽しくわかりやすく見せようとしている公園（park）であり地域である．

私たちは「自然を守る」「自然豊か」といった言葉を使う時，人間の暮らしを支えている自然基盤のうち，生物が直接的に関わる生態系を中心に目を向けがちである．しかし，それを支える土台となっている**地形・地質**などを見て，場の条件や地球の活動に対する理解を深めてこそ，自然のことも，自然の中で暮らす人間のこともトータルに捉えることができる（図 13.2a；口絵 22）．ジオパークでは，地球科学的価値をもつ**ジオサイト**を中心に，生態学的および文化的価値をもつサイトなどの地域資源が整理され，それらを説明する看板や施設，ガイドが

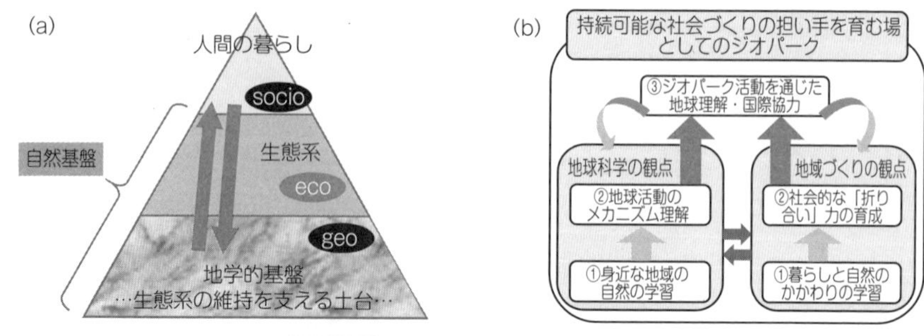

図 13.2 ジオパークの背景と役割

(a) 地表圏における人間の暮らしと自然基盤の関係．河本（2011）を一部改変．(b) ESD（維持可能な開発のための教育）実践の場としてのジオパーク．河本（2016b）を一部改変．

整備されている．ジオに関わる学習プログラムやツアー，周遊ルートも生み出される．それらの活用は，地球の活動や地域の成り立ちの理解，そして防災・減災にもつながる．

ジオパークには，ユネスコが認定する**ユネスコ世界ジオパーク**（UNESCO Global Geopark）と，その各国・地域版（日本では日本ジオパーク）がある．ユネスコ世界ジオパークは，「国際的な地質学的重要性を有するサイトや景観が，保護・教育・持続可能な開発が一体となった概念によって管理された，単一の，統合された地理的領域」（国際地質科学ジオパーク計画定款（日本ジオパーク委員会訳，https://jgc.geopark.jp/files/20160121_01.pdf）と定義されている．**日本ジオパーク**は，そこから「国際的な」を外した定義を用いている．2022年8月現在，ユネスコ世界ジオパークは46ヶ国177地域，日本ジオパークは46地域ある（うち9地域はユネスコ世界ジオパークにも認定）．

ジオパークの特徴は，地域資源の保全を前提とした「活用」にある．ユネスコの類似プログラムである世界遺産やユネスコエコパーク（13.3節）よりも，教育やツーリズムに重きが置かれる．日本のジオパークには行政主導の設立・運営が多いが，学校や公民館，博物館，ガイド団体，宿泊・飲食施設，ツアー会社などの活動次第で，地域住民をはじめとする多様な主体に活躍の機会と場が生まれる．**SDGs（持続可能な開発目標）**関連の動きも活発である．

また，ユネスコ世界ジオパークも日本ジオパークも4年に1度，再認定の審査が行われ，条件付き再認定や認定取り消しの判断がなされることもある．厳しい審査や助言，そしてジオパーク同士のネットワーク活動によって**持続可能な開発**

を保証する仕組みが構築されている.

13.2.2 地域づくりへの活用

ジオパークの仕組みは地域づくりにおいて，**教育**や**ツーリズム**（**観光**）を中心に活かされている．自治体主導で学校教育・社会教育にジオパーク学習の体系を組み込んだり（竹之内，2016），自治体関係者と住民がジオサイトの価値と特徴を知り保全意識の涵養や観光振興につなげたり（深見，2016），ジオパーク専門員が学校と地域住民とをつないで地域アイデンティティの再構築や人材育成を進めたり（柚洞ほか，2016），教育プログラムの開発・実施に大学や博物館が関与したり（新名・松原，2016）といった動きがジオパーク認定を機に生まれている．災害遺構や被災経験の伝承（石川，2015），防災意識を高めるツアーの企画実施（坂巻・藤本，2019），景観の成り立ちの説明や地域性を反映した食品などの質保証（河本，2014; 2016a）も進めやすい．

景観生態学との関連性については，小荒井（2009）および小荒井ほか（2011）が，風化によりマサ化した花崗岩が立地要件となって江戸時代に「たたら製鉄」が発展した中国山地を事例にした研究がある．事例地域では，製鉄のための「鉄穴(かんな)流し」が鉄穴残丘という独特の里山景観を生み出し，さらにオニグルミ林やハンノキ林などの生物多様性の高い生態系を生み出しており，エコツーリズムや地域多様性なども視野に入れた観光資源化の可能性が指摘されている．景観生態学に近い地生態学（横山，2002）（2.3.2 項）では，ジオパークを意識した研究や実践が重ねられてきた．小泉（1993; 2011 など）は，現代の生態学者が地形・地質や自然史に不案内であることが多いのを問題視し，地形・地質や自然史をベースに山の植生分布を考察する「山の自然学」を，ジオパークの動きと連動させて提唱・普及してきた．横山（2013）は，景観生態学で多用されるビオトープ（Biotop）に対するゲオトープ（Geoptop）の一部を地形サイト（geomorphosite）として認識・評価する動きを紹介し，「目に映る景観として捉えやすく，美しく，珍しい景観的価値や科学的価値」のある地形サイトを保護・保全したり図解したりすることで，ジオツーリズムの対象になり，地域経済や学校・社会教育に効果があるとしている．

ジオパークは**地球科学**と**地域づくり**という 2 つの観点をつなぐ存在であり，多くのジオパークで学際的な学術研究を奨励する事業が実施されている．また，ジオパークには，**ESD**（Education for Sustainable Development：**持続可能な開発のための教育**）実践の場としての役割も期待される（図13.2b）．日本の景観生態学は，主に都市や農村，里山，水辺など，人間の居住する地域とその周辺の多様な環境を扱ってきた．したがって，地域の自然の学習や暮らしと自然の関わりの学習，さらに地域づくりにおける「社会的な**折り合い力**の育成」には，景観生態学の知見を活かしやすいだろう．

13.3　地域の自然保護・保全とユネスコエコパーク（BR）

13.3.1　自然保護地域における保存と保全

人間活動に起因する自然環境の変化・劣化は世界的な生物多様性低下の駆動要因である．これに対して，世界的な対策の必要性が高まっているものの，その状況は依然として改善されていない（Diaz *et al.*, 2020; Secretariat of the Convention on Biological Diversity, 2020）．このような世界的状況の中，生物多様性保全の安全保障として機能する**保護地域**（protected area）の重要性が高まっている．保護地域は，地球上の一定の土地を人間以外の生物のために確保される土地で，国内外には様々な種類の保護地域が存在する（大澤，2008）．代表的な保護地域として，国際条約に基づく世界自然遺産や，自然公園法に基づく国立・国定公園や都道府県立自然公園などがある（14.1節）．

自然保護には，原生自然をできるだけ手つかずにそのまま維持することを目指す**保存**（preservation）と，人間にもたらされる自然の恵みを重視し，自然を使いながら守ることを目指す**保全**（conservation）がある（吉田，2007）．人間活動に起因する生物多様性の低下を最小限に留めるには，生物多様性の高い地域で人間活動の影響を排除すること（すなわち保存）が望ましい．しかし，地球上には生物多様性の高い地域で生物資源を利用しながら生活している人々も存在する．このため，保護地域には，保存だけではなく保全を目的とする地域も必要である．

13.3.2　ユネスコエコパークと世界自然遺産

保存の具体例として，世界自然遺産が挙げられる．世界自然遺産では，条約加盟国の責任で，全人類の遺産としての顕著な普遍的価値を有する自然地域の厳正な保護・保存（管理）が求められる（松田ほか，2019）ので，その価値を損ねるような利用や開発は認められない．そのため，各地の世界自然遺産登録地域で保護と利用の軋轢が問題となっている（吉田，2018）．

保存とは対照的に，自然を利用しながら保全を目指す保護地域として，ユネスコの人間と生物圏（MAB: Man And the Biosphere）計画が定める自然保護区の生物圏保存地域（Biosphere Reserve：以下 BR，日本国内での通称は**ユネスコエコパーク**，以下登録地域名には BR を付す）がある．MAB 計画とは，1971 年に発足した生物多様性の保全と豊かな人間生活の調和および持続的発展を実現することを目的として設立された国際協力プログラムである（松田ほか，2019）．同様の保全型保護地域として，BR のほかには，ラムサール条約登録湿地や，ユネスコ世界ジオパークがある．これらの中で BR は，地域の自然とそれを賢く使う文化を守るという，新たな自然保護の価値を創造するための制度として，また国連開発計画（UNDP）の**持続可能な開発目標（SDGs）**に貢献するための場所として，世界的に関心が高まっている（松田ほか，2019）．

BR は，日本国内では志賀高原 BR，白山 BR，大台ヶ原・大峯山・大杉谷 BR，屋久島・口永良部島 BR，綾 BR，只見 BR，南アルプス BR，祖母・傾・大崩 BR，みなかみ BR，甲武信 BR の 10 ヶ所が登録されている．世界的な保護地域数・面積の増加傾向（UNEP-WCMC *et al.*, 2018; Secretariat of the Convention on Biological Diversity, 2020）と同調して，BR の登録地域数も世界的に増加しており，2020 年 10 月時点で 129 ヶ国 714 地域に上る．BR の目標は，特に発展途上国でより広く受け入れられており，発展途上国の登録地域数が年々増加傾向にある（松田ほか，2019）．

13.3.3　生物多様性の保全と豊かな人間生活とを両立させるための仕組み

生物圏と調和した持続可能で健全・平等な地域経済の育成を実践するため，BR では，核心地域（core area）を中心として，周囲を緩衝地域（buffer zone），移行地域（transition area）が取り囲む同心円状の**ゾーニング**（zoning）が行われ（図 13.3；6.3.2 項），それぞれの場所で保全機能（景観・生態系・生物種・遺伝的多様性の保全へ貢献），学術的支援（地域・地方・国・世界の各レベルにおける保全と持続可能な発展の課題に関する実証プロジェクトや環境教育，研修，調査研究，モニタリングを支援），経済と社会の発展（社会文化的にも生態的にも持続可能な形で経済と社会の発展を促進）に資する機能的活動が行われる（松

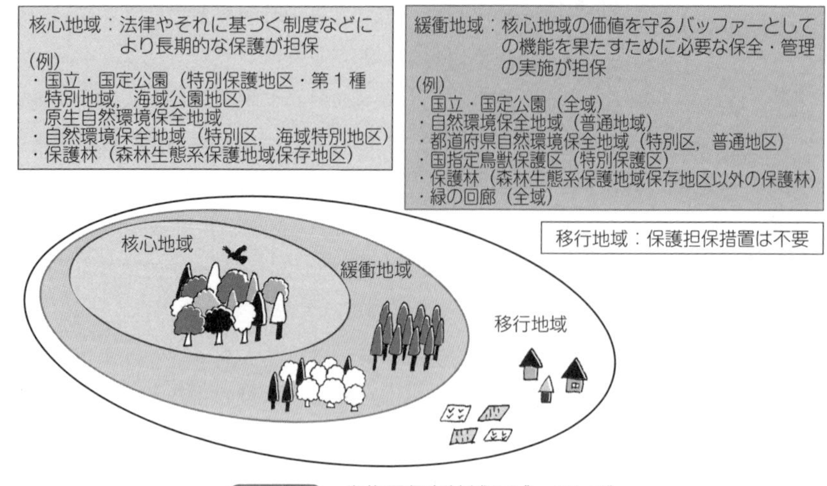

図13.3　生物圏保存地域のゾーニング

生物圏保存地域（BR）では，核心地域や緩衝地域は様々な制度を利用した保全・管理が行われるが，移行地域には保護担保処置は必要とされていない．このゾーニングにより，BRでは生物多様性の保全と持続的発展の両立を目指している．

田ほか，2019）．BRのゾーニングは，林野庁の森林生態系保護地域のモデルとしても知られている．

核心地域の主たる機能は保全機能であり，国内制度・法律に基づき厳密に保全される．例えば，南アルプスBRでは，核心地域は国立公園の特別保護地区および第1種特別保護地域に設定され，利用・開発行為は厳しく制限されている．

緩衝地域は，人間活動の影響から核心地域を守る場所で，保全機能・学術的支援機能を有している．緩衝地域では，核心地域に悪影響を及ぼすことのない活動（研究，教育，研修，観光，レクリエーションなど）が行われる．例えば，みなかみBRでは，NGOと連携した**持続可能な開発のための教育**（**ESD**）を進めている．只見BRでは，学術調査助成金制度を設け，自然環境や生物多様性の保全・再生・活用に関する研究を推進している．

移行地域は，学術的支援・経済と社会の発展機能を有し，人々の居住地も含まれる．保全と人間生活の両立を実現するために，移行地域では，研究，教育，研修や持続可能な経済活動（資源の利用・開発）が行われる．例えば，只見BRでは，地域の伝統産業，生活・文化の継承，発展に資する活動に対する支援が行われている．その他，移行地域で生産された農産品や伝統工芸品のブランド開発・

認証制度や，地産地消に向けた活動も行われている（松田ほか，2019）．

各地のBRでは，地域の特色を活かして様々な挑戦を行っており，成功例や課題も報告・共有されている．しかし，生物多様性，生物資源，その利用に関する伝統知は地域によって異なる．保全と利用の両立を実現するためには，他地域の成功事例を広く収集することに加えて，住民自ら地域の自然を見つめ直し，それを賢く使う文化を再発見する，継続的な模索が求められる．

13.4 大規模自然災害からの復興・地域づくり

13.4.1 激甚災害が多発する現代

巨大な地震・津波と炉心溶融・放射能漏れによって，人類史に特筆される惨事となった2011年の東日本大震災．それはまた，「想定外」という言葉が一般化したことに象徴されるように，私たちの日常を豊かで安全なものとしてきた高度な科学技術をもってさえ予見し得ない自然の猛威が，身近に常在していることを強く認識させる機会にもなった．実際のところ，この「数百年から1000年に一度」という人にとっては極めて稀な災禍の後も，2012年・2017年の九州北部豪雨，2014年の広島土砂災害といった激甚災害が日本列島の各地で毎年のように発生しており，気候や地殻の変動によって事態はさらに深刻化すると見積もられている．多発する災禍に対する「**レジリエンス**」，すなわち「個々の事案・事業に留まらない，組織・社会全体のしなやかな適応力と，自律的な持続を可能にする理念や仕組み」の醸成が求められる今，景観生態学はどのような貢献をなし得るのだろうか？　東北地方太平洋沖地震津波で被災した仙台湾岸における，生態系の応答と復興・地域づくりの事例をもとに解説する．

13.4.2 景観生態学というプラットホーム

景観生態学は，「地域」というフィールド・現場を中心に据えて，自然環境とそこに暮らす住民，関わりのある行政機関や市民団体，企業，専門家といった**ステークホルダー**と対峙する学問分野である．この点で，景観生態学は，親和性・進取性・可塑性に優れ，様々な大規模災害に対して地域復興ビジョンを描き，課題克服を目指す**プラットホーム**となり得る特性を有している．

図13.4は，仙台湾岸の仙台市宮城野区新浜地区で，復興・地域づくりを進め

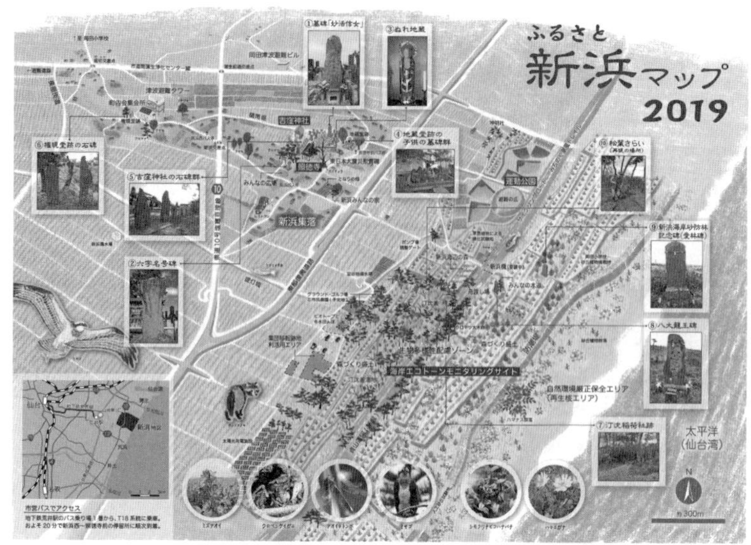

図 13.4　ふるさと 新浜マップ　2019

被災住民と多様なステークホルダーが協働で作成した鳥瞰図（遠藤ほか，2019）．旗印・見取り図・進行管理図として活用され，里浜と砂浜海岸エコトーンにおける「自然・人・歴史のつながり」を大切にした復興・地域づくりが展開されてきた．口絵 23 参照．

る過程で作成されてきた「ふるさと 新浜マップ」の 2019 年版鳥瞰図である．復興・地域づくりの旗印，見取り図，進行管理図として機能してきたこの図面には，景観生態学的な視座と技法に裏打ちされたワークショップやフォーラム，自然再生活動などを重ねて，「みんな」で発掘し，学びあい，構想してきた取り組みの成果が凝縮されている．それは，(1) 復興計画の基軸である多重防御に則って，住民主体で立案した「新浜地区復興まちづくり基本計画・アクションプラン」，(2) 少なくとも 400 年にわたって，地域資源の利活用や住民間の融和・互恵を持続させてきた「里浜」，(3) 大津波を減殺し，著しく攪乱されながらも自律的に再生する「砂浜海岸エコトーンの多様な生物種や生態系」の 3 者を尊重しながら導き出された，「過去と現在と近未来をつなぐビジョン」の描写である．

13.4.3　景観生態学が支援する復興・地域づくり

東日本大震災直後，日本景観生態学会東日本大震災復興支援特別委員会 (2011) は，「創造的復興」や「**持続可能な地域づくり**」を見据えた声明「景観生態学から見た復興の基本方針 **生態系サービス**の最大限の活用について」を公表している.

その骨子は，次のように要約される.

(1)「自然のプロセスによって形成された土地や生態系がもつポテンシャル」を被災地の精査結果を加味しながら再評価し，(A)「災害リスクを回避・低減させる機能（生態系の調整サービス)」と（B)「豊かな生物資源・居住環境を存続させる機能（生態系の供給サービス)」を最大限に享受し得る土地利用を実現すること.

(2) 長い歳月にわたって，生態系と人の関わりの中で育まれ，人と人のつながりの中で伝えられてきた「生態系を持続的に活用する思想・知恵・技法」や「地域固有の文化・風土・景観」(生態系の文化的サービス）を，防災事業と復興・地域づくりに導入すること.

(3) 地域における人と人のつながり，人と土地・生態系との関係性を存続・伝承するためにも，地域住民の参画と**合意形成**に基づく「自律的な防災事業と復興・地域づくり」を進めること.

残念ながら東日本大震災の復興プロセスにおいて，こうした革新的な提言が主流化することはなかった．むしろ，復興を主導した行政機関は，所管する領域を厳格に囲い込んだうえで，それぞれが津波防災対策を最大化させた計画を掲げて，5年という短期間での完了に邁進したように見える．その結果は往々にして，地域の住民や自然環境に配慮が及ばない非順応的な進行，盛土とコンクリートによ

図13.5 巨大防潮堤（a）と海岸林の基盤盛土・防風柵（b）

海崖をシールドする高さ 10 m を超える垂直コンクリート壁や砂丘・後背湿地を埋め尽くすほどの鉱質土砂盛土が，「創造的復興」の理念の下で延伸された.

る広大な人工改変地を基調とする画一的な土木工事，過剰な防災施設の多重配置を出現させた（図 13.5）.「創造的復興」という旗印と巨額の財政投資，そして何より「未来世代からの預かりものという，土地・資源管理の基本理念」に照らした検証を急ぎ，迫り来る大規模災害多発時代に賢く向き合う必要がある.

13.5　海浜植生の再生と環境教育

13.5.1　東日本大震災による海浜植生への影響と復興工事

環境教育とは，豊かな環境を維持し，持続可能な社会を構築するために，家庭，学校，職場，地域などにおいて，環境の保全についての理解を深めるために行われる教育および学習である．ここでは，東日本大震災の被災地の小中学校で行われている海浜植生再生を目標とした環境教育について解説する.

東日本大震災を引き起こした津波や地盤沈降によって，東北太平洋沿岸では海岸林の多くは流出し，**海浜植生**も一時的に消失した．しかし，ある程度の面積が残存した砂浜では，震災後の短期間で海浜植生の自律的再生が確認された（原，2014）．しかし，その後多くの海岸では防潮堤などの復興工事によって再び消失するなど，大きな影響を受けることになった．一方，海浜植生保全のために事業計画の変更や植生を砂ごと移設するなどの保全対策も見られた（石川，2016；島田，2016）．これらの対策を補完するものとして，現地の**海浜植物**由来の種子による苗づくりと，その植栽による**植生再生**が行われている．この海浜植生の再生を，環境教育の授業の一環として取り組んでいる小中学校がある.

13.5.2　地元小中学校による再生授業

海浜植生再生授業のねらいは，(1) 地域の自然に親しむことで自然への理解向上の機会になること，(2) 地域資源・地域の宝への気づきになること，(3) 地域の自然環境を守る意識を育てること，の 3 点とした．対象とした砂浜の海浜植生を再生していくことがこの授業の大きな目標である．授業を実施している学校は野田村立野田小学校，山田町立船越小学校，釜石市立釜石東中学校，陸前高田市立広田小学校の 4 校である.

小中学校の総合学習の時間を用いて，1 年間で 3～5 回の授業時間で内容が完結するよう授業計画を作成した．その際，それぞれの学校で活動の対象となる海

図 13.6 **海浜植生再生授業の様子**
(a) 海浜植物の種子の播種.(b) 砂浜への苗の植栽.

岸の復興工事の進捗状況などにあわせたプログラムとなるよう配慮した.以下は標準的な授業内容の一例である(島田, 2020).

(1) 海浜植物の播種・育苗

1回目の授業は5~6月に行い,自分たちが住む地域の自然環境の特徴について学ぶとともに,海浜植生の再生のために種子から苗を育てる意義について考えてもらうことを目的とした.

はじめに,岩手県全体や学校が位置する地域の砂浜の現状について図表や写真を用いて解説した.次に,東日本大震災の復興工事による影響を受け,地元の砂浜の海浜植生が減少しているという問題を明らかにした.その解決策として,地元の海浜植物を用いた植生再生を授業で行うことについて確認した.その後,校庭などに移動し,対象とする砂浜で事前に収集した海浜植物の種子を,プランターに播種した(図 13.6a).その後の水やりなどの育苗作業を児童・生徒に依頼した.

(2) 海浜植物の観察

2回目の授業は6~7月に行い,海浜植物の観察を通じて,育てている海浜植物への関心向上を目的とした(口絵 24).対象とする砂浜において,自分たちが播種・育苗している植物の自然の姿を観察するために,簡易図鑑を利用しながら目的の海浜植物を探し,観察・スケッチを行った.その後,海浜植物に触れ,葉が厚い,草丈が低いなどの海浜植物の特徴を確認した.

(3) 砂浜環境の調査

3回目の授業は8~9月に行い,海浜植物が生育している砂浜の環境について理解を深めることを目的とした.対象とする砂浜において,砂浜の風の強さ,砂の表面温度などについて計測器を用いて実際に調査した．

(4) 砂浜への苗の植栽

4回目の授業は10月に行い，植栽を通じて地域の自然環境を守る意識を醸成することを目的とした．1回目の授業時に播種・育苗していた海浜植物を対象とする砂浜に植栽した（図13.6b）．作業後，1年間の授業の振り返りを行った．

13.5.3 環境教育による景観再生

授業を行う以前は，海辺が身近な小中学校の児童・生徒や教員も，海浜植物の存在をほとんど認識していなかった．しかし，授業を通して，地域資源である海浜植物への意識づけや，地域の自然景観への気づきが認められた．海浜植物の観察を行うだけでも気づきに有効であり，あわせて海ごみ拾いなどを組み合わせると海辺の環境を考えるきっかけになると思われる．

地域の児童・生徒による今回の海浜植生再生授業は，環境教育を通した地域の**景観再生**といえる．海浜植生に限らず，水辺植生や草地植生の再生などで同様の取り組みは可能であろう．環境教育を通じて，地域の自然環境への理解向上や地域の景観を守っていく意識の醸成が期待される．

引用文献

Díaz, S., Settele, J. *et al.* (2020) Pervasive human-driven decline of life on Earth points to the need for transformative change. *Science*, **366**, eaax3100

遠藤源一郎・平吹喜彦 他編著（2019）ふるさと 新浜マップ　2019，6 pp.，新浜町内会・生態系サービスの享受を最大化する‘里浜復興シナリオ’創出プロジェクト

深町加津枝（2014）里山の自然資源の利活用を巡る伝統的な仕組みの意義．農村計画学会誌，**33**, 13-16

深見聡（2016）三島村・鬼界カルデラジオパークにおけるジオツーリズムの取り組み．島嶼研究，**17**, 131-149

原正利（2014）津波影響調査の結果について．植生情報，**18**, 21-40

石川宏之（2015）復興まちづくりに火山災害遺構を活かすためのジオパークの経緯と大学の連携体制のあり方に関する研究―島原半島ジオパーク推進連絡協議会と洞爺湖有珠山ジオパーク推進協議会を事例として―．都市計画論文集，**50**, 101-106

石川淳一（2016）仙台湾南部海岸における環境配慮「掘削残砂の活用による海浜植物保全の試み」．景観生態学，**20**, 75-81

小荒井衛・中埜貴元 他（2009）航空レーザデータを活用した里山地域（「鉄穴（かんな）流し」の行われた地域）の景観生態学的評価―ジオパーク的な視点から―．日本地質学会学術大会講演要旨，第116年学術大会（2009岡山），311 pp.

小荒井衛・中埜貴元 他（2011）景観生態学図による生物多様性評価の可能性．*E-journal GEO*, **6**,

104-114
小泉武栄（1993）「自然」の学としての地生態学．地理学評論 Ser. A, **66**, 778-797
小泉武栄（2011）ジオエコツーリズムの提唱とジオパークによる地域振興・人材育成．地学雑誌，**120**, 761-774
河本大地（2011）ジオツーリズムと地理学発「地域多様性」概念―「ジオ」の視点を持続的地域社会づくりに生かすために―．地学雑誌，**120**, 775-785
河本大地（2014）スペイン・ピレネー山脈のソブラルベジオパークにおける行政主導型マネジメントの意義と課題．*E-journal GEO*, **9**, 50-60
河本大地（2016a）海外のジオパークに学べること，日本から発信したいこと―ヨーロッパのジオパークにおける教育と地域連携を中心に―．地理，**61**(6), 42-51
河本大地（2016b）ESD（持続可能な開発のための教育）とジオパークの教育．地学雑誌，**125**, 893-909
松田裕之・佐藤哲 他編（2019）ユネスコエコパーク―地域の実践が育てる自然保護，343 pp.，京都大学学術出版会
日本景観生態学会東日本大震災復興支援特別委員会（2011）景観生態学から見た復興の基本方針　生態系サービスの最大限の活用について．景観生態学，**16**, 2-5
新名阿津子・松原典孝（2016）ジオパークにおける大学・博物館の役割―山陰海岸ジオパークとレスボスジオパークを事例に―．地学雑誌，**125**, 841-855
大澤雅彦 監修，日本自然保護協会 編（2008）生態学から見た自然保護地域とその多様性保全，235 pp.，講談社サイエンティフィク
坂巻哲・藤本一雄（2019）未災地における自然災害型ダークツーリズムの企画・実践と課題―千葉県銚子市におけるアクションリサーチ―．地域安全学会論文集，**35**, 1-11
Secretariat of the Convention on Biological Diversity（2020）Global Biodiversity Outlook 5, 208 pp.
島田直明（2016）復旧事業における海浜植物の保全対策―十府ヶ浦の事例．生態学が語る東日本大震災―自然界に何が起きたのか―（日本生態学会東北地区会 編）pp. 177-182，文一総合出版
島田直明（2020）地域の小中学生とともに育てる海浜植物群落．グリーン・エージ，**47**(5), 17-20
総合地球環境学研究所 Eco-DRR プロジェクト（2019）地域の歴史から学ぶ災害対応　比良山麓の伝統知・地域知，75 pp.，総合地球環境学研究所
竹之内耕（2016）ジオパークの視点を導入した学校教育と社会教育の進展―糸魚川ユネスコ世界ジオパークを例に―．地学雑誌，**125**, 795-812
UNEP-WCMC, IUCN *et al.*（2018）. Protected Planet Report 2018, 56 pp.
Watanabe, T., Okuyama, M. *et al.*（2012）A review of Japan's environmental policies for Satoyama and Satoumi landscape restoration. *Global Environmental Research*, **16**, 123-135
横山秀司（2002）景観生態学・地生態学とは．景観の分析と保護のための地生態学入門（横山秀司 編），pp. 2-9，古今書院
横山秀司（2013）ジオツーリズムの対象としての地形サイト（geomorphosite）について．九州産業大学商經論叢，**54**, 87-98
吉田正人（2007）自然保護―その生態学と社会学，151 pp.，地人書館
吉田正人（2018）世界遺産を問い直す，205 pp.，山と渓谷社
柚洞一央・山下聖 他（2016）室戸高校における地理学的視点を取り入れたジオパーク教育．地学雑誌，**125**, 813-829

第 14 章 自然環境政策と景観生態学

渡辺綱男（14.1）蔵本洋介（14.2）増澤　直（14.3）白川勝信（14.4）

▌この章のねらい▌ 日本の自然環境政策は国際動向や地域課題，社会意識の変化に対応しながら施策の対象を拡大してきた．国立公園などの保護地域や貴重な動植物保護に関する施策の強化に加えて，国土全体の生物多様性の質を向上させ，地域社会がより良い形で生態系サービスを得ていくための広範な施策が求められている．自然災害や感染症などの大きな影響を受けにくいレジリエントで持続可能な社会の創出に向けた，統合的な取り組みが必要といえる．本章ではまず，自然環境政策の展開の中で広域の景観管理の重要性が増大してきた過程を示す．そのうえで，国土空間の保全・利用の羅針盤となる生物多様性国家戦略，早期の立地段階の環境配慮に不可欠な戦略的環境アセスメント，地域の参加・協働で進める基礎自治体の生物多様性戦略づくりについて解説する．

▌キーワード▌ 景観管理，生物多様性条約，生物多様性戦略（国家戦略・地域戦略），生態系サービス，生態系ネットワーク，OECM，戦略的環境アセスメント，ミティゲーション

14.1 環境政策としての景観管理

14.1.1 自然環境政策の歴史的展開

1931 年に日本の大風景の保護開発を目的として国立公園法が制定され，私有地であっても区域指定することで一定の行為規制がかけられる地域制の「**国立公園制度**」が導入された（表 14.1）．その後，「自然公園法」への全面改定など，時代の変化に応じた制度改正を重ねながら，国立公園は国土の自然環境保全の中核的な役割を担ってきた．深刻な公害や自然破壊の進行を受けて，環境問題を総合的に担う行政組織として 1971 年に環境庁が設置され，国立公園や鳥獣保護行政が環境庁に移管された．「自然環境保全法」が制定され，「自然環境保全基本方針」が示されるとともに，植生・動植物分布や陸水域，沿岸域などの自然環境の

表 14.1 自然環境政策の歴史的展開（年表）（渡辺，2018 をもとに作成）

年代	国際的な環境動向	国内における環境動向	
		自然環境政策	環境関連全般
～1960年代	IUCN レッドリスト公表（1964）	国立公園法制定（1931），自然公園法制定（1957），狩猟法を鳥獣保護法に改正（1963）	公害対策基本法制定（1967）
1970年代	ラムサール条約採択（1971），国連人間環境会議（ストックホルム）・世界遺産条約採択（1972）・ワシントン条約採択（1973）	国立公園・鳥獣行政の移管（1971），自然環境保全法制定（1972），自然環境保全基礎調査開始・自然環境保全基本方針決定（1973）	環境庁設置（1971）
1990年代	IPCC 報告（1990），南極条約環境保護議定書採択（1991），地球サミット（リオデジャネイロ）・生物多様性条約および気候変動枠組条約採択（1992），砂漠化対処条約採択（1994），気候変動枠組条約京都議定書採択（1997）	レッドデータブック（脊椎・無脊椎動物）刊行（1991），絶滅のおそれのある野生動植物の種の保存に関する法律（種の保存法）制定（1992）	環境基本法制定（1993），環境基本計画策定（1994）環境影響評価法制定（1997）
2000年代	ミレニアム開発目標（MDGs）（2000），持続可能な開発に関する世界サミット（ヨハネスブルク）（2002），ミレニアム生態系評価（2005）	自然保護局から自然環境局に改組（2001），新・生物多様性国家戦略策定・自然再生推進法制定（2002），カルタヘナ法制定・モニタリングサイト1000開始（2003），外来生物法制定（2004），エコツーリズム推進法制定（2007），生物多様性基本法制定（2008）	循環型社会形成推進基本法制定（2000），環境省設置（省庁再編）（2001），環境教育推進法制定（2003），景観法制定（2004），国土形成計画法制定（2005），21 世紀環境立国戦略策定・海洋基本法制定（2007）
2010年代	生物多様性条約 COP10・SATOYAMA イニシアティブ国際パートナーシップ発足（2010），「国連生物多様性の10年」開始（2011），国連持続可能な開発会議（リオ +20）・IPBES 設立（2012），第1回アジア国立公園会議（仙台）（2013），第6回世界国立公園会議（シドニー）（2014），仙台防災枠組・持続可能な開発目標（SDGs）・気候変動パリ協定の採択（2015），IPBES 地球規模評価報告（2019）	生物多様性地域連携促進法制定・里地里山保全活用行動計画策定（2010），海洋生物多様性保全戦略策定・三陸復興国立公園構想を提案（2011），グリーン復興ビジョン策定（2012），鳥獣保護法を鳥獣保護管理法に改正・地域自然資産法制定（2014），「生物多様性分野における気候変動適応の基本的考え方」公表・重要里地里山選定（2015），「生態系を活用した防災・減災に関する考え方」公表・国立公園満喫プロジェクト開始（2016），沖合海底自然環境保全地域制度（2019）	地球温暖化対策基本法制定（2010），「東日本大震災からの復興の基本方針」決定（2011），国土強靱化基本法制定（2013），水循環基本法制定（2014），国土形成計画などに Eco-DRR やグリーンインフラを位置づけ（2015），「明日の日本を支える観光ビジョン」策定（2016），第五次環境基本計画策定・気候変動適応法制定（2018）
2020年代	「国連生態系回復の 10 年」開始（2021）	自然環境保全基本方針改定（2020）	2050 年カーボンニュートラルを宣言（2020）

現状と推移を明らかにするための自然環境保全基礎調査が開始された．この時期は，国連人間環境会議が開催され，ラムサール条約，世界遺産条約，ワシントン条約といった国際条約が相次いで採択されるなど，国際的にも節目の時期となっている．

20年後の1992年には，持続可能な開発をテーマに地球サミットが開催され，同会合にあわせて「気候変動枠組条約」や「**生物多様性条約**」が採択された．こうした国際動向も受けて，国内では種の保存法制定など，動植物種の絶滅を防ぐための施策が進められた．翌年には「環境基本法」が制定され，同法に基づき，循環，共生，参加，国際的取り組みを柱とした「環境基本計画」が策定されている．さらに同法の規定を足掛かりに，長年の懸案であった「環境影響評価法」制定が実現した．

1990年代には，里山や干潟といった身近な自然に対する社会の意識が高まり，市民団体の役割の増大や自治体の先駆的な動きが見られ，河川法改正をはじめ各省が政策に環境問題を取り込んでいった．2001年の省庁再編で設置された環境省は各省と共同で，自然との共生に向けたトータルプランとして「新・生物多様性国家戦略」(14.2節) を策定した．同戦略を受けて，「自然再生推進法」や「外来生物法」が制定されている．

2010年には生物多様性条約第10回締約国会議（COP10）が日本で開催され，自然との共生を長期目標に掲げた**愛知目標**が採択された．原生的な自然を守るだけでなく，多様な分野・主体の連携を通じて都市や農山漁村も含めた国土全体で人と自然のバランスを取り戻していくことを求めたものである．COP10では，農林漁業などが営まれている二次的自然環境を対象に，自然と調和した土地利用や資源利用を促進するSATOYAMAイニシアティブ国際パートナーシップも発足した．国内では，COP10の前後に生物多様性国家戦略および地域戦略の規定を含む「生物多様性基本法」や「生物多様性地域連携促進法」が制定されたほか，愛知目標達成のための各種施策が進められた．

2011年の東日本大震災以降頻繁に発生する自然災害は，時に甚大な被害をもたらす自然との共存のあり方を問いかけている．2015年には持続可能な社会構築にとって重要な国際合意がなされた．仙台防災枠組，持続可能な開発目標(SDGs)，気候変動に関するパリ協定である．2018年に策定された「第五次環境基本計画」は，これらの国際合意を受け，目指すべき社会として**地域循環共生圏**

を掲げた．各地域で自立・分散型社会を目指しつつ，農山漁村と都市域が，自然資源・生態系サービスと人材・資金を分かち合い，相互に支え合う社会を創出するという提案である．

これまで自然環境政策は国際的な議論や地域で起きている問題に対応しながら施策の対象を拡げてきた．今後は環境・社会・経済にわたる統合的な取り組みの中で改めて自然環境政策の役割を捉え直していく必要がある．

14.1.2 自然環境政策における景観管理

「国連生物多様性の10年」に続いて，2021年から「国連生態系回復の10年」が始まった．悪化から回復に転じることを目指す10年である．国土全体の生態系の回復を進める中で，自然災害や感染症などの大きな影響を受けにくいレジリエントで持続可能な社会を創り出していくことが求められている．COP15における新たな世界目標（**ポスト2020生物多様性枠組**）の採択に向け，保護地域以外の地域をベースとする生物多様性保全手段（OECM）（14.2.4項）も重要な要素として議論されている．生物多様性と**生態系サービス**の地球規模評価報告（IPBES, 2019）では，生物多様性と生態系サービスの世界的な劣化を指摘するとともに，持続可能な社会実現のための社会変革（transformative change）の必要性を強調している．

地域循環共生圏といった統合的な枠組の中で，国立公園などの保護地域やOECMをどのようにデザインし，階層的な**生態系ネットワーク**（ecological network, 以下，生態系NW）（3.1.4項）形成を通じた広域の**景観管理**をどう進めていくかが重要な課題といえる．その際，生物多様性の観点だけでなく，防災・減災，温暖化適応，地域産業振興，教育・文化，健康・福祉など持続可能な地域づくりのための諸課題と結びつけて考えていくことが欠かせない．

これらの課題に対応していくためには，次期生物多様性国家戦略に向けて日本景観生態学会がとりまとめた提案（日本景観生態学会，2020）で述べられているように，エコリージョン区分に基づき，国土・地方ブロックのあるべき姿を描き，自然地域，中山間地域，農業地域，沿岸地域，都市域などに適した生態系インフラの構造と配置方針を示すことが重要となる．そして，地域社会が様々な生態系サービスをより良い形で得ていくための生態系管理の指針や，エリアマネジメントを基本として生態系インフラを広範な主体の参加・協働により持続的に管理運用していくための社会的仕組みと具体的な施策を立案・実施していくことが有効と考えられる．

14.2 生物多様性国家戦略

14.2.1 生物多様性国家戦略とは

生物多様性国家戦略は，1993年に発効した「**生物の多様性に関する条約**」（**生物多様性条約**）の第6条に基づき締約国が策定する戦略である．日本では，2008年に「**生物多様性基本法**」が施行されて以降，同法第11条に基づき政府が策定する生物多様性の保全と持続可能な利用に関する基本的な計画としても位置づけられており，生物多様性政策の基盤となるものである．

日本の生物多様性国家戦略は1995年に初めて取りまとめられ，その後2012年までに合計5回策定されている（図14.1）.「生物多様性国家戦略2012-2020」（環境省自然環境局，2013）では，自然共生社会の実現に向けて，日本の生物多様性の現状と課題，生物多様性の保全と持続可能な利用に向けた目標，100年先を見通した国土のグランドデザイン，重点的に取り組むべき国の施策の大きな方向性を示す5つの基本戦略，愛知目標の達成に向けたロードマップ，基本戦略に沿った約700の具体的施策からなる行動計画などが示されている．なお，次期生物多様性国家戦略は，「ポスト2020生物多様性枠組」（COP15で採択）を踏まえて策定されることとなっている．

14.2.2 国土・空間の考え方

「生物多様性国家戦略2012-2020」においては，日本の国土が地形・地質や気候，植生帯，生物相などの違いによって区分されることを踏まえたうえで，生物相と人間活動の関係も考慮に入れ，次の7つの地域区分を基本的な単位として，目指す方向や望ましい地域のイメージといった**国土のグランドデザイン**を示している．

(1) 奥山自然地域：相対的に自然性の高い地域

(2) 里地里山・田園地域（人工林が優占する地域を含む）：(1) と (3) の間に位置する地域

(3) 都市地域：人間活動が集中する地域

➢ 1992 年：生物多様性条約の採択
➢ 1993 年：生物多様性条約加盟･発効
生物多様性条約第 6 条
“生物の多様性の保全及び持続可能な利用を目的とする国家的な戦略若しくは計画を作成する”
1995 年：生物多様性国家戦略
・生物多様性条約の締結を受けて速やかに策定
・関係省庁の取組を網羅的に整理
2002 年：新生物多様性国家戦略
・生物多様性条約の現状を「3 つの危機」として整理
・自然再生，里地里山保全など関係省庁の連携を政策レベルで強化
2007 年：第三次生物多様性国家戦略
・生物多様性の現状に「地球温暖化による危機」を追加
・国土管理の長期的な目標像を示すとともに，具体的目標・指標を盛り込む
➢ 2008 年：生物多様性基本法制定
生物多様性基本法第 11 条
“政府は，生物の多様性の保全及び持続可能な利用に関する基本的な計画(生物多様性国家戦略)を定めなければならない”
2010 年：生物多様性国家戦略 2010
・生物多様性基本法に基づく初めての法定計画
・COP10 に向けて実施すべき取り組みを視野に入れた施策の充実
➢ 2010 年：生物多様性条約第 10 回締約国会議（COP10）開催（愛知県名古屋市）
愛知目標（戦略計画 2011-2020）の採択
2012 年：生物多様性国家戦略 2012-2020
・東日本大震災の経験を踏まえて策定
・愛知目標の達成に向けたロードマップ，自然共生社会に向けた戦略として策定

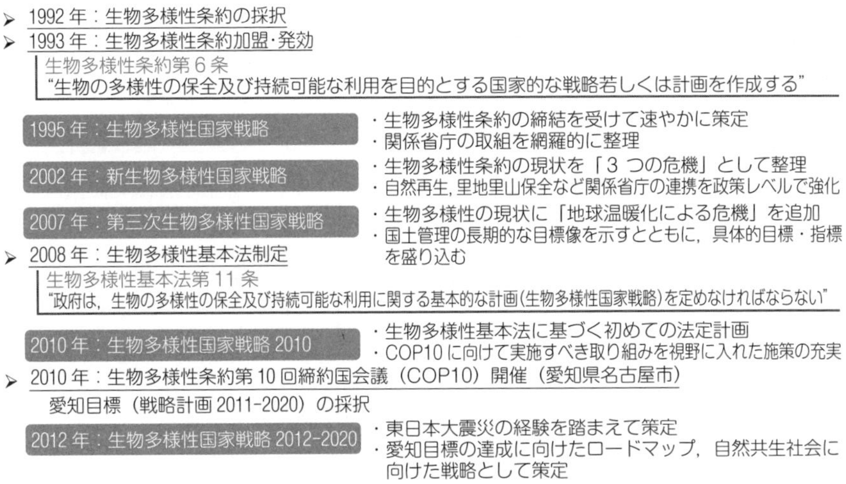

図 14.1　生物多様性国家戦略の策定・改訂のあゆみ（環境省資料をもとに作成）

(4) 河川・湿地地域：各地域を結びつける生態系 NW の基軸となる水系

(5) 沿岸域：海岸線を挟む陸域および海域

(6) 海洋域：沿岸域を取り巻く広大な海域

(7) 島嶼地域：沿岸域・海洋域にある島々

また，5つの基本戦略のうち，一つが生態系 NW の形成に関するもの（基本戦略 3「森・里・川・海のつながりを確保する」）となっている．この基本戦略においては，国土全体での生態系の保全・再生に向けて，脊梁（せきりょう）山脈から海洋域までつながる生態系 NW（ここでは，生物多様性の損失を防ぎ，回復させるための動植物の生息・生育地のネットワークのことを指す；10.5.1 項）を形成するため，保護地域を核としながら，それぞれの生物の生態特性に応じて生息・生育地のつながりや適切な配置が確保されるよう，各生態系における施策の方向性を示している．

グランドデザインや基本戦略で示された方向性を踏まえ，行動計画においては 3 本柱のうちの一つである「国土空間的施策」において，生態系 NW の形成のために関係省庁が実施する具体的施策が示されている．これらの取り組みに当たっては，全国，広域圏，都道府県，市町村など様々な空間レベルでの生態系 NW 形成のため，空間レベル相互の階層的な関係や，流域・地形といったまと

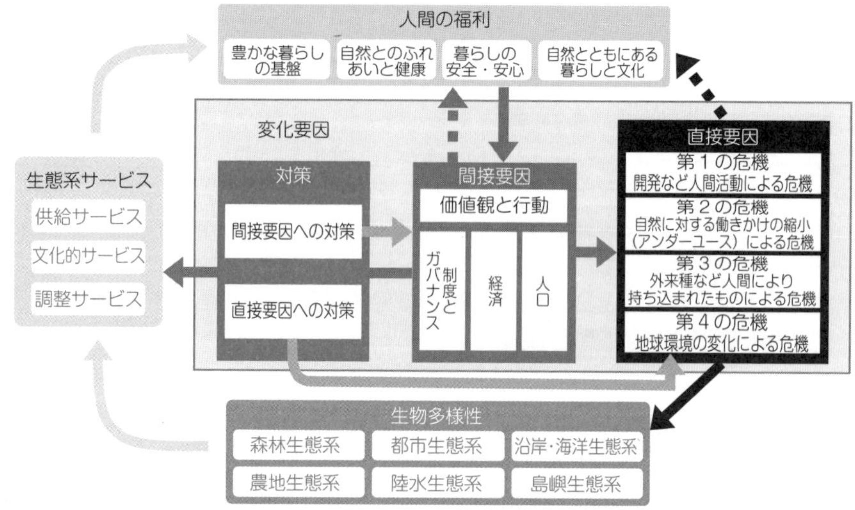

図 14.2　JBO3 における評価で用いられた枠組み
環境省生物多様性及び生態系サービスの総合評価に関する検討会（2021）をもとに改変.

まりなどの観点も考慮することとされている.

14.2.3　生物多様性・生態系サービスの回復に向けて

2010 年より，有識者で構成される検討会において，日本の生物多様性や生態系サービスの状況についての総合評価が実施されている．2021 年 3 月には，「**生物多様性及び生態系サービスの総合評価 2021**（Japan Biodiversity Outlook 3: **JBO3**）」が公表された．JBO3 においては，生物多様性及び生態系サービスの状態や将来トレンド，生物多様性の損失をもたらす直接要因としての「4 つの危機」の状況，直接要因に影響を与える間接要因としての社会経済状況，生物多様性関連施策の実施状況などが評価・分析され，次期生物多様性国家戦略に向けた課題などが整理された（図 14.2）（環境省生物多様性及び生態系サービスの総合評価に関する検討会，2021）．評価の結果，「**4 つの危機**」は依然として生物多様性の損失に大きな影響を与え生態系サービスも劣化傾向にあること，これまでの取組により生物多様性の損失速度は緩和の傾向が見られるが，まだ回復の軌道には乗っていないことが示された．また，将来の気候変動や，人口減少などの社会状況の変化にも耐えられるように，生態系の健全性の回復を図ることが重要であり，OECMなどにより生態系NWを構築することや，生態系を活用した防災・減災（Ecosystem-based Disaster Risk Reduction: Eco-DRR）（15.2.2項）などの生物多様性保全と社会課題の解決を一体的に捉えた施策を拡充していくことが有効とされた．

JBO3で特筆されるのは，生物多様性の損失と社会経済活動を明確に結びつけて課題が示されている点である．例えば，「生産と消費」に関わる対策により，生物多様性損失の直接要因への対処全体を底上げすることが期待されるとし，食料生産現場において，多様な生態系やその機能といった自然的条件，制度や担い手といった社会的条件を統合的に捉える**ランドスケープアプローチ**を適用していくことが重要な視点となり得ることなどが指摘されている．このように，一定の地域や空間において多様な人間活動と自然環境を総合的に扱い，課題解決を導く景観生態学的な考え方がますます重要になると考えられる．

14.2.4 国土空間保全とOECM

OECM（Other Effective area-based Conservation Measures）は，**愛知目標**において掲げられた2020年までの生物多様性の保全目標（陸域および内陸水域の17%，沿岸域および海域の10%の保全）を達成するための手段として，保護地域とともに掲げられたものである．日本においては，「自然公園法」や「自然環境保全法」などに基づき指定された保護地域により，2021年1月時点で陸域の約20.5%，海域の約13.3%が保全されている．今後，さらに国土の幅広い地域において，多様な主体による生物多様性の保全と持続可能な利用を促進し，生態系の連結性を高めていく観点から，OECMが注目されている．

OECMの定義は，2018年のCOP14で採択された決定（CBD/COP/DEC/14/8）において「保護地域以外の地理的に画定された地域で，付随する生態系の機能とサービス，適切な場合，文化的・精神的・社会経済的・その他地域関連の価値とともに，生物多様性の域内保全にとって肯定的な長期の成果を継続的に達成する方法で統治・管理されているもの」と定められた．同時に示された「OECMに関する科学技術的助言」では，OECMの基準として，(1) 保護地域として未指定であること，(2) 統治・管理されていること，(3) 生物多様性の域内保全への継続的かつ効果的な貢献があること，(4) 付随する生態系の機能とサービス，文化的・精神的・社会経済的その他地域関連の価値があること，が挙げられた（ただし，柔軟かつケース・バイ・ケースで適用されるべきとされている）．また，2019年に国際自然保護連合（IUCN）によって公表されたガイドラインでは，土地管理の目的に応じて，OECMを以下の3つのタイプに大別している（IUCN-WCPA Task Force on OECMs, 2019；括弧内の例示は筆者による補足）．(1) 生物多様性の保全を主な目的としているが，保護地域として扱われていないもの（一次的保全；ナショナル・トラストなど），(2) 生物多様性の保全を主な目的としていないが，二次的な管理目的としているもの（二次的保全；里地里山，都市公園や企業林など），(3) 生物多様性の保全を目的としていないが，管理行為の副次的な効果として域内保全に貢献しているもの（付随的保全；社寺林や文化財など）．

日本でも，2020年から専門家や関係省庁などにより，OECMのあり方の検討が行われている．「**ポスト2020生物多様性枠組**」の策定に向けた国際的な議論においても，2021年のG7サミットで採択された「2030年自然協約」などで，2030年までに世界の陸域と海域の30%を保全する目標設定を支持し，各国が取り組んで行くことが示されている．このような目標の達成のためにも，OECMの有効な保全・管理を促進する仕組みと体制の構築が求められている．

14.3　戦略的環境アセスメント（SEA）とミティゲーション

14.3.1　戦略的環境アセスメントの意義

戦略的環境アセスメント（Strategic Environmental Assessment: **SEA**）とは，環境アセスメント対象事業の事業実施段階より上位の政策立案段階，もしくは計画段階などの早い段階からの合意形成や意思決定に際して実施されるもので，自然環境への配慮のみならず，政策や計画のもつ社会・経済的な側面への配慮をも含めて環境への影響を評価するプロセスのことである．

SEAの最大の利点は，政策・計画の意思決定に環境配慮を徹底させることが可能なことである．SEAでは，事業を実施しない案（ゼロオプション）を含めて，事業の妥当性について複数の代替案を比較検討することが必要となる．事業段階から始まるアセスメントとは異なり，早い段階ほど計画の熟度が低いことから，SEAの対象となるエリアは事業アセスメントと比べて広い範囲が想定される．そのため，事業アセスメントで実施されるような現地における詳細な調査や検討は難しく，既存の資料による机上検討が中心とならざるを得ない．一方で，その広域性から，個別箇所，個別種に限らない，まさに生息・生育地（ハビタット）の多様性へと観点を広げることが可能となり，有効な生物多様性確保を戦略的に描くこともできる（辻本，2011）．したがって，SEA を生物多様性保全の観点から効果的に実施するためには，対象地域の自然環境や人文社会環境など幅広い環境情報の一元化や，多様な主体が合意形成を図るための環境データの総合化など，景観生態学の理念に基づいた整理（中越，2004）が事前に準備されていることが重要となる．

2021 年現在，現行の法制度や事例に関する情報を一元化して提供する「環境影響評価情報支援ネットワーク（http://assess.env.go.jp/index.html）」という環境省のウェブポータルが整備されている．また，環境アセスメントで地域特性把握のための自然環境や社会環境の情報を WebGIS で閲覧可能な「環境アセスメントデータベース：EADAS（https://www2.env.go.jp/eiadb/）」も公開されている．これらのデータベースは，現行のアセスメントの効率化や，情報共有ツールとしての活用を想定しているが，このような地図情報の集積と公開が持続的に行われることで，あらかじめ地域の環境をより俯瞰的かつ重層的に検討することが可能となり，SEA の実践普及の土台として大きく貢献するものとなる．

14.3.2　重要性を増すミティゲーション

SEA の実践に伴って，重要性を増すのが戦略的な**ミティゲーション**（mitigation：環境影響の緩和・補償措置）の考え方とその導入である．日本では環境アセスメントの法制化に伴ってミティゲーションの仕組みが義務化された．現行のアセスメントでは事業地内におけるオンサイトミティゲーションが基本であるが，SEA では早い段階から地理的に広い範囲を見据えて複数案を検討することが必要なことから，一般的に事業地域外（オフサイト）での代償（事業のネガティブな影響を代償する措置：オフセット）を含めた提案が可能となる．その場合，「回避，最小化（低減），修復，代償の順で優先される」という**ミティゲーションヒエラルキー**（Mitigation Hierarchy: MH）（図 14.3）が順守されていなければならない（Aiama *et al.*, 2015 ほか）．この代償ミティゲーションと同義の生物多様性オフセット（biodiversity offset）では，生物多様性の損失が総体として実質上ゼロとなるノーネットロス（no net loss）の達成を原則とし，さらには実質

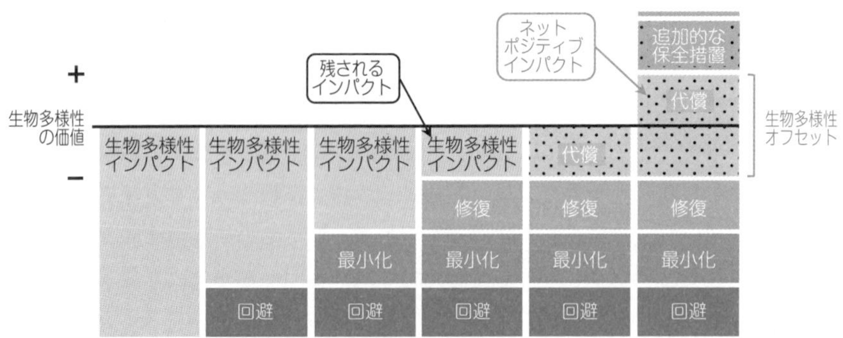

図14.3　**生物多様性の危機管理のためのミティゲーションヒエラルキー（MH）**

危機管理の手段は，回避，最小化（低減），修復（復元），代償の順で優先される．代償（オフセット）によって生物多様性の損失が実質的にゼロになることをノーネットロス，実質上プラスになることをネットポジティブインパクト（ネットゲイン）と呼ぶ．生物多様性オフセットはノーネットロスを原則とし，ネットポジティブを目指すものである．MHでは，他の適切な手段を講じても残ってしまう負のインパクトを補償する場合のみ，代償を許容している．Aiama *et al.*（2015）より一部改変（https://portals.iucn.org/library/sites/library/files/documents/2015-003.pdf）．

上プラスとなるネットポジティブインパクト（net positive impact，またはネットゲイン，net gain）を目指して生物多様性を保全するものであり，計画段階で考慮されていない保全活動は生物多様性オフセットとはいえない（IUCN, 2016）．

生物多様性オフセットはすでに多くの諸外国で制度化されており，SEAの導入には欠かせない仕組みである．しかし，これまでに実施されてきたオフセット行為によるノーネットロスの達成，あるいはネットポジティブインパクトの確保が生態学的に正しく実行され，評価されているのかに関しては，いくつもの課題や懸念があり（IUCN, 2016; 2021; Dasgupta, 2021ほか），IUCNは，代償措置がミティゲーションの最後の手段としてのみ使われるべきこと，ミティゲーションヒエラルキーが厳守され，景観レベルの計画に法的に組み込まれて適用されることを原則として示している（IUCN, 2016）．

SEAでオフサイトミティゲーションを想定した場合には，まず国や地方レベルの気候，植生，地史情報などに基づき地域区分を検討すること，また景観レベルでの定量的空間選択ツールを活用した対象地選択手法（Marxanなど）を確立することが有効である（小山・岡部，2017）．現在のEADAS（環境アセスメントデータベース）の生物多様性に関する地図データでは，構成要素それぞれのレイヤは整備されているものの，それらを統合して**エコリージョン**や景観を解釈し区分した主題図が欠落していることが弱点である．SEA の導入にあたっては，対象となる「場」をわかりやすく地図で示し，それをもとに議論することで，関係者間のコミュニケーション，共通理解を促すことが重要であり（増澤，2021），今後，地方自治体レベルのエコリージョンマップやハビタットマップの整備をはじめ，「場」としての保全や再生の優先度を検討できる生物多様性保全戦略アトラスの整備が望まれる．

14.3.3　戦略的環境アセスメントの導入に向けて

日本国内のアセスメント制度や国立公園制度などの自然環境保全制度はこれまで，希少な生態系や特定生物種の保全に注力され（武内・渡辺，2014），普通種を主とする生物多様性の開発による損失は見過ごされてきた（小山・岡部，2017）．特に生物多様性第二の危機といわれる過少利用（アンダーユース）によって劣化してきた二次的自然や，いわゆる里山自然にハビタットをもつ生物の絶滅が危惧されることが多い（第 4 章，第 7 章）．このような地域では計画的な保全策が必要（森本，2000）であり，生物多様性オフセットやそのための**ミティゲーションバンキング**（ミティゲーションで生み出される環境のプラス分を債券化（バンキング）する仕組み，生物多様性バンキングとも呼ばれる）を試行する価値があるだろう．日本では土地利用規制が緩く（瀬田，2008；原科，2011），行政による開発のコントロールがしにくいのが現実である．根本的には国や地方公共団体が土地利用計画への関与と規制の強化を行うとともに，生物多様性保全のために土地利用を再編していく制度や，それを誘導するミティゲーションバンキングの仕組みの担保がないと SEA は有効に機能しない．

SEA での実施が想定される生物多様性オフセットでは，ノーネットロスのベースライン（図 14.3 の黒線）をどこに設定するかも重要である．現在の日本の国土の生物多様性のベースラインがあまりにも低くなりすぎているため，生物多様性国家戦略や地域戦略で回復目標を定め，その達成（吉田，2011）に貢献する SEA の実施が望ましい．さらにはオフサイトミティゲーションにふさわしい地域を地方公共団体などが確保し，永続的にサイト管理が可能な体制を構築することが必要である．さらには，そのようなサイト同士の連結による生態系 NW の確保，あるいは，既存の保護区の拡張や企業緑地，市民によるトラスト地，ミティゲーションバンクサイトなどを一体として管理する OECM の可能性などが考えられる．いずれにせよ，そのような戦略的な土地利用を進めるためには景観生態学の理論と実践，地図情報が欠かせないものとなる．

14.4　基礎自治体の生物多様性戦略

基礎自治体（市町村など）による**生物多様性戦略**の策定には 2 つの側面がある．第一に，生物多様性そのものの特徴に起因する側面である．同じ生物でも国と県でレッドリストでの扱いが異なるように，生物多様性は空間スケールを変えると異なって捉えられるため，国，都道府県，基礎自治体など，それぞれのスケールで政策を立案・推進する必要がある．第二に，社会実装を実現するための実効性という側面である．持続可能な地域づくりのための諸課題と結び付けて考えていくことが欠かせない（14.1 節）．本節では，この両側面から，生物多様性地域戦略を定めた広島県北広島町を例に，基礎自治体の生物多様性戦略について解説する．

14.4.1　戦略の位置づけと条例の整備

生物多様性の保全は企業の経済活動や個人の行為に対する制限を伴うことがあるため，行政が取り組むためには相応の法令が必要となる．法律や都道府県の条例を根拠に取り組みを進める際，その実施主体は国または都道府県となるので，基礎自治体で策定した戦略を推進するためには，独自に関係条例を定めることが有効である．

北広島町では 2010 年 3 月に「北広島町生物多様性の保全に関する条例」（https://www.town.kitahiroshima.lg.jp/rw-data/reiki_int/reiki_honbun/u303RG00000646.html）を制定した．当時の国，広島県，北広島町における環境関連の法令整備状況を見ると（図 14.4），様々な環境課題に対応するために，国レベルでは個々に法律を整備しているのに対し，県や町では一括して条例を定めている項目や，対応する条例や条項がない項目が存在する．北広島町の条例では自然保護を進めるうえで基本的な「種の保護」，「外来種対策」，「生息・生育地の保全」，「維持・回復事業」の 4 項目が盛り込まれており，町による推進体制の整備や，違反者に対する罰金についても定められている．

この条例の特徴は次の 3 つである．1 つ目に，「自然と共生する町民の健康で快適な生活を将来にわたって確保することを目的とする」こと（第 1 条），2 つ

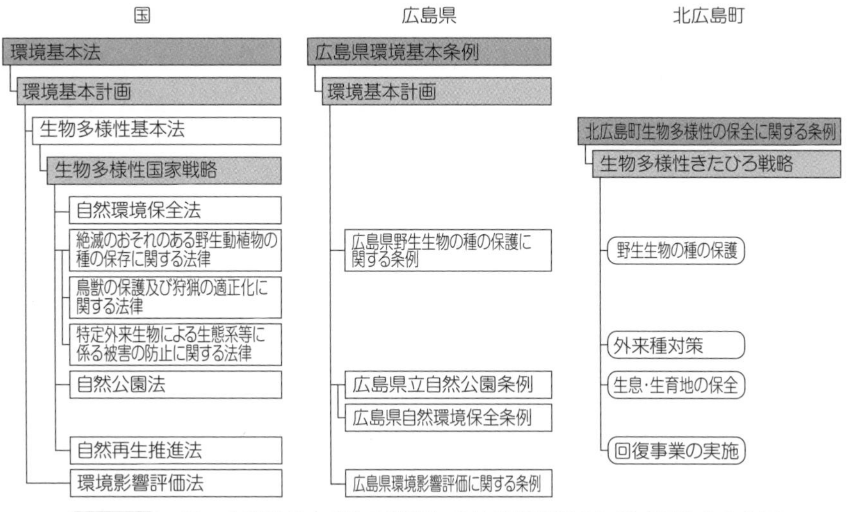

図 14.4　国，広島県および北広島町における環境保全に関する法令の体系

目に，町の生物多様性戦略として「生物多様性きたひろ戦略」を定めることを町長の義務としていること（第8条），3つ目に，保護種や保護区の指定，維持・回復事業を町民が提案できる「**提案権**」を認めていること（第11条，27条，35条）である．このように，条例制定後を見越して必要な項目を条例に組み込むことが，策定後の効果的な運用につながる．

14.4.2　生物多様性の側面

生物多様性基本法において，基礎自治体による生物多様性戦略策定が努力義務として課せられたことに合わせ，基礎自治体が戦略を策定し普及するために必要な経費を補助する「生物多様性保全計画策定事業」を環境省が実施した．北広島町では，3年間で約1,017万円の補助を受け，このうち537万円は生物多様性に関わる野外調査に使われ，13分野21人の調査員により，延べ456日の調査が行われた．予算の多くを調査に配分するために，会議の運営や取りまとめなどを外部に委託しなかったことで，職員の負担が大きかったものの，町内に生育する動植物のリストを戦略の「資料編」として作成できた意義は大きい．例えば2011年には，雲月山野生生物保護区の指定根拠として，町域全体に生育する植物種の45%が生育するホットスポットであることが，調査資料から数値データとして示された．また2012年に町独自のレッドデータブックを発行する際には，全生物種について共通の評価項目に基づくカルテを作成し，発行時点における普通種に対しての評価も記録された．このように，生物多様性に関する**基礎情報**は，基礎自治体独自の施策の検討や評価に欠かせない資料であり，SEA（14.3節）においても有効であることから，戦略策定と合わせて整備されるべきである．

14.4.3　社会実装の側面

生物多様性戦略には保全と活用の両方が盛り込まれるので，施策分野は産業，観光，教育など多岐にわたり，生物多様性戦略を推進するためには役場内の多くの部署が関わる必要がある．そこで，戦略に沿って事業を個別に立案するよりも，各部署が進める事業に戦略を内包させる方が現実的である．加えて，住民や企業との連携が欠かせない．こうしたことから，戦略の立案段階から庁内外のステークホルダーと**対話**を進めることが，推進に際して肝要である．

具体的な手法の一つとして，行政担当者からの一方的な説明ではなく，ステークホルダー自らが考えるワークショップの手法は多くの自治体で取り入れられている．北広島町では条例に基づいて，専門家，環境保全団体，地域住民，漁業関係者，観光関係者などからなる審議会ならびに，審議会委員に関係する役場担当部署の職員で庁内横断的なワーキンググループを設置し，審議会とワーキンググループが主体となったワークショップを2年間で41回実施した．この取り組みは「生物多様性キャラバン」と名づけられ，参加者は832名（町人口の4.2%）であった．2016年に北広島町が町民を対象に実施した調査では，生物多様性という言葉を「理解していた」と答えた人の割合は42%であり，同年の全国調査の結果25.3%を大きく上回っていた．

14.4.4　施策の展開

条例の制定，生物多様性情報の収集，戦略の策定に加え，住民意識の醸成まで達成できたところで，基礎自治体が景観管理を進める素地が整ったといえる．次は，基礎自治体の各部署，民間企業，そして住民や市民団体が「生物多様性の保全と活用」のための具体的な取り組みや行動を進める段階となる．北広島町では2020年8月に，住民からの条例に基づく提案を受けて「八幡湿原群野生生物保護区」を設置した．また，里山保全と経済活動とを結び付けた「芸北せどやま再生事業」や，芸北茅プロジェクトなどが住民，企業，学校，NPOなどの協力により進められている．戦略の実現段階では，規模の大小にかかわらず，取り組みを継続的に生み出し，価値づけしていくことが求められる．ワークショップなどを通じて得られる「地域の意見」を丁寧に汲み取りながら，国や世界の動きに沿った文脈に読み替えることで，「トップダウンとボトムアップの**結節点**」として戦略を策定・推進することが，基礎自治体に求められる役割である．

引用文献

Aiama D., Edwards S. *et al.* (2015) No Net Loss and Net Positive Impact Approaches for Biodiversity, 62 pp., IUCN

Dasgupta, P. (2021) The Economics of Biodiversity: The Dasgupta Review, 610 pp., HM Treasury

原科幸彦（2011）環境アセスメントとは何か，210 pp.，岩波書店

IPBES (2019) Global assessment report on biodiversity and ecosystem services of the Intergovernmental Science-Policy Platform on Biodiversity and Ecosystem Services, 1148 pp., IPBES secretariat

IUCN (2016) IUCN Policy on Biodiversity Offsets, 14 pp., IUCN

IUCN（2021）自然に根ざした解決策に関するIUCN世界標準の利用ガイダンス―初版，57 pp., IUCN

IUCN-WCPA Task Force on OECMs (2019) Recognising and reporting other effective area-based conservation measures, 22 pp., IUCN

環境省生物多様性及び生態系サービスの総合評価に関する検討会（2021）生物多様性及び生態系サービスの総合評価2021政策決定者向け要約報告書，45 pp.，環境省自然環境局

環境省自然環境局 編（2013）生物多様性国家戦略2012-2020- 豊かな自然共生社会の実現に向けたロードマップ，273 pp.，環境省自然環境局

小山明日香・岡部貴美子（2017）生物多様性オフセットによるノーネットロス達成の生態学的課題．森林総合研究所研究報告，**16**, 61-76

増澤直（2021）やんばる国立公園の地生態学図の作成とその利用．國立公園，**792**, 31-32

森本幸裕（2000）日本におけるミティゲーションバンキングのフィジビリティについて．日本緑化工学会誌，**25**, 619-622

中越信和（2004）景観生態学と戦略的環境アセスメント．景観生態学，**9**, 2-3

日本景観生態学会（2020）次期・生物多様性国家戦略で推進すべき事項についての提案．景観生態学，**25**, 109-116

瀬田史彦（2008）戦略的環境影響評価（SEA）の日本都市計画制度への適用における課題．日本都市計画学会 都市計画論文集，**43**, 751-756

武内和彦・渡辺綱男 編（2014）日本の自然環境政策―自然共生社会をつくる，246 pp.，東京大学出版会

辻本哲郎（2011）生物多様性保全における環境アセスメントの役割．環境アセスメント学会誌，**9**(1), 16-22

渡辺綱男（2018）湿地を対象とした自然再生事業の現状と持続的展開に関する研究，28-41，東京大学博士論文

吉田正人（2011）シンポジウム「生物多様性における環境アセスメントの役割」報告　環境影響評価法改正と生物多様性保全．環境アセスメント学会誌，**9**(1), 37-42

第15章 持続性と景観生態学

鎌田磨人（15.1，15.5）一ノ瀬友博（15.2）伊東啓太郎（15.3）伊勢　紀（15.4）

この章のねらい 私たち人間は経済，政治，制度，文化といった多様な次元をもつ「社会」と，人間を含む生物が生存する生物圏としての「生態」からなる社会―生態系の中で暮らしている．人間活動の影響により，社会―生態系に大変化が生じている現在，変化に「適応」するだけでなく，新しい社会―生態系へと「変革」していかなければならない．本章では社会変革に向けた道筋を考えるために，まず，手段としてのグリーンインフラやEco-DRRについて国内外の事例を紹介する．そして，今後，整備・活用が進むであろうビッグデータが，モニタリングや価値評価へどのように利用可能であるか検討する．最後に，持続可能な社会を構築していくうえでの，これからの景観生態学の役割について考える．

キーワード 社会―生態系，レジリエンス，Nature-based Solutions（NbS），グリーンインフラ，Eco-DRR，ビッグデータ，持続性科学

15.1 レジリエントな地域・社会

15.1.1 「人新世」という時代

最終氷期が終わってから，温暖で安定的・調和的な自然状況を特徴とする「完新世（Holocene）」が11,700年ほど続いてきた．その時代は20世紀半ばに終焉を迎え，今は「**人新世**（Anthropocene）」と呼ぶ新しい地質時代に入っているとの考え方が受け入れられつつある（Malhi, 2017）．第二次世界大戦以降，1950年頃を境に起こった急速な人口増加，グローバリゼーション，工業による大量生産，農業の大規模化といった人間活動の爆発的増大とともに，気候変動，生物の絶滅，リンや窒素などの生物地球化学的循環の変化など，地球環境への甚大な影響が急激に顕在化してきた．こうした経済活動の急成長とそれに伴う**環境負荷の飛躍的増大**（Great Acceleration）により，私たちが住む世界は，「**地球の限界**（Planetary Boundary）」を超えた危機的な状況に陥りつつある（Steffen *et al.*, 2015；

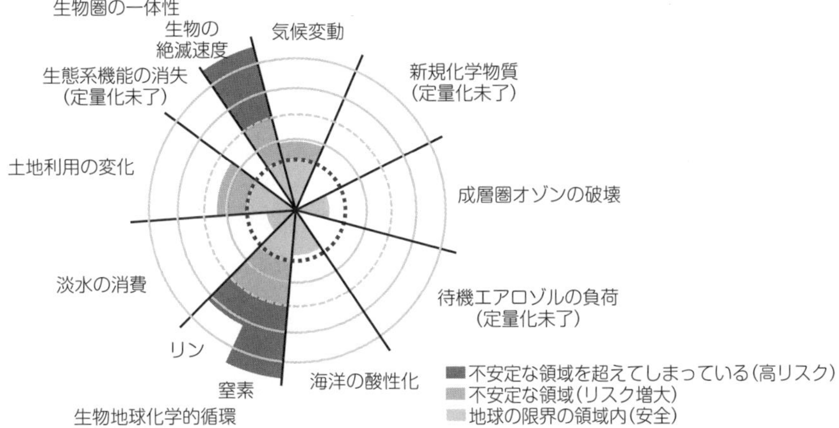

図 15.1 「地球の限界（Planetary Boundaries)」を左右する要因の現状（Steffen *et al*., 2015 を一部改変）

ロックストローム&クルム，2018；図 15.1）．このような人間活動の影響により地球システムの大変化が生じている時代として，「人新世」は位置づけられる．

15.1.2 レジリエンス ―適応と変革

大変化が生じている社会に生きる私たちに必要なのは，**レジリエンス**の考え方（resilience thinking）である．レジリエンスは，攪乱による変化を緩和し，もとの状態に戻そうとする生態系がもつ性質をさす用語として，Holling（1973）によって提案された（3.2.4 項）．その後，私たち人間は経済，政治，制度，文化といった多様な次元をもつ「社会」と，生物（人間を含む）が生存する地球表層の生物圏としての「生態」からなる系（システム）の中で暮らしているとの考えに基づき，**社会―生態系**（social-ecological system）におけるレジリエンスについて検討されるようになった（Folke，2016）．

近年，レジリエンスは，「**適応**（adaptation）」と「**変革**（transformation）」という観点から整理されている．「気候変動への適応策」として使用されているように，適応は，現在の社会―生態系の中にとどまれるよう，外的な刺激やストレスに計画的に対応していこうとする過程を指す．適応力（adaptability）とは，変化を引き起こす力に対して，人々が，今までに経験したことや学びによって得た知識を結びつけ，制度や仕組みを変えながら対応していくことのできる力である．一方，変革は，新しい社会—生態系への移行を指す．変革力（transformability）は，生態的，経済的，社会的に，現在の状態が維持できなくなってきたときに，根本的に新しいシステムを作り出すことができる力である（Folke, 2016)．例えば，今までとは異なる新しい経済論に基づき，社会—生態系の再構築を行っていくことである（ラワース，2018；斎藤，2020)．生物多様性の現状を評価した地球規模生物多様性概況第5版（Global Biodiversity Outlook5: GBO5）では，「今までどおり」から脱却し，社会変革していくことが必要だと述べられている．

15.1.3 社会変革の道筋

GBO5では，生物多様性の損失を止め，回復させていくため，2つの社会変革の道筋が示されている．一つは，陸域の都市，農地，自然域，そして海域における「**自然に根ざした社会課題の解決策（Nature-based Solutions: NbS)**」の導入である．NbSは，生態系を活用した気候適応策（Ecosystem-based Adaptation: EbA)，グリーンインフラ（GI)，生態系減災（Eco-DRR)（15.2節)，保護地域以外の地域をベースとする生物多様性保全手段（OECM)（14.2.4項）などを包含する概念である．国際自然保護連合（IUCN）は，NbSを「社会課題に順応性高く効果的に対処し，人間の幸福と生物多様性に恩恵をもたらす，自然あるいは改変された生態系の保護，管理，再生のための行動」と定義し，気候変動，自然災害，社会と経済の発展，人間の健康，食料安全保障，水の安全保障，環境劣化と生物多様性損失の7つの社会課題に取り組むものとしている（古田，2021)．NbSの実践には，個々の地域の社会—生態系に即した考え方が必要である．IUCNは8つの基準と28の指標からなるNbS世界標準を公表し，個々の地域で望ましい手順を踏みつつ実践していけるよう支援している（IUCN, 2021)．

GBO5が示したもう一つの道筋は，資源消費量の減少や効率的な利用を通して，生物多様性の損失を起こす原因を取り除いていくことである．身近では，エシカル消費の推進や，食品や衣服のロスの軽減の取り組みが始まっている．

ロックストローム＆クルム（2018）は，**持続可能な開発**（sustainable development）を，「地球上で安全で公正に活動できる空間内で，すべての人が良好な生活を追求すること」と再定義すべきだとしている．人新世に暮らす私たちは，今までの社会—生態系の中で蓄積された自然利用の知恵と，新しく獲得された衛星，通信，ITなどの技術および膨大な情報を統合し，高い適応力，変革力をもつ地域・社会を構築しながら，新しい社会―生態系を創出していかなければならない．

15.2 グリーンインフラと生態系減災

15.2.1 グリーンインフラ（GI）

グリーンインフラとは，グリーンインフラストラクチャー（Green Infrastructure, 以下 GI）を略したものであり，1990 年代から欧米を中心に使われるようになってきた用語である．しかし，世界的に統一された定義は未だ存在していない．

アメリカ合衆国環境保護局は，「GI は，地域社会に多くの恩恵をもたらす雨水管理のための，費用対効果が高くレジリエントなアプローチである．単一目的のグレーの雨水インフラ（従来型の配管式排水および水処理システム）が都市の雨水を建築環境から遠ざけるように設計されているのに対し，GI は環境，社会，経済的なメリットをもたらしながら，発生源で雨水を減少させ，処理するようにデザインされる」（https://www.epa.gov/green-infrastructure/what-green-infrastructure）と説明している．

一方，ヨーロッパでは欧州委員会が 2013 年に発表した GI 戦略（European Commission, 2013a）で，「GI は，自然と自然のプロセスを保護・強化し，人間社会が自然から得る多くの恩恵を空間計画や土地開発に意識的に組み込むことに立脚している．単一目的の**グレーインフラ**と比較して，GI には多くの利点がある．それは，土地開発を制約するものではなく，最適な選択肢であれば**自然の解決策**を促進するものである．また，標準的なグレーインフラの解決策の代替案を提供したり，補完したりすることもある」とし，GI がもたらす恩恵を表 15.1 のように整理している．

日本では 2015 年に閣議決定された国土形成計画（全国計画）において，「GI とは，社会資本整備，土地利用などのハード・ソフト両面において，自然環境が有する多様な機能（生物の生息・生育の場の提供，良好な景観形成，気温上昇の抑制など）を活用し，持続可能で魅力ある国土づくりや地域づくりを進めるもの」と定義されている．

インフラという言葉には，もともと環境や公園緑地も含まれており，これまで

表15.1　グリーンインフラがもたらす恩恵
European Commission (2013b) より筆者作成.

	恩恵の具体例
環境的な恩恵	新鮮な水の供給，大気と水の汚染物質除去，受粉の促進，雨水の貯留，有害生物管理強化，土地の価値の向上，土壌流出の緩和
社会的な恩恵	健康と福祉の向上，雇用の創出，地域経済の多様化，より統合された輸送とエネルギーの解決策，観光とレクリエーションの機会の充実
気候変動の緩和と適応への恩恵	洪水緩和，生態系のレジリエンス強化，炭素の固定と貯留，都市ヒートアイランドの緩和，災害防止（暴風，森林火災，土砂災害など）
生物多様性への恩恵	野生生物の生息・生育地改善，生態的回廊，景観レベルでの生物の移動可能性

のインフラ整備においても自然環境との調和は重視されてきた．GIは，既存のインフラと取って代わるものではなく，自然と自然のプロセスに立脚して生態系サービスを活かす手段であり，同時にそれらを保全し，社会の持続性を高めるインフラといえる．

15.2.2　生態系減災（Eco-DRR）

自然災害は，自然の事象（ハザード：hazard）によって引き起こされる．ハザードは地球のあちこちでつねに発生していて，それは普遍的な自然の営みである．発生を人間が管理することは極めて困難で，かつハザードは自然生態系を形成する重要なプロセスでもある．そもそもハザードにより人命や財産が被害を受けなければ，災害（disaster）とは呼ばない．

災害を引き起こすハザードは止めることができないので，災害リスクを下げること（Disaster Risk Reduction: DRR）が重要であるとされている．災害リスクは，ハザードに加え，暴露（exposure），脆弱性（vulnerability），キャパシティ（capacity）によって決定される．暴露とは，危険な場所に人が住んでいたり，財産が置かれていたりすることである．脆弱性には様々なものが含まれるが，例えば地震発生の可能性が高いのに耐震性がない建築物に居住しているといったことである．キャパシティとは，災害時におけるコミュニティや組織などの許容力のことである．

健全な生態系は災害を防ぐとともに，災害からの影響の緩衝帯としても機能し，人々や財産が危険にさらされるリスクを軽減するとされ，そのような機能を総称して**生態系減災**（Ecosystem-based Disaster Risk Reduction: Eco-DRR）と呼ぶ（一ノ瀬，2021）．つまり，生態系をうまく活かす防災・減災である．生態系減災は，GI の機能の一つということができ，既存のインフラとトレードオフの関係にあるものではなく，組み合わせて活用し得る．2015 年に仙台で国連防災世界会議が開催され，「仙台防災枠組 2015-2030」が採択されたが，この中にも生態系減災が位置づけられている．

生態系減災の概念は新しいが，そのような試みは世界各地でなされてきた．例えば**霞堤**（かすみてい）と呼ばれる河川の堤防は，切れ目のある不連続なもので，洪水時には開口部から河川区域外に水をゆっくりとあふれさせるように工夫された技術で，戦国時代から用いられてきた．開口部は普段から湿性生息・生育地として数多くの生物に利用されている例も多い．

近代以降の例としては，渡良瀬遊水地をあげることができる（口絵 25）．渡良瀬遊水地は，東京から北へ 60 km に位置する遊水地で，その面積は 33 km^2 にも及ぶ日本最大の遊水地である．足尾銅山の鉱毒を沈殿させるために建設されたことはよく知られている．旧谷中村の廃村，住民の立ち退きは大きな社会問題になった．一方でこの**遊水地**は，利根川，江戸川の洪水調節機能をもち，付随してレクリエーション機能なども提供してきた．2012 年にはラムサール条約の登録湿地に指定され，生物多様性保全にも大きく貢献している．2019 年 10 月に上陸した台風 19 号は，東日本各地に大きな被害をもたらしたが，渡良瀬遊水地は計画貯水量の 95% にあたる 1.6 億 m^3 の水を貯め下流域の堤防の決壊，氾濫を防ぎ，その防災上の役割が改めて広く認識された．

15.3 持続可能な景観を目指した国外の事例

15.3.1 フロリダ州ゲインズビル市の洪水・水質調整地に見る「適応」

気候変動によって大雨が頻発するようになった近年，上昇する自然災害リスクに適応するために治水機能を重視した景観計画・設計が重要となっている．特に，不透水面の多い都市では，地表の雨水浸透性を高めたり，一時的貯留池を増やしたりすることで内水氾濫被害の低減を図る必要がある（10.4 節）．そのために設置されるのが，NbS（15.1.3 項）としての洪水調整地である（15.2.2 項）．フロリダ州ゲインズビル市は，低平な土地に築かれた都市で，もともとあった湿地が喪失し，また，都市化により地表の雨水浸透性も失われてきた．そのため，しばしば内水氾濫が発生していた．ここに造成された洪水調整地では，気候変動への適応策としての防災・減災だけでなく，生物多様性保全を含めた多機能化・高度化が実践されている（Hostetler, 2012）．

ゲインズビル市の Sweetwater Wetlands Park は，都市の雨水処理，貯留を考慮した自然再生プロジェクトであり，2009 年に開始された．約 50 ha の敷地は 3 つの大きな湿地で形成されており，洪水制御と水質改善という 2 つの生態系サービスを提供している（Harper　& Baker, 2007）．これらのサービスは，調整地の適切な設計と維持管理によって強化できる（Nighswander *et al.*, 2019）．また，公園内には自生する樹木に加えて在来の樹木の植栽も行われている．さらに，湿地には様々な水生植物や体長 2.5 m ほどのアリゲーター（ワニ）をはじめ，多様な動植物が生息・生育しており，季節によっては 200 種を超える渡り鳥を含む鳥類を観察することができる（口絵 26）．このように設計された調整地は，防災・減災機能に加えて，街中での生物多様性の保全や地域景観の保全・復元の機能も兼ね備えている．同様の事例は，同じくゲインズビル市のフロリダ大学に見られ，ヌマスギの一種である Bald Cypress（*Taxodium distichum*）などの在来植物を用いた遊水地が大学キャンパス内の景観の一部となっている．

これらの事例で特筆すべきは，ともすれば人間にとって危険生物となるアリゲーターなども公園やキャンパス内で駆除されることなく保全対象となっていることである．地域の生物に対する人々の意識を考慮したうえで，生態学的な視点を含め個々の生物との距離が適切に保たれるように設計されており，野生動物との共存のあり方の一つとして，今後の持続可能な景観設計の参考となるだろう．

ゲインズビル市の事例で示されたように，防災・減災，生物多様性保全，地域景観復元といった複数の観点を融合して景観設計を行うことが，今後の持続可能な景観を実現するために求められる．

15.3.2　ノルウェーに見る人と自然の関わりの「変革」

現代の都市や地域の抱える問題に対応できる持続的な景観を再構築するためには，そこに住む人々の自然に対する意識も含めた社会変革が重要である．

ノルウェーでは，他人に損害を与えない範囲で，他人の所有する土地に立ち入り自然環境と野外生活を楽しむ権利「万人権」（Allemannsret）が古くから存在する（嶋田・室田，2010）．この万人権は慣習法上の権利であったが，1957年の野外生活法（Friluftsloven）によって，制定法上の権利として認められるようになった（Berge, 2006）．立ち入りが可能な土地は開放的コモンズ（open commons）と呼ばれ，キイチゴの実やキノコ，そして花の採取が認められており（嶋田・室田，2010），人と自然の関わりを生み出すうえで重要な役割を果たしている（Sandell, 2006）（口絵27）．この権利が実現しているのは，地域で共有される自然資源を過剰な採取（すなわちオーバーユース）によって劣化させないという共通認識が地域社会に存在するからである．このような社会全体の共通認識は，地域の自然資源の持続的な利活用だけでなく，これを支える景観を形成・維持していくうえでも極めて有効である．

また，ノルウェーには，「自然と共存しながら，ありのままに暮らしていく」ことを意味する"Friluftsliv"という考え方がある．Friは「自由」，luftsは「空気」，livは「ライフ，生活」の意味で，単に自然を大切にする，アウトドアを楽しむといった表層的な概念とは異なっている．この考え方は，万人権とともに，ノルウェーの人々が自然の中で五感を使って過ごす日常の基盤となっており，身近な森林や河川，地域環境が保たれることによって継承されるとともに，地域の景観を保全する動機としても働いていると考えられる．「自然との共存」や「ありのままに」という感覚は，日本における禅の自然観と共通する部分がある．一方，画一的な都市化・工業化によって地域の風土を喪失してきた日本（伊東，2016；第5章）から見ると，**レジリエント**な地域・社会に向けた社会変革（15.1節）の先に確立される日本の暮らしのあり方を考えるうえで，ノルウェーにおける人と自然の関わり方とその持続性（sustainability）に学ぶべきところは多い．

持続可能な社会に不可欠な要素であるレジリエントな地域景観を構築・維持するためには，機能面から見た地域景観の再構築とともに，地域景観に対する人々の意識を再構築することが必要である．都市化・工業化以前に日本の風土を形成してきた人と自然の関わり方は，社会変革後に創造すべき新たな風土の礎となるだろう．これに加えて，今後の日本をレジリエントな社会に変革し，気候変動などの不確実性に対応できる新たな風土を形成していくうえでノルウェーの例をはじめとする様々な国と地域の自然観や，そこに根付いてきた自然と人間の優れた関わり方に学び，持続性を実現するための意識を再構築し社会に広めていくことが重要である．

15.4 ビッグデータと景観生態学

近年，様々な情報がデジタルデータとして大量に生成，蓄積，流通されるようになり，意思決定に活用されるようになった．**ビッグデータ**と呼ばれる大量のデジタルデータには，身近なものだとSNSなどへの書き込み，クレジットカードの決済情報，スマートフォンが記録する位置情報などがある．企業ではこうしたデータに基づいた意思決定を行う経営（data-driven management）が導入され，行政でも証拠データに基づく政策立案（Evidence Based Policy Making: EBPM）が求められるようになっている．

科学研究においてはデータに基づく議論が前提であり，新しいことではない．しかし，ビッグデータが利用可能になったことは研究や実践に大きな影響を与えるようになりつつあり，景観生態学においてもその活用が期待される．

15.4.1 人流データを用いた人の動きの定量化

景観生態学への応用が期待されるビッグデータの一つである**人流データ**は，携帯電話の基地局通信履歴とGPSログから取得される．前者は通話やデータ通信を行った時刻と基地局の位置情報が記録されるもので，後者は携帯電話・スマートフォンアプリが使用するGPS情報を記録したものである（関本ほか，2011）．時間解像度を分単位とする人流データは，マーケティングのツールとして，商用分野など，様々な分野での活用が進んでいる（Toch *et al.*, 2019）．国立公園管理を例にして，こうした人流データを景観管理に活かしていく可能性を示す．

日本の優れた自然の風景地である国立公園は「その利用の増進を図ることにより，国民の保健，休養および教化に資する（自然公園法）」という目的を有しており，地域にとっては観光資源として大きな価値をもつ．国立公園をもつ地域では，インバウンドも含め，様々な地域からなるべく多くの人を呼び込むためのキャンペーンを行っている．一方で，国立公園内の一定箇所に多くの人が集まりすぎると，踏圧などによって生態系や景観の劣化が生じる．国立公園の生態系・景観の利用と保護の両立を図っていくためには，観光資源としての価値評価と資源劣化に関するリスク評価が必要になる．前者については，人がどこから来て，国立公園周辺も含めた地域のどこを利用しているかを示すデータが必要になる．後者については，人が国立公園内のどこに集中して滞留しているのか，といった人

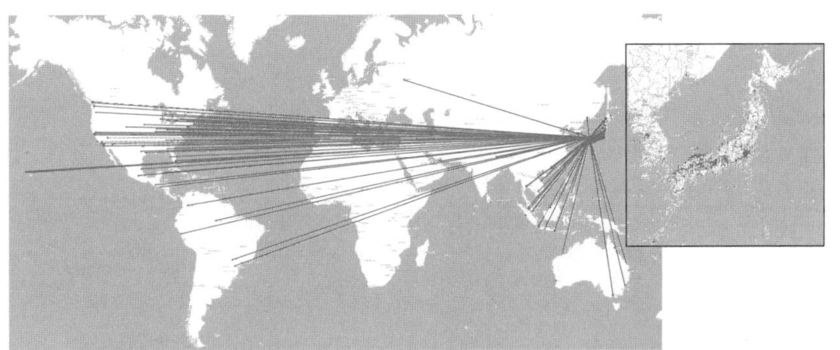

図 15.2 人流データを活用した大山隠岐国立公園来訪者の推定居住地
2019 年に当地を訪れた人の居住地を，人流データから推定し図示した．国内では西日本から，海外では東南アジアと北米東海岸からの訪問が多いことがわかる．

の動きを示すデータが基礎となる．

現在，国立公園の利用者数は，「自然公園等利用者数調」によって把握され，統計資料として公表されているが，その調査精度には問題があるといわれており(愛甲・五木田，2016)，また，人の動きを把握できるものではない．これに代わって期待されるのが人流データである．

図 15.2 は，人流データ分析で推定された，2019 年に大山隠岐国立公園を訪れた人の居住地を示したものである．国内では西日本から，海外では東南アジアと北米東海岸からの訪問が多いことがわかる．この情報は季節単位で集計することが可能なので，どのような季節に，どの都道府県もしくは市町村，あるいは，どの国のどの地域から来ているのかを把握することができる．これらの情報はマーケティングの基盤として不可欠であり，観光資源としての国立公園の評価および効果的な集客へ活用できる．

同じ人流データを用いて，その軌跡から国立公園内での多くの人が滞留する場所を特定することも可能である．図 15.3 は大山隠岐国立公園の特別保護地区内で，訪問者が 20 分以上滞留した地点を抽出し，人数で重みづけして示したものである．人流データで滞留する地点を見出し，その地点の植生の状況や景観資源との位置関係の分析を行えば，観光資源劣化リスクを定量的に評価することが可能となり，歩道の整備や立ち入りの制限などの対策が必要な場所を抽出することができる．

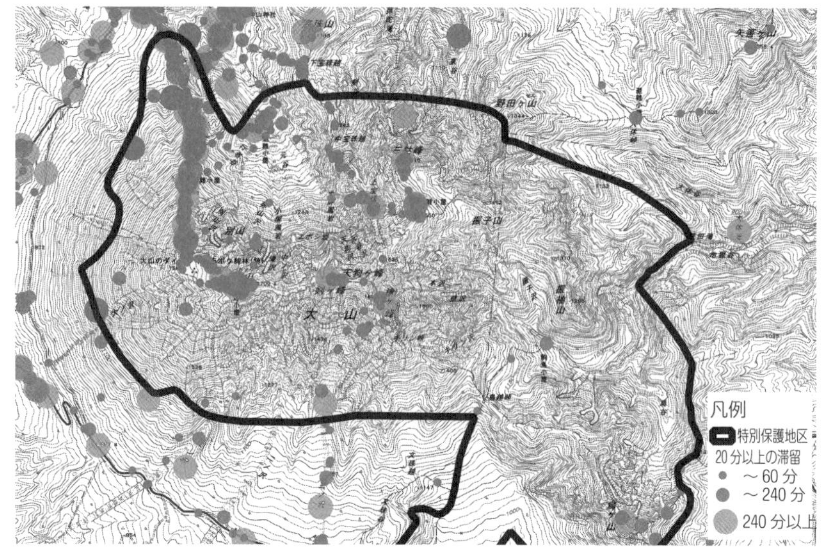

図15.3　大山蒜山地域の特別保護地区における人の滞留場所
人流データを用いて，国立公園内で多くの人が滞留する場所を特定することも可能である．

15.4.2　景観の変化を捉える

景観生態学の様々な研究で活用されてきた**衛星画像**は，その解像度やセンサーの種類に変化はあるものの，およそ60年前から現在に至るまで継続して取得されており，近年は10 mから数十メートルの解像度であれば，オンラインで無償の画像データを入手できるようになっていて，商用では30 cm程度の解像度のデータが入手できるようになっている．さらに，Tellus（https://www.tellusxdp.com/）やGoogle Earth Engine（https://earthengine.google.com/）など，無償のツールを利用して画像分析を行えるようになっている．

衛星画像の空間解像度の向上に加え，機械学習による画像分類やオブジェクトの抽出技術といった解析技術が向上したことで，これまで考えつかなかったような衛星画像の利用が進んでいる．こうした画像解析技術を転用すれば，国立公園内で踏圧による破壊リスクが高い場所での植生変化を衛星画像で自動判別しながら，管理者へ警告を発するようなモニタリングシステムを構築することができる．さらに，人流データとあわせて解析することで，データに基づいた観光資源のオーバーユース対策のための施策を立案することが可能となる．

ビッグデータとしての衛星画像を用いることで，国立公園内のみならず，周辺地域の景観の状態を生態学的および社会・経済学的観点から経時的にモニタリングすることも可能である．周辺地域の生態系・景観の状態と，人の動きとを統合的に把握することで，国立公園と周辺の生態系および社会・経済とをリンクさせ，地域の景観・生態系の活用方針を提案していけるようにもなる．景観・生態系を活用した地域創生のあり方を，証拠に基づき提案していくための論理と技術を構築することは，景観生態学が取り組まなければならない課題である．

15.4.3 誰もがモニタリングに参加できるデータ時代

ビッグデータは時間・空間解像度が高く，きめ細かい情報を広域で取得できる特徴をもつ．中でも，衛星画像や人流データは，「景観（土地利用）の変化」とそれに関わる「人の影響」の分析を，今まで以上に現実に近い形で行うことができる．これらの解像度は年々向上しており，利用の広がりに対応して価格は低下していく．同時にこういったデータを活用するための技術やサービスも向上してきている（志水ほか，2020）．いつでも，どこでも，誰でもが，保全・活用したい景観・生態系の状態やその変化を把握できるデータ時代が来ている．

景観・生態系の状態とその変化に対する地域の人の思いや，保護すべき生物の分布位置については，地域に入り込みつつ収集しなければ把握することはできない（Wilson *et al.*, 2020）．景観生態学研究で開発される技術を，それぞれの地域で自然を保全・活用していこうとしているNPOなどが使用できるようにしていくことを通して，証拠データに基づく，地域の自然の保全・活用の道筋を地域内部から提案できるようにしていくことが必要である．

15.5 景観生態学の展開

15.5.1 持続性科学

持続性とは，環境の健全性，経済的活力，社会的な公平性を継続的に改善していくこと，また，バランスをとっていくことを通して，現在の人々のニーズと将来の人々のニーズとの合致が保証されることである（Wu, 2013）．**持続性科学**（sustainability science）は，地球がもっている生命を支える仕組みを保全すること，そして，貧困をなくしていくことを目標に，人と自然との関係に関する根本的な特性と，それら関係性が持続性に関わる課題にどのように影響するのかを明らかにし，そこで蓄積される基礎的・応用的知見を用いて社会を動かしていこうとする学問領域である．挑戦すべき核となる問いは，以下の7つだとされる（Kates *et al.*, 2001; Kates, 2011）．（1）長期的に，社会と自然との関係を持続可能な状態にしていくには，どのようにすればよいのか，（2）社会—生態系の適応性，脆弱性，レジリエンスを決める要因はどのようなものか，（3）どのような理論やモデルが，人と環境との相互作用をよりよく説明するのか，（4）人の福利と自然環境との間での，根本的なトレードオフはどのようなものか，（5）人と環境との関係がそれ以上悪くなると取り返しがつかなくなる"限界（limit）"や"境界（boundary）"を科学的に定義し，効果的に警鐘を鳴らせるようにできるか，（6）社会が人と環境との関係を持続可能な状態にしていくための最も効率的な舵取りや管理の方法はどのようなものか，（7）"環境保全"と"開発・発展"の新たな道筋に"持続性"があるかどうかを，どのように評価すればよいか．

これらの問いは，持続可能な社会を構築するための研究を行っていくうえで，私たちが共通してもっておくべきものである．

15.5.2 持続性科学としての景観生態学の展開

持続可能な社会への変革が求められている「人新世」の現代に，景観生態学は，持続性科学の一端をどのように担い，どのように展開していくべきなのだろうか．Wu（2013, 2021）は，**景観の持続性科学**（landscape sustainability science）という考え方を示した．そして，Opdam *et al.*（2018）は，景観生態学の役割と新たな方向性について検討し，以下のように提案している．

（1）地図化（mapping）

景観生態学の中心的手法である地図化は，持続性科学においても基本となる．持続的な社会を構築するということは，どのような土地利用をどのように配置するかを決めていくことに他ならないからである．地図化によって浮かび上がる景観構造と景観の多面的機能・価値とを結びつけ，表現していくことが求められる．

（2）ネットワーク解析（network analysis）

景観生態学では，景観内のパッチ間のつながりを解析する手法としてネットワーク解析が用いられてきた．こうした考え方を発展させ，社会科学で進められてきたネットワーク解析とも融合させながら，社会—生態系としての景観における人と自然との関係を，ネットワークとして描き出していくことが必要である．

(3) 景観ガバナンス（landscape governance）

景観の持続性は地域社会の構成員が，地域の将来の環境について責任感をもつことができるかどうかに依存する．そして，それは参加・協働による意思決定過程（景観ガバナンス）を通じて進められる．景観の構造—機能—変化に関する景観生態学の考え方や知見を，景観ガバナンスにつないでいくことが求められる．

(4) 社会—生態系の空間階層性

地域の景観の将来についての意思決定には，ボトムアップのアプローチが効果的である（第12章，第13章，14.4節）．しかし，地域はより広い空間領域での社会・経済的な事象の影響を強く受けている．一方，地域での意思決定が広域もしくはグローバルな領域での意思決定に影響を与えることはほとんどない．こうした異なる空間スケール間で生じる現象の理解は，「空間階層性」という概念を用いつつ景観生態学で進められてきた．持続可能な景観管理のためには，空間階層性に基づくガバナンスの仕組みの構築も重要である．これから求められるのは，様々な空間スケールで認識される生態的過程と社会・経済的な価値，そしてガバナンスシステムとを，階層的に結びつけていくことである．

(5) デザインを通した科学と実践の融合

科学的な成果を地域での具体の活動や施策に実装していくうえでは，景観のプランニングやデザインが鍵となる（Nassauer & Opdam, 2008; Hersperger *et al.*, 2021）（第11章）．景観生態学は，「景観」を鍵概念としながら，景観の構造と機能に関する科学的成果をプランニングやデザインにつなげていく架け橋としての役割を担っていかなければならない．それぞれの地域での風土の把握（第5章）や，地域に適した工学的な解決策に加え，ガバナンスや維持管理のあり方を明示していく必要がある．その際，景観生態学による科学的な成果と現場での意思決定や活動との間にギャップが存在しているとの認識をもっておく必要がある．そして，科学的な情報と社会的な過程との相互関係についての洞察を進めることが，科学と実践のギャップを埋めるうえで重要である．景観生態学と社会科学とにまたがる研究のための理論構築や実証的な連携研究を進め，持続可能な景観を創出していくうえで科学がしっかりと役立てられるようにしていかなければならない．

このように，本書で解説された景観生態学の理論や様々な地域での事例は，持続性科学に貢献する景観生態学を展開していくための基礎となる．そして，景観生態学で研究対象としてきた「景観」は，定義や視点は学問分野によって異なるものの，自然科学や社会科学の様々な学問領域での研究対象となっている（第2章）．そのため，「景観」を切り口としながら，持続可能な社会づくりに関わる異なった分野やセクターとの情報交換に基づく接続・統合を図っていくことが可能である．このような異分野間統合のあり方を，ランドスケープアプローチ（landscape approach）という（Arts *et al.*, 2017）．景観生態学は，景観の持続性に関わる学問分野が連結・協働していくために，イニシアティブを発揮していかなくてはならない．

引用文献

愛甲哲也・五木田玲子（2016）国立公園における利用者モニタリング調査の実態および課題と自然保護官の意識．ランドスケープ研究（オンライン論文集），**9**, 1-6

Arts, B., Buizer, M. *et al.*（2017）Landscape approaches: a state-of-the-art review. *Annual Review of Environment and Resources*, **42**, 439–463

Berge, E.（2006）Protected areas and traditional commons: Values and institutions. *Norwegian Journal of Geography*, **60**, 65–76

European Commission（2013a）Green infrastructure（GI）- enhancing Europe's natural capital - COM（2013）249 final, 11 pp., European Commission

European Commission（2013b）Building a green infrastructure for Europe, 24 pp., European Commission

Folke, C.（2016）Resilience（Republished）. *Ecology and Society*, **21**（4）, 44

古田尚也 編（2021）特集—NbS 自然に根ざした解決策，生物多様性の新たな地平．*BIOCITY*, **86**, 1-125

Harper, H. H. & Baker, D. M.（2007）Evaluation of current stormwater design criteria within the state of Florida, 327 pp., Florida Department of Environmental Protection

Hersperger A. M., Gradinaru, S. R. *et al.*（2021）Landscape ecological concept in planning: review of recent developments. *Landscape Ecology*, **36**, 2329–2345

Holling, C. S.（1973）Resilience and stability of ecological systems. *Annual Review of Ecology and Systematics*, **4**, 1–23

Hostetler, M. E.（2012）The green leap: a primer for conserving biodiversity in subdivision development, 197 pp., University of California Press

一ノ瀬友博 編（2021）生態系減災 Eco-DRR—自然を賢く活かした防災・減災，215 pp.，慶応義塾大学出版会

伊東啓太郎（2016）風土性と地域のランドスケープデザイン．景観生態学，**21**, 49–56

IUCN（古田尚也 監訳）（2021）自然に根ざした解決策に関する IUCN 世界標準の利用ガイダンス—NbS の検証，デザイン，規模拡大に関するユーザーフレンドリーな枠組み，初版，58 pp., IUCN

Kates, R.W.（2011）What kind of a science is sustainability science? *PNAS*, **108**, 19440–19450

Kates, R.W., Clark, W.C. *et al.*（2001）Sustainability science. *Science*, **292**, 641–642

Malhi, Y.（2017）The concept of the Anthropocene. *Annual Review of Environment and Resources*, **42**,

77-104

Nassauer, J. & Opdam, P. (2008) Design in science: extending the landscape ecology paradigm. *Landscape Ecology*, **23**, 633-644

Nighswander, G. P., Szoka, M. E. *et al.* (2019) A new database on trait-based selection of stormwater pond plants, *in* FOR347, pp. 1-6, EDIS, IFAS Extension, University of Florida. https://edis.ifas.ufl.edu/pdf/FR/FR41600.pdf

Opdam, P., Luque, S. *et al.* (2018) How can landscape ecology contribute to sustainability science? *Landscape Ecology*, **33**, 1-7

ラワース，K.（黒輪篤嗣 訳）（2018）ドーナツ経済学が世界を救う―人類と地球のためのパラダイム・シフト，390 pp.，河出書房新社

ロックストローム，J. & クルム，M.（武内和彦・石井菜穂子 監修）（2018）小さな宇宙の大きな世界―プラネタリー・バンダリーと持続可能な開発，260 pp.，丸善出版

斎藤幸平（2020）人新世の「資本論」，375 pp.，集英社新書

Sandell,K. (2006) The right of public access: Potential and challenges for ecotourism. *in* Ecotourism in Scandinavia: Lessons in Theory and Practice (eds. Gössling, S. *et al.*) pp. 98-112, CABI

関本義秀，Teerayut, H. *et al.* (2011). 解説：携帯電話を活用した人々の流動解析技術の潮流. 情報処理，**52**, 1522-1530

嶋田大作・室田武（2010）開放型コモンズと閉鎖型コモンズにみる重層的資源管理―ノルウェーの万人権と国有地・集落有地・農家共有地コモンズを事例に―. 財政と公共政策，**32**(2), 1-15

志水克人・太田徹志 他（2020）時系列 Landsat 画像を用いた九州本島における毎年の伐採推定．日本森林学会誌，**102**, 15-23

Steffen, W., Richardson, K. *et al.* (2015) Planetary boundaries: Guiding human development on a changing planet. *Science*, **347** (6223), 1259855

Toch, E., Lerner, B., *et al.* (2019) Analyzing large-scale human mobility data: a survey of machine learning methods and applications. *Knowledge and Information Systems*, **58**, 501-523

Wilson, J. S., Pan, A. D. *et al.* (2020). More eyes on the prize: an observation of a very rare, threatened species of Philippine Bumble bee, *Bombus irisanensis*, on iNaturalist and the importance of citizen science in conservation biology. *Journal of Insect Conservation*, **24**, 727-729

Wu, J. (2013) Landscape sustainability science: ecosystem services and human well-being in changing landscapes. *Landscape Ecology*, **28**, 999-1023

Wu, J. (2021) Landscape sustainability science (II): core questions and key approaches. *Landscape Ecology*, **36**, 2453-2485

推薦図書

景観生態学をより深く学ぶうえで参考となる書籍を，分野ごとに紹介する.

景観生態学

武内和彦（2006）ランドスケープエコロジー，245 pp.，朝倉書店

Turner, M. G., Gardner, R. H. *et al.*（2001）Landscape Ecology in Theory and Practice: Pattern and Process, 401 pp. Springer-Verlag.（Turner, M. G. & Gardner R. H.（2015）2nd ed., 482 pp.）中越信和・原慶太郎 監訳（2004）景観生態学─生態学からの新しい景観理論とその応用，399 pp. 文一総合出版

横山秀司（1995）景観生態学，207 pp. 古今書院

With, K. A.（2019）Essentials of Landscape Ecology, 641 pp. Oxford University Press

空間情報の収集・分析

Hengl, T. & Reuter, H. I. eds.（2008）Geomorphometry: Concepts, Software, Applications, 765 pp., Newnes

Jones, H. G. & Vaughan, R. A. 著（2013）植生のリモートセンシング，480 pp.，森北出版

北川由紀彦・山口恵子（2019）社会調査の基礎，216 pp.，放送大学教育振興会

内山庄一郎（2020）新版 必携ドローン活用ガイド─災害対応実践編，280 pp.，東京法令出版

谷村晋（2010）R で学ぶデータサイエンス 7 地理空間データ分析，240 pp.，共立出版

景観と風土

ベルク，A. 著，篠田勝英 訳（1992）風土の日本─自然と文化の通態，428 pp.，筑摩書房

ベルク，A. 著，中山元 訳（2002）風土学序説─文化を再び自然に，自然をふたたび文化に，448 pp.，筑摩書房

桑子敏雄（1999）環境の哲学，310 pp.，講談社

桑子敏雄（2005）風景の中の環境哲学，254 pp.，東京大学出版会

桑子敏雄（2013）生命と風景の哲学，「空間の履歴」から読み解く，263 pp.，岩波書店

森本幸裕・白幡洋三郎（2007）環境デザイン学─ランドスケープの保全と創造，212 pp.，朝倉書店

和辻哲郎（1935）風土─人間学的考察［2013 年電子書籍版］，岩波書店

森林・農村の景観生態

宮下直・西廣淳（2019）人と生態系のダイナミクス 1 農地・草地の歴史と未来．176 pp.，朝倉書店

中村太士・菊沢喜八郎 編（2018）森林と災害，248 pp.，共立出版

夏原由博 編著（2015）にぎやかな田んぼ，224 pp.，京都通信社

日本生態学会 編（2014）エコロジー講座里山のこれまでとこれから，72 pp. 日本生態学会［http://www.esj.ne.jp/esj/book/ecology07.html］

鈴木牧・齋藤暖生 他（2019）人と生態系のダイナミクス 2 森林の歴史と未来，192 pp.，朝倉書店

タットマン，C. 著，熊崎実 訳（1998）日本人はどのように森をつくってきたのか，218 pp.，築地書館. Totman, C.（1989）The green archipelago: forestry in preindustrial Japan, 297 pp., University of California Press, Berkeley

水辺の景観生態

中村太士・辻本哲郎 他監修（2008）川の環境目標を考える―川の健康診断，136 pp.，技術堂出版
西廣淳・瀧健太郎 他（2021）人と生態系のダイナミクス 5 河川の歴史と未来，152 pp.，朝倉書店

海辺の景観生態

原慶太郎・菊池慶子 他編（2021）自然と歴史を活かした震災復興―持続可能性とレジリエンスを高める景観再生，272 pp.，東京大学出版会
堀正和・山北剛久（2021）人と生態系のダイナミクス 4 海の歴史と未来，176 pp.，朝倉書店
須田有輔 編著（2017）砂浜海岸の自然と保全，280 pp.，生物研究社
鷲谷いづみ・武内和彦 他（2005）生態系へのまなざし，328 pp.，東京大学出版会

都市の景観生態

飯田晶子・曾我昌史 他（2020）人と生態系のダイナミクス 3 都市生態系の歴史と未来，180 pp.，朝倉書店
亀山章 監修，倉本宣 他編著（2021）新版生態工学，160 pp.，朝倉書店
森本幸裕 編著（2012）景観の生態史観，224 pp.，京都通信社

プランニングとデザイン

McHarg, I. L.（1969（初版））Design with Nature，198 pp.，The Natural History Press. インターナショナルランゲージアンドカルチャーセンター翻訳（1994）デザイン・ウィズ・ネーチャー，212 pp.，集文社
宮城俊作（2001）ランドスケープデザインの視座，208 pp.，学芸出版社

地域協働と持続性

グリーンインフラ研究会・三菱 UFJ リサーチ&コンサルティング 他編（2017）決定版！グリーンインフラ，392 pp.，日経 BP 社
グリーンインフラ研究会・三菱 UFJ リサーチ&コンサルティング 他編（2020）実践版！グリーンインフラ，520 pp.，日経 BP 社
一ノ瀬友博 編著（2021）生態系減災 Eco-DRR―自然を賢く活かした防災・減災，228 pp.，慶應義塾大学出版会
中村良夫・鳥越皓之 他編者（2014）風景とローカル・ガバナンス，314 pp.，早稲田大学出版部
松田裕之・佐藤哲 他編著（2019）ユネスコエコパーク―地域の実践が育てる自然保護，366 pp.，京都大学学術出版会
松下和夫 編著（2007）環境ガバナンス論，pp. 317，京都大学学術出版会
宮内泰介 編著（2013）なぜ環境保全はうまくいかないのか―現場から考える「順応的ガバナンス」の可能性，pp. 352，新泉社
宮内泰介 編著（2017）どうすれば環境保全はうまくいくのか―現場から考える「順応的ガバナンス」の進め方，pp. 360，新泉社
斎藤幸平（2020）人新世の「資本論」，375 pp，集英社新書
ロックストローム J. &クルム M. 著（2018）小さな地球の大きな世界―プラネタリー・バウンダリーと持続可能な開発，260 pp.，丸善出版
武内和彦・渡辺綱男 編（2014）日本の自然環境政策―自然共生社会をつくる，246 pp.，東京大学出版会

おわりに

景観生態学とは，かくも多様で深いものか．これが，編集を終えての率直な感想である．著者はそれぞれ異なる専門分野を背景にもち，それぞれの景観生態学を論じる．最初バラバラに見えた各章・節が次第に一つの学問体系を形作っていく過程は，編者にとって驚きと葛藤と諒解の繰り返しであった．教科書としてはここに一通りの完成をみたが，学問としての発展はこれからである．最後に，全体編集を担当した若手・中堅研究者がそれぞれの立ち位置から記した「景観生態学」とその展望を紹介し，本書の結びとしたい．（伊藤　哲）

学際・実学プラットフォームとしての景観生態学

本書を通読して，景観生態学のもつ奥行きの広さを改めて実感した．景観生態学の研究対象は景観であるが，特定のスケールに限定されたものではない．景観生態学の研究内容は，空間パターンの定量的な抽出とその生態学的な意義の評価，空間パターンをもたらした生態学的および社会学的プロセスの解明，それらに基づくデザイン論や問題解決科学など多岐にわたる．本書の目次を見るだけでも，そのような広がりが確認できる．

私の専門は林業学であるが，持続可能な森林経営を実践するための森林配置手法を研究する中で景観生態学と出会った．パッチモザイクの考え方とパッチ構造がもたらす生態的機能といった景観生態学の知見は，森林の空間的かつ時間的配置を取り扱ううえで新たな視点を与えてくれた．このように，景観生態学は里山・里地・里海といった場で様々な生態系サービスを活用しながら社会・経済活動を持続しつつ，自然生態系を保全することを命題としてきた様々な学問分野に対して新たな視点を提供してきた．また，景観生態学から新たな視点を得た研究者が，景観生態学研究の徒となって景観生態学を推進してきた．本書は，様々な背景をもつ研究者が作り上げてきた日本における景観生態学研究の集大成だといえる．一方で，様々な学問分野を基礎とした研究者が集結して景観生態学の全体像をあらわにしようとしたとき，用語の定義に違いがあったり，定義が曖昧であったりすることが妨げとなることがあった．本書が編纂されたことにより，そのような齟齬が少なからず解消されたことは大きな成果だといえるだろう.

本書を契機として，景観生態学が研究面だけでなく実用面でも進展していくことを期待したい．林業学から景観生態学に入門した身としては，風土とは何かということ，風土を活かした地域景観の設計や地域づくりへの展開といった内容に刺激を受けた．これらの刺激が林業学の研究発展を促進し，ひいては景観生態学研究の進展にも寄与できればと期待している．本書を手に取った方々にも，同様の刺激がもたらされることを確信している.

（光田　靖）

トレードオフからシナジーへ

景観生態学は，屋外空間における自然・文化景観と人間の営みが織りなす総体を探究する学際的な学問であり，異なる学術基盤をもった研究者が参画している．私は土木工学科に進学し，次第に都市計画に興味をそそられ，リアリズムに根差した都市計画手法を詮索した結果，景観生態学に辿り着いた.

都市計画の対象は，土地利用・施設配置の計画であり，土地利用は面的であるのに対し，施設は点的施設（公園，公共建造物など）と線的施設（道路，鉄道，河川など）に分けられる．これらが錯綜した空間が現代都市であり，伝統的に細分的計画手法が採用されるが，つねにトレードオフがつきまとう．例えば，自動車交通の円滑化のみに特化した道路建設計画を立案・実行した場合，土壌汚染，地下水脈改変，ロードキルなどの諸問題が新たに発生する可能性がある．同様に細分的計画手法で新たに発生した諸問題の解決を図ると，無限連鎖的に問題が生まれる．その吹き溜まりこそが環境問題の本質ではないだろうか．現在，環境問題対策に莫大な費用を投じており，真に費用便益分析が機能しているとは言いがたく，都市計画手法そのものの更新が渇望されて久しい．この状況の打開に向け，景観生態学という科学的横串を土地利用・施設配置の計画に通し，トレードオフではなくシナジー（相乗効果）創出の機能を高める新しい都市計画手法の開発が期待されており，景観生態学の成長性や将来性を確信できる.

今回，教科書「景観生態学」編集委員会に加えていただき，編集事務作業をこなしながら，教科書刊行までの一連のプロセスを学ぶことができた．また，景観生態学会の重鎮とされる方々と一緒に仕事をさせていただき，豊富な専門知識を駆使した業務遂行能力の高さに強い感銘を受けた．長い年月をかけて私もその域に到達できるよう，日々精進していくしかない．そして，将来，教科書「景観生態学」改訂委員会が立ち上がった際には，中心人物の一人として引っ張っていきたい．また，一連の編集作業を通して肌で感じた先進の高いプロ意識を後進に伝えることで，編集委員会に加えてもらったことに対する謝意を体現したい．まだまだ先は長い．

（石松一仁）

景観デザインの未来と景観生態学

ある課題に対して具体的な解決策を提案する活動をデザインと呼ぶ．私の背景となる造園学（ランドスケープアーキテクチャー）では，公園のような小さなサイトスケールから，地区スケール，さらに広域な都市・地域スケールなど，様々な空間スケールでの持続的な土地・空間利用を計画し，具体的な解決策をデザインすることを目指している．これまで，設計の現場では経験や感性に基づきデザインされることが多く，景観生態学で得られた知見について，特にサイトスケールでいかに社会に実装していくかは大きな課題であった．これが，私が景観生態学の門戸を叩いた大きな理由であった．今回，景観生態学の教科書として取りまとめられた本書の編集に関わる中で，長年の課題にようやく光明を見出すことができた．景観生態学の原理原則から始まり，様々な景観の特性について解説され，さらに景観を人の視点から風土として捉え，設計・計画・維持管理まで含めた社会実装の実例や課題が紹介されている本書は，景観生態学を専門にする学生はもとより，造園・建築・土木分野などの建設実学系の学生にこそ読んでもらいたい内容である．多くの建設実学系の学生にとって，「景観」とは「眺め」を想起させる用語であろう．都市景観や農村景観とは，ある視点場から見られる構造物の形態，色，配置などを扱うことがほとんどであった．これを「定義の違い」と捉える向きもあるが，これは「景観の視覚的情報と人の認識」に着目したものであり，景観生態学で扱う空間としての景観の一側面，すなわち景観を構成する生態系や人為的改変に対して人（社会）がどのように認知するのかを扱った，景観の評価軸の一つ（景観印象評価）と考えられよう．

造園学を含め，景観生態学を取り巻く領域は，決して異なるものを見ているわけではなく，近年の流域治水への回帰やグリーンインフラへの期待を見ても，同じ基盤の上に成り立つ学問であるといえよう．本書で何度も引用されたFormanやMcHargがデザイン系大学に所属し教鞭をとっていることが示唆的である．本書を携え，景観生態学の社会実装へ向けて実務の現場へ飛び込もう．

（松島　肇）

索　引

は

ま

編集委員紹介

(50 音順)

鎌田磨人（かまだ　まひと）編集代表
1990 年　広島大学大学院生物圏科学研究科博士後期課程修了
現　在　徳島大学大学院社会産業理工学研究部教授，学術博士
専　門　景観生態学，生態系管理論
主　著　実践版！　グリーンインフラ（分担執筆，2020 年，日経 BP 社），森林環境 2016—特集・震災後 5 年の森・地域を考える（責任編集，2016，（公財）森林文化協会），エコロジー講座 7 里山のこれまでとこれから（責任編集，2014，日本生態学会）

石松一仁（いしまつ　かずひと）
2012 年　九州工業大学大学院建設社会工学科博士後期課程修了
現　在　明石工業高等専門学校都市システム工学科講師，博士（工学）
専　門　土木環境システム
主　著　Urban Biodiversity and Ecological Design for Sustainable Cities（分担執筆，Springer, 2021）

伊東啓太郎（いとう　けいたろう）
1996 年　九州大学大学院農学研究科博士後期課程修了
現　在　九州工業大学大学院工学研究院教授，博士（農学）
専　門　景観生態学，環境デザイン学
主　著　Urban Biodiversity and Ecological Design for Sustainable Cities（編集，Springer, 2021）

伊藤　哲（いとう　さとし）
1989 年　九州大学大学院農学研究科修士課程修了
現　在　宮崎大学農学部教授，博士（農学）
専　門　造林学，森林生態学
主　著　木本植物の生理生態（分担執筆，共立出版，2020），保持林業（分担執筆，築地書館，2018），シリーズ現代の生態学 8 森林生態学（分担執筆，共立出版，2011），主張する森林施業論（分担執筆，日本林業調査会，2007），樹木生態生理学（分担執筆，朝倉書店，2004）

今西純一（いまにし　じゅんいち）
2004 年　京都大学大学院農学研究科博士後期課程修了
現　在　大阪府立大学大学院生命環境科学研究科教授，博士（農学）
専　門　造園学，緑化工学
主　著　造園学概論（分担執筆，朝倉書店，2021），景観の生態史観—攪乱が再生する豊かな大地（分担執筆，京都通信社，2012）

夏原由博（なつはら　よしひろ）
1984 年　京都大学大学院農学研究科博士後期課程中退
現　在　名古屋大学名誉教授，博士（農学）
専　門　保全生物学
主　著　現代生物科学入門 6 地球環境と保全生物学（共著，岩波書店，2010）

原　慶太郎（はら　けいたろう）
1981 年　東北大学大学院理学研究科博士課程前期修了
現　在　東京情報大学総合情報学部客員教授，理学博士
専　門　景観生態学，環境情報学
主　著　自然と歴史を活かした震災復興（編著，東京大学出版会，2021），景観生態学（監訳，文一総合出版，2004），景相生態学—ランドスケープエコロジー入門（分担執筆，朝倉書店，1996）

日置佳之（ひおき　よしゆき）
1981 年　信州大学大学院農学研究科修士課程中退
現　在　鳥取大学農学部教授，博士（農学）
専　門　生態工学
主　著　新版生態工学（分担執筆，朝倉書店，2021），森林・林業実務必携（分担執筆，朝倉書店，2021），絶滅危惧種の生態工学（分担執筆，地人書館，2019）

藤田直子（ふじた　なおこ）
2006 年　東京大学大学院新領域創成科学研究科博士後期課程修了
現　在　筑波大学芸術系教授，博士（環境学）
専　門　環境デザイン
主　著　Urban Biodiversity and Ecological Design for Sustainable Cities（分担執筆，Springer, 2021）

藤原道郎（ふじはら　みちろう）
1992 年　広島大学大学院理学研究科博士後期課程単位取得
現　在　兵庫県立大学大学院緑環境景観マネジメント研究科教授／兵庫県立淡路景観園芸学校，博士（理学）
専　門　植生学
主　著　地域を強くする緑のデザイン―ランドスケープの新潮流（分担執筆，神戸新聞出版会，2019），景観園芸入門（分担執筆，ビオシティ，2005）

松島　肇（まつしま　はじめ）
2002 年　北海道大学大学院農学研究科博士後期課程修了
現　在　北海道大学大学院農学研究院講師，博士（農学）
専　門　緑地計画学（造園学）
主　著　実践風景計画学―読み取り・目標像・実施管理（分担執筆，朝倉書店，2019），湿地の科学と暮らし―北のウェットランド大全（分担執筆，北海道大学出版会，2017），決定版！　グリーンインフラ（分担執筆，日経 BP 社，2017）

真鍋　徹（まなべ　とおる）
1993 年　岡山大学大学院自然科学研究科博士後期課程修了
現　在　北九州市立自然史・歴史博物館学芸担当部長，博士（学術）
専　門　植物生態学
主　著　シリーズ現代の生態学 8 森林生態学（分担執筆，共立出版，2011）

光田　靖（みつだ　やすし）
2007 年　九州大学大学院生物資源環境科学研究科博士後期課程修了
現　在　宮崎大学農学部教授，博士（農学）
専　門　林業学（森林計画学）
主　著　森林計画学入門（分担執筆，朝倉書店，2020）

渡辺綱男（わたなべ　つなお）
1978 年　東京大学農学部卒業
現　在　（一財）自然環境研究センター上級研究員，博士（農学）
専　門　造園学，自然環境政策
主　著　国立公園論―国立公園の 80 年を問う（分担執筆，南方新社，2017），日本の自然環境政策（編著，東京大学出版会，2014）

【編者紹介】
日本景観生態学会（にほんけいかんせいたいがっかい）

日本景観生態学会は，1991 年，その前身である国際景観生態学会日本支部として活動を開始した．生態学，造園学，農村計画学，緑化工学，林学，地理学，応用生態工学，土木工学，建築学など，専門分野の異なる多様な研究者や技術者が，「景観」をキーワードとして集まり，互いの視点を活かし合いながら意見交換を行ってきている．それぞれの会員は，学会で得た知見をもとに新たな研究に取り組み，また，地域の行政や NPO などとともに地域の景観や生態系を保全し，地域創生や防災に活用していくための実践活動を展開している．

景観生態学

Landscape Ecology

2022 年 3 月 10 日　初版 1 刷発行
2023 年 9 月 1 日　初版 3 刷発行

編　者　日本景観生態学会　©2022
発行者　南條光章
発行所　**共立出版株式会社**
〒112-0006
東京都文京区小日向 4-6-19
電話　(03) 3947-2511（代表）
振替口座　00110-2-57035
URL　www.kyoritsu-pub.co.jp
印　刷　精興社
製　本　加藤製本

一般社団法人
自然科学書協会
会員

検印廃止
NDC 468, 518.85
ISBN 978-4-320-05834-7

Printed in Japan